사이언스
칵테일

사이언스 칵테일

SCIENCE COCKTAIL

강석기 지음

MID

사이언스 칵테일

초판 1쇄 인쇄 2015년 4월 16일
초판 5쇄 발행 2017년 9월 12일

지 은 이 강석기
펴 낸 곳 MID(엠아이디)
펴 낸 이 최성훈
총 괄 박동준
편 집 장 최재천
본문편집 김선예·장혜지
마 케 팅 최종현

주 소 서울특별시 마포구 토정로 222 한국출판콘텐츠센터 303호
전 화 (02) 704-3448
팩 스 (02) 6351-3448
이 메 일 mid@bookmid.com
홈페이지 www.bookmid.com
등 록 제313-2011-250호 (구: 제2010-167호)

I S B N 979-11-85104-17-1 03400

이 도서의 국립중앙도서관 출판예정도서목록(CIP)은 서지정보유통지원시스템 홈페이지(http://seoji.nl.go.kr)와 국가자료공동목록시스템(http://www.nl.go.kr/kolisnet)에서 이용하실 수 있습니다.(CIP제어번호: CIP2015010782)

서문

우리는 작가의 지혜가 끝날 때 우리의 지혜가 시작됨을 느끼고, 작가가 우리에게 해답을 주기를 원하지만, 그가 할 수 있는 유일한 일은 우리에게 욕구를 불어넣는 것이다.

— 마르셀 프루스트, 『독서에 관하여』

2012년 첫 권을 낸 과학카페가 매년 한 권씩 추가돼 어느새 네 번째 책을 내게 됐다. 이처럼 시리즈가 될 줄 전혀 예상하지 않은 건 아니지만 막상 올해에도 출간을 하게 되니 저자가 운이 좋다는 생각이 든다. 특히 2권부터는 1년 동안 과학계에서 있었던 발견과 사건을 기록하는 일종의 비망록 역할을 하고 있는 것 같아 마치 사초史草를 쓰는 사관이 된 듯한 마음가짐이 들기도 한다.

이번 4권 역시 2014년 한 해와 2015년 초에 걸친 다양한 과학 이슈를 다룬 에세이들로 이루어져 있다. 에세이 40편을 주제에 따라 여덟 파트로 나눠 본문을 구성했다. 1파트 핫이슈에는 대중의 관심이 높았거나 과학계에서 비중있게 다룬 주제 다섯 편이 들어있다. 2파트는 건강/의학, 3파트는 식품과학, 4파트는 인류학/고생물학, 5파트는 심리학/신경과학, 6파트는 문학/영화, 7파트는 물리학/생물학, 8파트는 생명과학을 다루고 있다. 그리고 부록으로 2014년 타계한 저명한 과학자 18명의 삶과 업적을 담았다.

책에 수록된 에세이들은 공룡 데이노케이루스 화석 발견을 다룬 한 편을 제외하고는 여러 매체에 발표한 글들이다. 〈동아사이언스닷컴〉에 연재하고 있는 '강석기의 과학카페'에서 서른일곱 편, 〈화학세계〉에 연재하고 있는 '과학작가가 보는 화학'에서 두 편, 〈KAMA저널〉에 연재하고 있는 '과학카페'에서 한 편, 〈매경이코노미〉에 연재했던 '사이언스 오디세이'에서 한 편을 수록했다.

〈동아사이언스닷컴〉의 이현경 편집장과 신선미 기자, 〈화학세계〉의 오민영 선생, 〈KAMA저널〉의 이현주 과장, 〈매경이코노미〉의 김헌주 기자께 고마움을 전한다. 이번에도 흔쾌히 출간을 결정해준 MID 최성훈 대표와 책 제목과 표지 디자인을 포함해 멋진 책을 만들어준 편집부 여러분께도 감사드린다.

1997년 IMF 사태가 일어난 뒤 내리막길을 걷던 이공계가 최근 인기를 되찾고 있다고 한다. 이공계대 졸업자들의 취업률이 상대적으로 높다보니 일어나는 현상이라지만 아무튼 반가운 일이다. 학창시절 과학공부를 깊게 하는 사람들이 그만큼 늘어나기 때문이다. 다른 많은 분야도 그렇지만 과학 역시 기본 용어가 귀에 익어야 계속 관심을 유지하면서 새로운 발견이나 발전을 향유할 수 있다. 저자로서는 최근 변화가 잠재 독자층이 늘어난다는 측면도 있어 더 반가운 것일까.

이 책을 어떤 사람들이 읽게 될지 저자도 무척 궁금하다. 중고생 독자들이라면 이 책을 통해 과학자 또는 공학자가 되는 꿈을 꾸게 되지 않을까. 이공계 대학생이나 대학원생, 연구원들은 이 책을 읽고 어느덧 시들해진 과학이 다시 매력적으로 느껴지지 않을까. 과학이 낯선 독자들에게는 과학이 그렇게 어렵지만은 않고 우리 일상생활과도 밀접한 관계가 있다는 걸 발견하는 계기가 되지 않을까.

모두 저자의 상상이고 희망사항이지만 한 세기 전 프루스트가 쓴 것처럼 이 책이 독자들의 마음에 '과학을 더 알고 싶은 욕구'를 불러일으킨다면 저자로서 더 바랄 게 없겠다.

2015년 4월 강석기 씀

차례

part

1

핫이슈

1-1

1976년 에볼라 역병은 어떻게 시작되었나

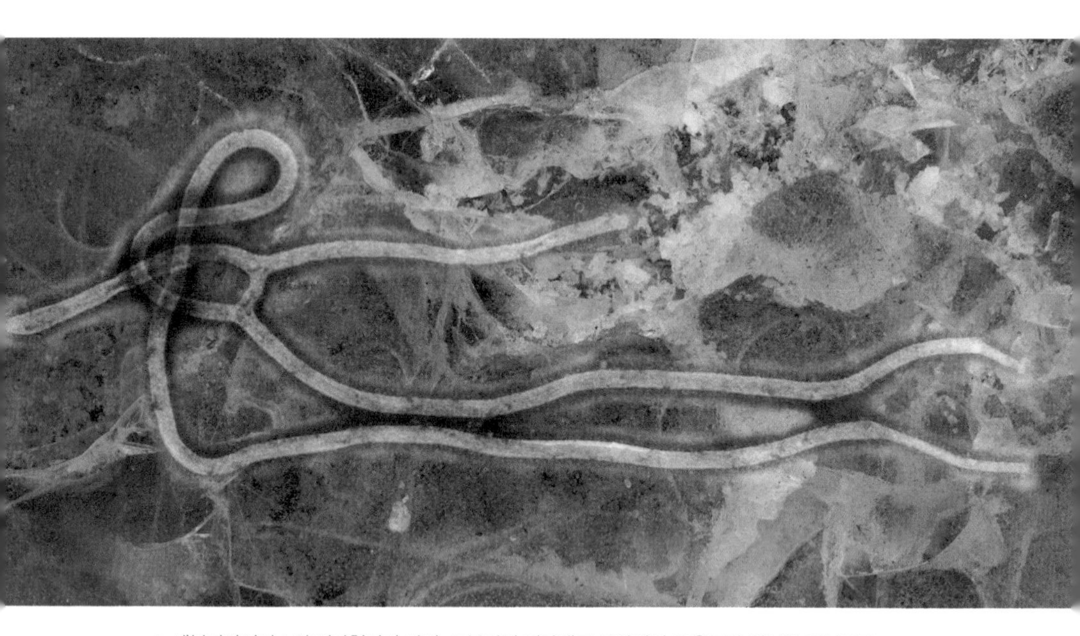

• 에볼라바이러스의 전자현미경 사진. 구부러진 필라멘트 모양에서 물음표가 연상돼 정식으로 이름을 정하기 전에 '????바이러스'라고 불렀다. (제공 shutterstock)

어머니는 늘 저에게 '웅변은 은이고 침묵은 금'이라고 가르치셨죠. 하지만 전 차마 말로 할 수 없는 광경을 너무나 많이 보았습니다.

— 페터 피오트, 에볼라바이러스를 처음 관찰한 바이러스학자

필자가 단골로 가는 카페에서는 주인장이 커피 마니아라서인지 매주 스페셜 커피를 내놓는다. 지난주에는 르완다 원두였는데 맛이 꽤 좋았다. 보통 핸드드립 카페에서는 아프리카 원두로 에티오피아와 케냐, 탄자니아가 메뉴에 올라있는데 뜻밖이었다.

그런데 문득 '르완다면 예전에 학살이 있었던 곳 아닌가?'하는 생각이 떠올랐다(1994년 내전으로 인구의 10%가 넘는 100만여 명이 살해됐다). 뒤이어 '커피 농장 노동자들의 하루 임금은 지금 이 커피 한잔 값도 안 되겠지…'라며 감상에 젖다가 최근 서아프리카 세 나라를 휩쓸고 있다는 에볼라로 생각이 넘어갔다. 정말 아프리카는 시련의 대륙인가.

인터넷에서 기사를 검색해보니 2014년 3월 발생한 에볼라로 7월 28일 현재 기니, 라이베리아, 시에라리온에서 1,202명이 감염돼 673명이 사망했다고 한다.[1] 그리고 기사 중간에 에볼라가 처음 발생한 건 1976년이라는 내용이 나온다. 에볼라가 바이러스 질병이고 치사율이 90%에 이르는 무시무시한 병이라는 정도만 알고 있던 필자는 '40년이 다 돼 가는데 세계 보건 당국은 뭘 하고 있었던 건가?'라는 의문이 들었다.

그런데 불현듯 오래 전에 『The Coming Plague』라는 책을 샀다는 기억이 떠올랐다. '역병疫病의 도래' 정도로 번역할 수 있겠는데, 20세기 등장한 신종전염병을 다루고 있다. 당시 재미있을 것 같아 샀다가 분량도 방대하고(본문만 620쪽이다) 글자도 깨알 같아 얼마 안 읽고 질려 내팽개쳤다. 그런데 이 책에서 별도의 장을 할애해 에볼라를 다루고 있었던 것 같다. 집에 와 찾아보니 책장 한 귀퉁이에 먼지를 뒤집어쓰고 꽂혀있다.

책을 꺼내 물 묻힌 휴지로 먼지를 닦아낸 뒤 커버를 여니 1994년 발

1 2014년 10월 학술지 〈뉴잉글랜드의학저널〉에 발표된 논문에 따르면 추적조사 결과 2013년 12월 두 살짜리 아이가 사망한 게 첫 사례라고 한다. 2015년 3월 31일 현재 보고된 에볼라 환자수는 25,263명이고 사망자수는 10,477명이다.

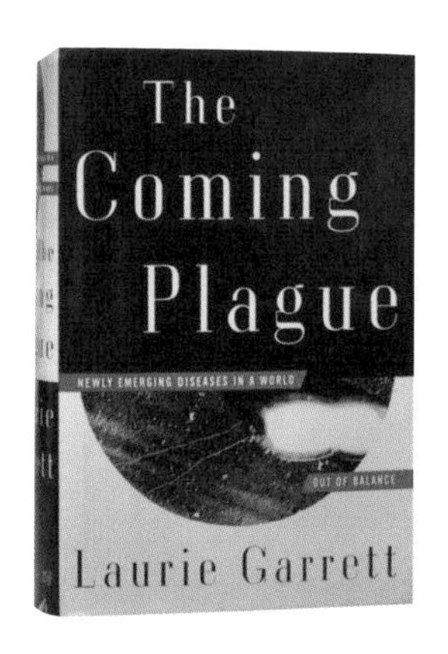

• 미국의 과학저술가 로리 가렛은 1994년 출간한 『The Coming Plague』에서 에볼라의 첫 창궐 과정을 상세히 묘사했다. 가렛은 에볼라에 대한 보도로 1996년 퓰리처상을 받았다. (제공 강석기)

간된 책으로 필자가 1995년 구매했다. 무려 19년 만에 다시 책상 위에 놓인 것이다. 차례를 보니 필자의 기억이 정확했다. 5장에서 53쪽에 걸쳐 1976년 에볼라가 등장하던 상황을 다루고 있다. 그리고 다른 장들 곳곳에서도 에볼라를 언급하고 있다. 이야기가 너무 심각하고 긴박해서 '손에 땀을 쥐며' 읽었다.

과학저술가라는 저자 로리 가렛Laurie Garret이 어떤 사람인가 궁금해 검색해보니 1976년 자이르(현 콩고민주공화국)의 에볼라 발생과정을 용기있게 다룬 업적으로 1996년 퓰리처상까지 받았다. 즉 『The Coming Plague』의 노른자가 바로 에볼라인 셈이다. 아쉽게도 이 책은 번역되지 않았고 검색을 해봐도 1976년 에볼라 등장을 상세히 다룬 문헌이 없는 것 같아 이 자리에서 이 책의 5장을 요약해본다.

미지의 출혈열 사망자 속출

현재 에볼라 창궐로 심각한 곳은 서아프리카 세 나라이지만 1976년 에볼라가 처음 보고된 곳은 중부 아프리카에 있는 콩고민주공화국이다. 아프리카 나라들은 몇 나라를 빼면 어디에 있는지 몰라 지도를 보니 탄자니아 서쪽에 있는 큰 나라다(면적이 한반도의 10배가 넘는다). 그리고 두 나라 사이에 소국 르완다가 있다!

콩고민주공화국과 르완다의 역사는 겹치는 면이 있는데, 먼저 두 나라 다 벨기에의 식민지였다. 콩고민주공화국은 1960년, 르완다는 1962

년 독립했다. 그리고 극도의 국정 혼란 속에서 내전으로 수많은 사람들이 목숨을 잃은 것도 비슷하다. 1965년 쿠데타로 권력을 잡은 모부투 세세 세코Mobutu Sese Seko는 1971년 나라 이름을 자이르Zaire로 바꿨는데, 1997년 반군세력이 32년 독재자를 축출한 뒤 국명을 콩고민주공화국으로 돌려놨다. 따라서 1994년 출간된 책에는 자이르로 돼 있다.

이야기는 1976년 8월 26일 자이르 북부 붐바 지역Bumba Zone의 얌부쿠(Yambuku, 5장의 제목이다) 마을에 있는 선교 병원에서 시작한다. 인

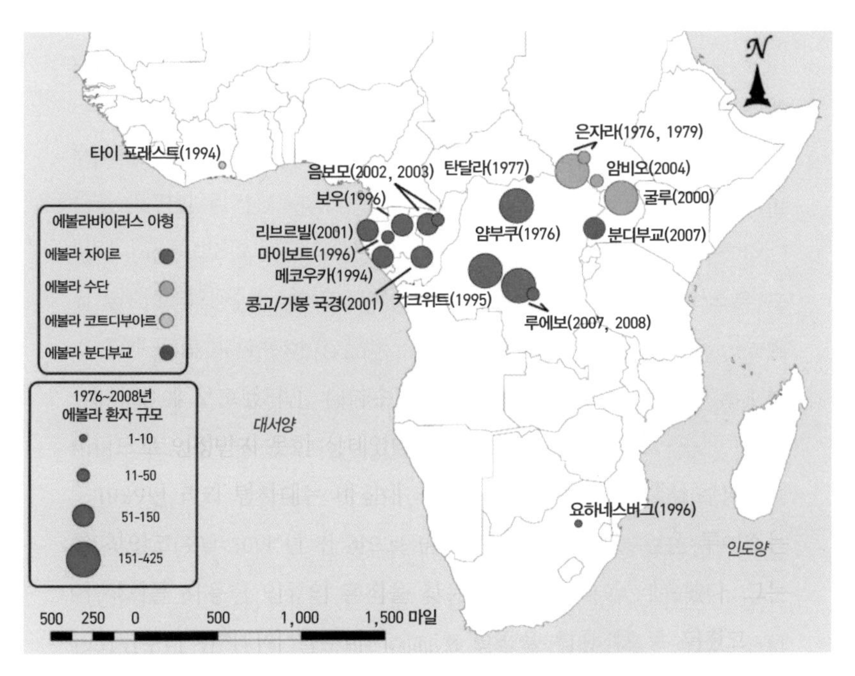

• 에볼라 발생 지역. 1976년 자이르(현 콩고민주공화국) 북부의 얌부쿠Yambuku와 수단 남부 은자라(N'zara)에서 거의 같은 시기에 처음 발생했다. 그 뒤 수년 간격으로 발생했는데(지도는 2008년까지 데이터) 2014년에는 서아프리카 3개국에서 최악의 사태로 발전해 전 세계를 긴장시키고 있다. 동그라미 크기는 환자수에 비례하고 색깔은 바이러스 아형subtype으로 빨간색은 자이르 아형, 녹색은 수단 아형, 노란색은 코트디부아르 아형, 파란색은 분디부교 아형이다. (제공 위키피디아)

근 마을에 사는 마발로 로켈라Mabalo Lokela라는 44세 남성이 8월 10일에서 22일에 이르는 긴 휴가로 북쪽 중앙아프리카공화국과의 국경 지대를 여행하고 온 뒤 미열을 느껴 말라리아에 또 감염됐다고 생각하고 병원에 와서 치료제인 퀴닌 주사를 맞고 간 것. 이 병원에는 의사가 없고 벨기에인 수녀 간호사 네 명이 의사 노릇을 하고 있었다.

이틀 뒤 서른 살 남성이 심한 설사를 호소하며 병원을 찾았다. 인근 얀동기Yandongi 마을에서 왔다는 이 남자는 피가 섞인 설사를 하고 코피를 흘렸는데 입원 이틀 뒤 홀연히 사라졌다. 9월 1일 마발로는 다시 병원을 찾았다. 말라리아 주사가 효과가 없었는지 열이 38도를 넘었다. 며칠 더 쉬라는 얘기를 듣고 집으로 돌아간 마발로는 상태가 급격히 악화돼 5일 다시 병원으로 들어왔다. 구토와 설사로 탈수가 심각했고 눈이 퀭했다. 그리고 코와 잇몸에서 피가 흘러 나왔고 토사물, 설사에도 피가 섞여 있었다.

당황한 수녀들은 항생제, 말라리아 약, 비타민, 수액 등 갖고 있는 모든 약을 처방했지만 마발로는 8일 사망했다. 훗날 밝혀졌지만 7일 욤베 농고Yombe Ngongo라는 16세 소녀가 집에서 죽었고 9일 아홉 살짜리 여동생 유자Euza가 죽었다. 이 자매는 마발로가 방문한 9월 1일 병원에 있었는데, 언니가 빈혈로 수혈을 받고 있었다. 그리고 이 주에 젊은 부부가 집에서 죽었는데, 역시 9월 1일 아내가 말라리아 증세로 병원에 있었고 남편이 수발을 들었다.

한편 마발로는 전통 장례 풍속에 따라 아내 소피Sophie와 처제(또는 처형) 기지Gizi, 어머니가 맨손으로 입과 항문에 손을 넣어 장속의 음식과 배설물을 제거했다. 수일 뒤 세 사람도 같은 증세를 보였고 마발로의 어머니는 20일 사망했지만 자매는 살아남았다. 장례를 도운 마발로의 장모도 사망했다. 훗날 조사한 결과 마발로의 친구와 친척 가운데 21명이 발병했고 18명이 사망했다.

얼마 지나지 않아 병원은 비슷한 증상의 환자들로 가득 찼고 공포가 퍼지기 시작했다. 환자들은 울부짖으며 옷을 찢고 아내나 남편, 자녀를 알아보지 못했다. 한편 9월 12일 베아타Béata 수녀가 증상을 보였다. 미리엄Myriam 수녀와 에드몬다Edmonda 수녀는 무선통신(햄)을 통해 도움을 요청했다(당시 전화도 없었다). 9월 15일 얌부쿠 병원을 방문한 붐바 지역의 의사 응오이 무숄라Ngoi Mushola 박사는 처참한 광경에 전율했다. 마음을 다잡고 이틀 동안 조사를 마친 무숄라 박사는 17일 붐바로 돌아가 수도 킨샤사Kinshasa의 관리들에게 아래의 보고서를 보낸다.

> 9월 15일 얌부쿠 병원에서 긴급 연락을 받았습니다. 1976년 9월 5일부터 그 지역에 심각한 상황이 일어나고 있기 때문입니다. 전 실상을 파악하기 위해 방문했습니다.
>
> 상황: 증상은 39도 내외의 고열과 소화된 검은 피를 자주 토하고(몇몇 환자는 붉은 피를 토하기도 했습니다) 설사는 초기에는 피가 섞인 정도이지만 죽기 직전에는 붉은 피로만 이뤄져 있습니다. 수시로 코피를 흘리고 가슴과 배 통증을 호소하고 인사불성이 됩니다. 양호한 상태에서 불과 3일 만에 죽음에 이르게 됩니다.

응오이의 보고서에 따르면 환자 26명 가운데 14명이 죽었고 8명이 아프고 4명이 도망쳤다. 응오이는 병원을 떠나며 수녀들에게 세 가지를 당부했다. 즉 환자는 무조건 입원시키고 사망자는 공동묘지에 묻고 물을 끓이라는 것. 의사가 떠나고 이틀 뒤인 19일 베아타 수녀가 숨을 거뒀다. 마침내 정부는 자이르국립대의 교수 두 명을 얌부쿠로 파견했다. 미생물학자인 린탁Lintak과 역학자epidemiologist인 오몸보Omombo로 이들은 6일 일정으로 방문했지만 끔찍한 광경에 하루 만에 철수했다.

한편 16년 동안 대통령 모부투 세세 세코의 주치의로 일하던 미국인 윌리엄 클로우스William Close 박사는 아프리카를 해방시킬 영웅에서

독재자와 축재자로 변해가는 대통령의 모습에 염증을 느끼고 미국에서 여생을 보낼 농장을 알아보고 있었다. 그런데 자이르의 보건부 장관 응고웨테 키켈라Ngwété Kikhela 박사가 전화를 해 미국의 도움을 청했다. 클로우스는 즉시 미국 질병통제예방센터CDC에 연락을 해 얌부쿠 사태를 알렸다.

급히 자이르로 돌아온 클로우스는 대통령에게 상황을 설명하고 수습 과정에 대통령 전용기를 써도 된다는 허락을 얻는다. 한편 보건부 장관의 요청으로 킨샤사의 의사 세 명으로 구성된 조사단이 파견됐다. 자이르인 보건관리인 크루바Krubwa 박사와 벨기에인 선교 의사인 장-프랑수아 루폴Jean-François Ruppol 박사, 프랑스인 선교 의사인 질베르 라피어Gilbert Raffier 박사다. 이들은 현장조사를 하며 환자와 사체의 몸에서 시료를 채취했다.

????바이러스?

이 무렵 스위스 제네바에 있는 세계보건기구WHO 바이러스 분과를 맡고 있던 폴 브레Paul Brès는 수단 남부 마리디Maridi라는 지역에서 이상한 역병이 돌고 있다는 보고를 받았다. 브레는 수단의 상황이 자이르의 얌부쿠와 비슷하다는 사실을 깨닫고 카르툼(수단의 수도)의 관리들에게 마리디 환자의 혈액과 조직 시료를 채취해 빨리 보내라고 재촉했다. 만일 두 질병이 같은 것이라면 이는 치명적인 재앙이 두 나라에 걸쳐 퍼져있음을 뜻하기 때문이다.

10월과 11월에 걸쳐 자이르와 수단에서 시료가 왔고 WHO는 이를 미국과 영국, 벨기에, 서독, 프랑스로 보냈다. 자이르의 시료를 받은 벨기에 앙베르대의 젊은 바이러스학자 페터 피오트Peter Piot 박사는 황열

yellow fever[2]의 일종으로 추정된다는 WHO의 코멘트에 심각한 상황은 아니라고 판단한다.

그러나 실험을 할수록 의구심이 커졌다. 먼저 황열바이러스 항체에 대해 음성 반응이 나왔다. 즉 황열은 아니라는 뜻이다. 장티푸스 항체에 대해서도 음성이었다. 동료 귀도 반 데르 그뢴Guido Van der Groen이 원숭이 세포 배양액에 시료 한 방울을 넣자 11일 이내에 세포들이 죽었다. 이 사실을 보고받은 벨기에 정부는 실험을 중단하고 시료를 위험한 생체시료를 다루는 설비가 있는 외국의 실험실로 보내라고 지시했다.

피오트는 모르는 척 전자현미경 실험을 진행했는데, 물음표(?)처럼 생긴 이상한 바이러스가 보였다. 발견의 흥분을 감추지 못한 피오트는 이 미지의 바이러스를 '????바이러스'라고 불렀다. 그러나 WHO에서 모든 연구를 중단하고 즉각 시료를 미국 CDC로 보내라는 메시지가 오자 순순히 이를 따랐다. 이제 WHO는 이 괴질이 마르부르크Marburg일 가능성이 높다고 판단했다.

마르부르크 출혈열은 1967년 독일 도시 마르부르크의 한 연구소에서 아프리카 원숭이를 다루던 연구원 세 사람이 처음 증상을 보였고 조사 결과 바이러스가 원인으로 밝혀졌다. 그 뒤 유럽의 여러 연구소에서 원숭이를 다루던 연구자들이 감염됐고 일부가 사망했다. 훗날 에볼라바이러스의 게놈을 분석한 결과 정말 마르부르크바이러스와 가까운 사이라는 게 밝혀졌다. 둘은 필로바이러스filovirus, 즉 길쭉한 필라멘트 입자 바이러스에 속한다.

한편 벨기에 앙베르대의 책임자인 스테판 패틴Stefan Pattyn 박사는 바이러스가 설치류에도 치명적이라는 실험 결과에 깊은 인상을 받았다. 결국 더 이상 실험을 할 수 없게 된 패틴과 피오트는 자청해서 자이르

2 모기가 옮기는 바이러스가 일으키는 출혈열로 발열, 복통과 함께 황달이 주요 증상이라 이런 이름이 붙었다. 사망률이 15% 가량이나 1937년 효과적인 백신이 개발됐다.

현장으로 떠난다.

미국 CDC는 자이르의 시료를 분석한 결과 마르부르크와 비슷한 바이러스가 원인으로 보인다는 보고서를 10월 10일 WHO에 알렸고 WHO는 그에 따라 조치를 한 것. 이런 위험한 시료를 취급할 수 있는 곳은 미국 CDC와 영국 포턴다운Porton Down뿐이다. 포턴다운에서는 지오프리 플랫Geoffrey Platt이 수단에서 온 시료를 분석했는데 '형태적으로는 마르부르크와 비슷하지만 항체적으로는 다른' 미지의 바이러스라고 결론내렸다.

상황 파악 위해 몸을 던진 과학자들

사태의 심각성을 깨달은 WHO는 프랑스 파스퇴르연구소의 바이러스학자 피에르 시로Pierre Sureau 박사를 자이르 킨샤사로 급파해 정부를 도와 사태를 수습하게 했다. 한편 미국 CDC의 칼 존슨Karl Johnson 박사, 조엘 브레먼Joel Breman 박사도 자이르에 왔다. 10월 18일 응고웨테 보건부 장관이 주관하는 '국제 위원회' 첫 모임이 열렸다. 그 결과 피오트와 시로, 브레먼이 벨기에인 선교 의사 루폴과 함께 다음날 붐바 지역으로 떠나기로 결정됐다.

붐바에 하루 체류하고 얌부쿠에 도착한 일행은 병원을 폐쇄한 채 절망해 있는 수녀들을 위로한 뒤 피오트와 시로, 마르셀라 수녀가 한 조가 돼 다음날부터 현장조사에 들어갔다. 마을을 방문해 환자의 혈액을 채취하는 과정에서 이들은 현지인들이 현명하게 대처하고 있다는 사실을 깨달았다. 즉 교역을 멈추고 환자와 가족들을 격리하는 조치를 취하고 있었던 것. 첫날 조사를 마친 결과 최악의 상황은 지나간 것 같았다.

킨샤사에서 사실상 조사단을 이끌고 있는 CDC의 칼 존슨은 괴질의 매개체reservoir를 찾는 일과 진단법을 찾는 일, 얌부쿠(자이르)와 마

• 1976년 미국 질병통제예방센터에서 에볼라 발생 대책을 논의하는 장면. 가운데가 급성 전염병 분과 책임자인 칼 존슨 박사이고 오른쪽이 조엘 브레먼 박사다. 두 사람은 얼마 뒤 자이르로 가서 사태 파악과 수습에 최선을 다한다. (제공 CDC)

리디(수단)의 관계를 규명하는 게 시급하다고 판단하고 즉각 조치를 취했다. 벨기에에서 킨샤사로 급파된 반 데르 그뢴은 혈액이 신종 바이러스에 감염됐는지 여부를 판단할 수 있는 면역형광법을 개발했다. 즉 바이러스에 감염된 원숭이 세포에 혈액을 떨어뜨렸을 때 항원항체 반응이 일어나면 혈액에 항체가 있다는, 즉 감염됐다는 뜻이다.

한편 얌부쿠 조사단원인 CDC의 브레먼은 병원의 주사기가 감염 확산에 결정적인 역할을 했다고 추측했다. 즉 병원에는 주사기가 다섯 개뿐이었고 이걸로 매일 300~600명의 환자를 상대했던 것. 물론 주사 전에 제대로 소독을 하지 않았다.

한편 시에라리온에서 라사열Lassa fever을 연구하고 있던 CDC의 조 맥코믹Joe McCormick은 존슨의 부름을 받고 자이르와 수단의 접경 지역을 조사하는 임무를 맡았다. 서로 600km가 넘게 떨어진 두 곳에서 거의 같은 시기 벌어진 역병의 관계를 규명하는 게 목적이다. 놀랍게도 그 사이에 사는 사람들은 얌부쿠의 역병에 대해 모르는 것 같았고 그런 증상을 보이는 사람에 대한 얘기도 들을 수 없었다. 그리고 국경 지대는 워낙 오지로 교류도 미미한 것 같았다.

국경을 넘어 수단 은자라N'zara에 도착한 맥코믹은 이곳의 역병도 수그러들고 있음을 확인하고 수일에 걸쳐 환자들의 혈액시료를 채취했다. 한편 이 무렵 얌부쿠에서는 대대적인 역학 조사가 이뤄져 550곳이 넘는 인근 마을의 3만 4000여 가족을 조사했고 442명의 혈액시료를 채취했다. 또 바이러스 매개체를 찾기 위해 곤충과 동물 시료도 모았다.

11월 6일 자이르의 보건부 장관 응고웨테는 그간의 조사결과를 집계해 발표했다. 358명이 감염돼 325명이 사망해 치사율이 90.7%에 이른다는 것. 역대 전염병 가운데 두 번째에 이르는 가공할 수치다. 참고로 최악의 전염병은 광견병으로 치사율이 100%다! 응고웨테는 이 역병을 일으킨 신종 바이러스에 에볼라바이러스Ebola virus라는 이름을 붙였다. 병이 처음 나타난 지역을 흐르는 에볼라 강을 따서 붙인 이름이다.

자이르와 수단 동시 발생은 여전히 미스터리

한편 조사를 마치고 16일 얌부쿠로 이동한 맥코믹은 두 곳의 역병이 에볼라바이러스가 일으켰다는 사실을 제외하고는 서로 관계가 없다는 의견을 내놓았다. 그리고 수단의 에볼라가 좀 덜 심각한 것 같다고 언급했다. 사람들은 맥코믹의 의견을 받아들이지 않았지만 훗날 사실로 드러난다. 맥코믹은 1983년 발표한 논문에서 게놈분석을 통해 자이르의 에볼라바이러스와 수단의 에볼라바이러스는 서로 다른 유형임을 밝혔다.

사실 수단에서의 에볼라 발생 시기는 자이르보다 두 달 가량 빨랐던 것으로 확인됐다. 즉 은자라의 면직공장의 한 노동자가 6월 27일 발병했고 7월 6일 사망했다. 수단의 에볼라는 전염성이 커서 마리디 병원의 직원 가운데 3분의 1 이상이 감염돼 41명이 사망했다. 11월 20

일까지 284명이 발병해 151명이 사망해 53%의 치사율을 보였다. 둘에 한 명이 죽는 엄청난 역병이지만 90%가 넘는 자이르 에볼라에 비하면 낮은 수치다.

조사단은 위생상태가 엉망인 면직공장을 샅샅이 뒤져 박쥐, 쥐, 바구미, 거미 등 많은 동물을 채집해 조사했지만 에볼라바이러스를 검출하지는 못했다. 이후 10여 년 동안 과학자들은 수많은 동물을 잡아 조사를 했지만 박쥐 몇 마리에서 항체 양성 반응이 나왔을 뿐 감염된 동물을 찾지 못했다. 따라서 책에서도 에볼라바이러스의 기원은 여전히 미스터리라고 쓰고 있다. 참고로 2005년 학술지 〈네이처〉에는 과일박쥐가 에볼라바이러스 보균체일 가능성이 높다는 연구결과가 실렸다. 실제로 현재 에볼라가 창궐하고 있는 서아프리카 사람들은 과일박쥐를 잡아먹는 것으로 알려져 있어 방역당국은 박쥐를 먹지 말 것을 권고하고 있다.

실수로 주사 바늘에 찔려 감염되기도

미국에서는 라이베리아에서 에볼라 환자를 치료하다 감염된 켄트 브랜틀리Kent Brantly 박사의 본국 소환을 두고 말이 많았다. "미 정부가 경악할 권력남용을 하고 있다"는 비난에 CDC의 토머스 프리든Thomas Frieden 소장은 "미국 시민은 미국에 돌아올 권리가 있다"며 자신들을 믿고 공포감을 떨쳐내라고 당부했다. 2014년 8월 2일 특별기편으로 조지아주 도빈슨 공군기지에 착륙해 애틀란타의 에모리대학병원 내에 있는 CDC로 이송된 브랜틀리 박사가 방호복 차림으로 구급차에서 내리는 장면이 인상적이다. 다행히 브랜틀리 박사는 집중치료를 받고 회복했다. 시사주간지 〈타임〉은 목숨을 걸고 에볼라와 싸운 브랜틀리 박사를 2014년 마지막호에서 '올해의 인물'로 선정했다.

책을 보면 1976년 당시 영국 포턴다운에서 에볼라바이러스 사고가 실제 발생했는데, 그 과정이 정말 영화속의 한 장면이다. 바이러스학자 지오프리 플랫은 한 달 째 수단에서 보내온 시료에서 바이러스의 실체를 밝히는 연구를 극도로 조심해가면서 수행하고 있었다. 그런데 11월 5일 아침, 바이러스의 병원성을 보기 위해 실험동물에 시료를 주사하는 작업을 하던 플랫은 실수로 주사기를 놓쳤는데 불운하게도 바늘이 엄지손가락 손톱 위 피부를 살짝 스쳤다.

화들짝 놀란 플랫은 손가락을 살펴봤고 피는 나지 않았지만 부랴부랴 소독액에 담근 뒤 사건을 보고했다. 안절부절하며 6일을 보낸 11월 11일 자정 무렵, 체온이 갑자기 올라가면서 플랫은 오한을 느꼈다. 전자현미경으로 혈액을 관찰한 결과 '????바이러스'가 존재했다. 당국은 즉시 인근 코페츠우드병원으로 플랫을 격리시켰고 입원환자 160명은 영문도 모른 채 짐을 싸 다른 병원으로 옮겨졌다. 한편 영국 정부는 포턴다운을 폐쇄하고 직원 다수를 가택에 격리시켰다.

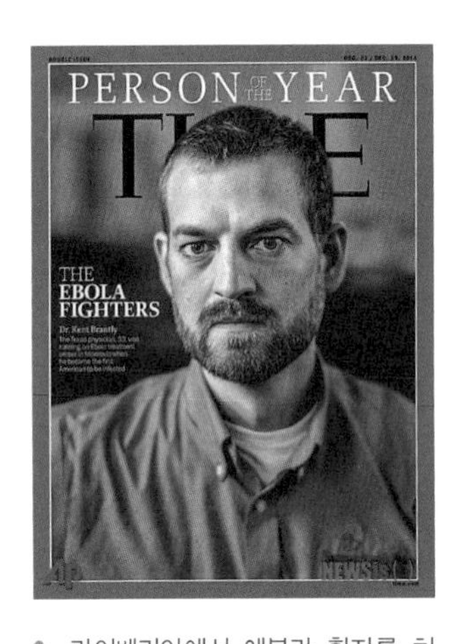

• 라이베리아에서 에볼라 환자를 치료하다 감염된 켄트 브랜틀리 박사는 미국으로 옮겨져 집중치료를 받고 살아났다. 시사주간지 <타임>은 목숨을 걸고 에볼라와 싸운 브랜틀리 박사를 2014년 올해의 인물로 선정했다. (제공 <타임>)

49일 동안의 집중치료를 받고 플랫은 목숨을 건졌다. 첫 한 주가 고비였는데, 체온이 40도를 넘기도 했다. 의료진은 당시 막 개발된 인간 인터페론을 비롯해 모든 수단을 동원했는데 자이르 킨샤사에서 급송한 소피의 혈장을 주사하기도 했다. 공식적인 첫 사망자인 마발로의 아내인 소피는 병에서 살아남았기 때문에 혈액에 에볼라바이러스 항체가 있을 것이므로 혈장이 치료제 역할을 할 수도 있기 때문이다. 하지만 플랫의 상태는 더 나빠졌고 정신착란 증세를 보이기 시작했다. 다행히 11월 20일부터 상태가 호전됐다. 그리고 포턴다운의 직원이나 플랫의 친지 가운데 감염자가 없는 것으로 최종 확인됐다.

1977년 크리스마스에 파리의 안락한 아파트에서 피에르 시로 박사는(사태가 진정된 뒤 파스퇴르연구소로 복귀했다) 얌부쿠 선교 병원의 마르셀라, 제노베바, 마리에트 수녀로부터 편지를 받았다. 편지에서 수녀들은 당시의 참담함을 회상하며 시로 박사에 감사를 표시하고 있다. 마치 다시는 되풀이되지 않을 먼 과거의 일처럼. 에볼라는 그 뒤에도 수년 간격으로 돌아왔고 38년이 지난 2014년 유례없이 기세를 떨치고 있다는 걸 꿈에라도 생각했다면 결코 이런 편지를 쓰지는 못했을 것이다.

> 박사님, 1978년 새해 인사를 드립니다. 최근 며칠 동안 저희들은 지난해 사건들과 저희에게 좋은 기억을 남겨준 박사님에 대해 이야기를 나눴습니다. 저희들은 다시 한 번 진심으로 박사님께 감사를 드리고 싶습니다. 다른 사람들은 감히 올 생각을 못할 때 박사님은 저희를 돕기 위해 기꺼이 오셨으니까요. 이제 일상의 삶으로 돌아왔습니다. 이곳엔 자이르인 의사 한 사람이 머무르며 최선을 다하고 있습니다. 벨기에인 자원봉사자 네 명과 수녀 한 사람이 병원 재건을 위해 힘쓰고 있습니다. 학생들도 학교로 돌아와 시끌벅적합니다.
>
> 잘 지내시기 바랍니다. 애정을 보내며.
> 마르셀라 수녀, 제노베바 수녀, 마리에트 수녀.

참고문헌

Garrett, Laurie. *The Coming Plague* (Farrar, Straus and Giroux, 1994)

1-2

잘 되면 제 탓, 못 되면 엄마 탓?

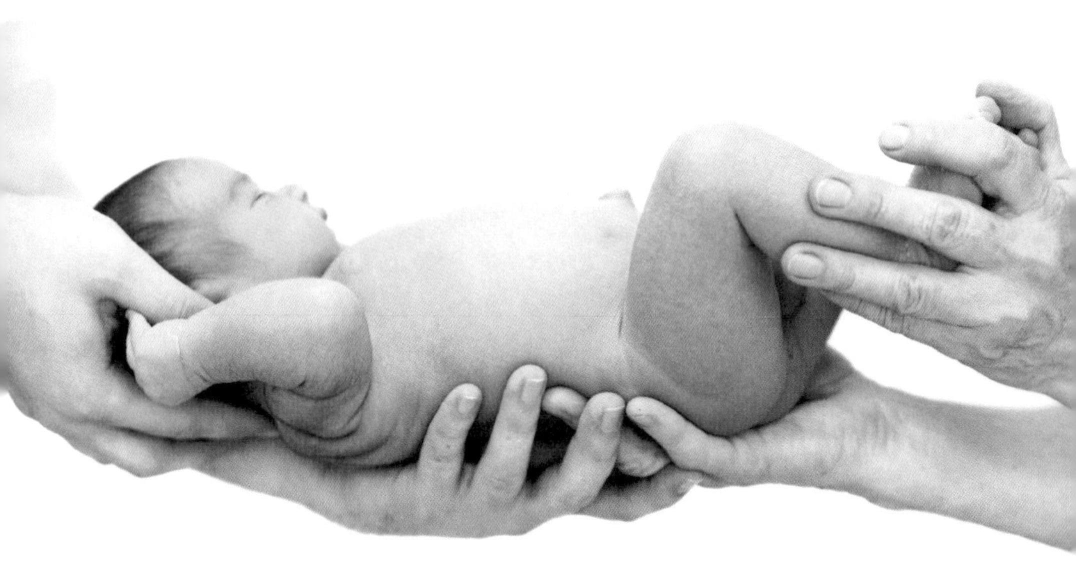

• (제공 shutterstock)

모든 것을 가능한 한 단순하게 만들어라.
그러나 그 이상으로 단순하게 만들지는 말아라.

— *알베르트 아인슈타인*

과학의 진보는 사람들이 오랫동안 지니고 있던 편견을 깨뜨려 세상의 실체에 좀 더 가까이 다가갈 수 있게 만든다고들 한다. 대표적인 예로 19세기 지질학과 진화론을 들 수 있는데, 지구의 역사가 수천 년, 즉 신이 인간을 창조한 시점부터라고 믿었던 유럽인들은 실제 지구 나이가 수십억 년이라는 '과학적' 사실에 깊은 충격을 받았다. 여기에 유럽인(백인)은 다른 '동물'들과 구분되는 별개의 존재라는 믿음도 진화론의 패러다임으로 여지없이 무너졌다.

물론 이런 혁신을 담당했던 과학이 시간이 지나면 혁신의 대상이 되기도 한다. 습지에서 개구리가 생긴다는 자연발생설을 무너뜨린 현대 생물학은 DNA구조규명과 염기서열 돌연변이 발견으로 유전의 비밀까지 밝혔다. 그 결과 '유전이냐 환경이냐'라는 오랜 논쟁에서 유전쪽에 힘이 실리게 됐고 많은 사람들이 유전자 운명론에 사로잡히기도 했다.

"내가 지금 이 모양 이 꼴로 사는 게 내 탓이냐? 부모한테 그런 유전자를 받아서 그렇지." 물론 부모도 할 말은 있다. "그게 왜 내 탓이냐? 나도 내 부모한테 물려받은 것뿐인데."

그런데 2000년대 들어 후성유전학이라는 새로운 분야가 혜성처럼 나타나면서 유전학의 패러다임이 바뀌고 있다. 후성유전학Epigenetics은 형태나 행동에서 어떤 특성이 바뀌었음에도 관련 유전자의 DNA 염기서열은 전혀 변화가 없는 현상을 설명하는 이론이다. 즉 DNA 염기분자나 DNA 가닥이 감싸고 있는 실패 같은 단백질인 히스톤histone 분자의 표면에 화학적 변형이 일어나 유전자의 발현 패턴이 바뀌면서 일어나는 변이다. 후성유전학이라는 말은 이런 변이가 유전됨(세포 또는 개체 차원에서)을 뜻한다.

후성유전학의 등장으로 '유전이냐 환경이냐'라는 논쟁의 축이 흔들렸고 궁극적으로는 이런 논쟁이 난센스로 치부되기에 이르렀다. 즉 유전과 환경은 대립적인 개념이 아니라 후성유전학을 통해 서로 영향을 주고받는 관계라는 것이다. 그리고 사람들에게도 유전은 DNA 염기서열에 각인돼 있다는 체념적 운명론을 버리고 환경을 개선함으로써 유전자도 개선시킬 수 있다는(발현 조절을 통해) 희망을 안겨줬다.

그러나 여기에는 '싱크홀'이 있다. 즉 환경 개선은 저절로 이뤄지는 게 아니라 우리가 끊임없이 노력해 성취해야 하는 것이기 때문이다. 자녀에게 건강한 후성유전적 패턴을 물려주려면 부모는 술과 담배를 끊어야할 뿐 아니라 음식조절로 비만이나 당뇨병에 걸리지 않도록 조심해야 한다. 또 지나친 스트레스도 피해야 한다. 내 모든 행동의 결과가 DNA나 히스톤에 각인돼 장차 태어날 자녀에게 '유전'될 수 있기 때문이다.

기존 유전학 패러다임에서는 자녀가 "내가 지금 이 모양 이 꼴로 사는 게 엄마아빠한테 받은 유전자 탓"이라고 항의해도 "그게 왜 내 탓이냐? 나도 내 부모한테 물려받은 것뿐인데"라고 빠져나갈 수 있었지만 후성유전학 패러다임에서는 "그래 미안하다. 내가 제대로 못 살아서. 너라도 (후대를 위해) 올바로 살아라…"라고 한발 물러설 수밖에 없다는 말이다.

임신부는 정말 술을 입에 대지도 말아야 하나

학술지 〈네이처〉 2014년 8월 14일자에는 '엄마를 탓하지 말라Don't blame the mothers'라는 제목의 기고문이 실렸다. 미국 하버드대 과학사 교수인 사라 리처드슨Sarah Richardson을 비롯해 정치학, 의학, 철학, 인류학 등 다양한 분야의 전문가 7명이 함께 쓴 글로 언론매체들이 후성유전학 연구결과들을 경솔하게 보도함으로써 엄마들이 모든 죄를 뒤집어쓰는 결과를 낳고 있다는 것이다.

엄마가 궁지에 몰린 건 '상식적으로' 임신 중에 후성유전학적 효과가 가장 클 것으로 보이기 때문이다. 필자 역시 태교를 두고 우리 조상들이 선견지명을 갖고 후성유전학을 실생활에 적용한 예로 즐겨 인용해왔다.

'임신 중 엄마의 식단이 아이의 DNA를 바꾼다'(《BBC》), '할머니의 경험이 우리 유전자에 흔적을 남긴다'(《디스커버》), '9·11테러에서 살아남은 임신부들이 자녀들에게 외상(트라우마)을 물려줬다'(《가디언》). 저자들은 기고문 초입에 이 같은 유명 매체들의 기사 제목을 예로 들며 독자의 주의를 끌기 위해 연구결과를 지나치게 단순화하고 과장한 이런 표현들이 여성들에게 상처를 주고 있다고 주장했다. 반면 아버지의 기여와 가족의 생활패턴, 사회환경 요인은 상대적으로 덜 관심을 받고 있다고.

사실 태아 때 환경(엄마의 자궁)이 아이가 태어난 뒤 영향을 미칠 거라는 가정은 후성유전학이 분자차원에서 연구되기 이전부터 있어왔다. 저자들은 대표적인 예로 1970년대 이름 붙여진 '태아 알코올 증후군 fetal alcohol syndrome'을 들고 있다. 엄마가 임신 중 지나친 음주를 한 결과 신체적 정신적으로 문제가 있는 아이가 태어나는 현상으로, 1981년 미국 공중위생국은 임신부들에게 술을 한 방울도 마시지 않는 게 안전하다고 권고했다. 그 결과 사회에서 임신부가 술을 마시는 건 거의 범법행위처럼 여겨지게 됐다고. 우리나라도 마찬가지다.

저자들은 이런 관행이 정책입안자들이 적당한 음주조차 위험하다고 과장한 결과라며 2012년 덴마크의 연구결과를 소개했다. 즉 대규모 사례조사 결과 임신 기간 적당한 음주를 한 여성의 자녀들에게서 어떤 부작용도 찾을 수 없었다는 내용이다. 이런 실상을 모르는 임신부들은 어쩌다 '실수로' 술 한 모금을 마셔도 '아기한테 큰일 나는 거 아냐?'라며 불안해하고 죄의식을 느낀다.

한편 동물실험결과를 왜곡편집해 보도하는 행태로 2012년의 한 연구를 예로 들었다. 즉 임신했을 때 고지방 사료를 먹은 쥐의 경우 두 세대 뒤(새끼의 새끼)에서 암에 걸릴 확률이 80%로 임신 때 보통 사료를 먹인 어미의 새끼의 새끼(대조군)의 50%보다 훨씬 높았다. 언론은 이에 대해 "할머니의 식습관을 걱정해야만 하는 이유" 같은 식으로 보도했다고.

하지만 실험에 쓰인 쥐는 암이 잘 걸리도록 유전자조작이 된 쥐이고 세 세대 뒤에서는 오히려 고지방 사료군이 암 발생률이 낮게 나왔다는 연구결과는 무시됐다. 즉 기사가 오해를 살 수 있는 내용만 발췌해 선정적으로 보도했다는 것이다. 저자들은 "과학자, 교육자, 기자들에게 촉구한다"며 "임신 기간 동안 건전한 행동이 중요하다는 건 누구도 부정하지 않지만, 이런 발견들을 토대로 일상생활의 가이드라인을 제시하기에는 너무 이르다는 걸 고려해 달라"고 쓰고 있다. 저자들은 후성유전학적으로 자손의 건강에 영향을 미치는 건 엄마의 자궁 뿐 아니라 아버지와 조부모, 식단이나 독소 같은 환경요인 등 다양한 경로가 있다고 덧붙였다.

현상은 확실한데 정확한 메커니즘은 아직 몰라

그럼에도 '세대를 이어가는 후성유전학적 유전transgenerational epigenetic inheritance'은 최근 생명과학에서 가장 뜨거운 이슈의 하나다. 기존 유전학의 상식을 완전히 뛰어넘는 현상이기 때문이다. 인체에 존재하는 다양한 세포는 기본 DNA 정보는 동일하지만 후성유전학적 패턴이 달라 발현되는 유전자의 패턴이 다르고 그 결과 각각의 특성을 띤다. 하지만 성세포(난자와 정자)가 만나 수정이 이뤄지면서 후성유전학의 각인이 지워지고 수정란이 분화하면서 다시 세포마다 그 역할에 맡는 후성유전학 패턴이 형성된다는 게 기존의 이론이다. 따라서 어떤 요인으로 패턴이 바뀌더라도 그 영향력은 그 개체에서 끝나야 한다.

'세대를 이어가는 후성유전학적 유전'이란 이런 각인이 다음 세대, 그 다음 세대까지 이어지는 현상으로 기존 이론으로는 설명이 안 된다. 이 영역을 개척한 생물학계의 이단아가 바로 미국 워싱턴주립대의 마이클 스키너Michael Skinner 교수다. 스키너 교수는 원래 농약이나 항균제 같은 화학물질이 생식계에 어떤 영향을 미치는가를 연구했다. 즉 이 물질들이 내분비교란물질(환경호르몬)로 작용해 호르몬 신호 시스템을 엉망으로 만드는 과정을 규명하는 일이다. 예를 들어 임신한 쥐에 화합물을 주입한 뒤 태어난 수컷새끼는 대부분 고환이 비정상이고 정자도 허약하고 숫자도 적다.

• 2005년 동물에서 세대를 이어가는 후성유전학적 유전 사례를 보고해 센세이션을 불러일으킨 워싱턴주립대의 마이클 스키너 교수. (제공 워싱턴주립대)

그런데 어느 날 실수로 한 연구원이 이렇게 태어난 새끼들(어미는 다른)끼리 교배했다. 이런 쥐들은 이미 변수가 있기 때문에 태어난 새끼로 실험을 할 수는 없었지만 이미 한 거라 그냥 지켜보기로 했다. 그런데 놀랍게도 여기서 태어난 수컷 새끼들의 90% 이상에서 생식계에 비슷한 이상이 나타났다. 물론 이 녀석들은 환경호르몬에 노출된 적이 없었다. 그저 할머니 쥐가 아비나 어미를 임신했을 때 잠깐 노출된 게 전부였다.

과거 독성학자들은 이런 화학물질들이 DNA에 돌연변이를 일으키는가에 대해 열심히 연구했지만 그런 증거를 찾지 못했다. 따라서 이런 현상은 환경호르몬의 작용이나 돌연변이로는 설명할 수 없었다. 연구자들은 화학물질에 노출된 조상이 다른 쥐들을 다양하게 교배했고 3대, 4대에 걸쳐서도 비슷한 결과가 나왔다. 스키너 박사팀은 2005년 6월 3일자 학술지 〈사이언스〉에 이 결과를 발표했고 생물학계가 발칵 뒤집혔다.

그러나 여러 실험실에서 재현실험에 실패하고 논문에 한 대학원생이 조작한 데이터가 실렸다는 사실이 밝혀지면서 스키너 교수는 2009년 논문을 철회하기도 했다. 그러나 지난 수 년 사이 '세대를 이어가는 후성유전학적 유전'을 보고하는 논문이 잇달아 실리고 스키너 교수 역시 2005년 논문 자체는 조작이 아니라는 결과를 2013년 발표하면서 이제 그는 생명과학계의 이단아에서 선구자로 격상되고 있다.

〈사이언스〉 2014년 1월 24일자에 3쪽에 걸친 인터뷰 기사가 실렸고 월간지 〈사이언티픽 아메리칸〉 2014년 8월호에는 세대를 이어가는 후성유전학적 유전을 설명하는 스키너 교수의 글이 8쪽에 걸쳐 실렸다. 아직 정확한 메커니즘을 모를 뿐 이제는 이 현상을 의심하기는 어려운 형국이다.

아버지의 죄?

흥미로운 사실은 스키너 교수를 비롯해 많은 연구자들이 이 현상을 규명하는데 엄마보다는 아빠를 선호한다는 것. 즉 임신을 통한 영향은 다른 요인으로도 해석할 여지가 있는 반면, 정자로 유전정보만 주고 끝나는 부계로는 후성유전학적 요인을 명쾌하게 구분할 수 있기 때문이다.

〈네이처〉 2014년 3월 6일자에는 '아버지의 죄The Sins of the Father'라는 제목의 기사가 실렸는데, 바로 부계를 통해 유전되는 후성유전학에 대한 최근 연구결과들을 소개하고 있다. 예를 들어 2014년 1월 〈네이처 신경과학〉에 발표된 논문은 특정 자극에 대한 공포가 후성유전학적으로 유전된다는 연구결과를 싣고 있다.

즉 수컷 생쥐를 아세토페논acetophenone이라는 아몬드 냄새가 나는 물질에 노출시킨 뒤 발에 충격을 주는 실험을 반복하면 생쥐는 아세토페논 냄새만 맡아도 공포반응을 보인다. 그런데 이 수컷 생쥐와 이런 학습을 한 적이 없는 암컷 생쥐를 교배해 나온 새끼 가운데 다수가 아세토페논에 민감한 반응을 보였다. 그리고 이 새끼의 새끼 역시 마찬가지였다. 연구자들은 세 세대에 걸친 생쥐들을 해부한 결과 아세토페논에 민감한 뉴런이 있는 부분이 평균보다 크다는 사실을 발견했다. 그렇다면 아세토페논은 도대체 어떤 경로로 자신에 민감한 뉴런의 성장을 촉진하는 신호를 여러 세대에 걸쳐 전달할 수 있었을까.

흥미롭게도 이들 생쥐에서는 아세톤페논과 결합하는 후각수용체의 유전자인 Olfr151이 많이 발현됐다. 즉 아세토페논이 어떤 식으로든 작용해 수컷 생쥐의 정자 게놈에서 Olfr151 부근의 화학적 변이(메틸화 감소)를 일으켜 유전자 발현이 더 잘되게 했고 이 구조변이가 후세에서도 유지됐다는 말이다. 그러나 도대체 어떻게 아세토페논이 자신이 결합하는 수용체 단백질의 유전자를 꼭 집어 후성유전학적 변이를 일으킬 수 있는가는 여전히 미스터리다.

사실 '세대를 이어가는 후성유전학적 유전'의 역사는 18세기로 거슬러 올라간다. '분류학의 아버지'로 불리는 스웨덴의 식물학자 칼 폰 린네Carl von Linné는 1740년대 좁은잎해란초(학명 *Linaria vulgaris*)라는 식물의 견본을 조사하다 이상한 개체를 발견했다. 다른 부분은 똑같은데 유독 꽃 모양만 달랐던 것. 꽃 구조를 식물 분류의 기준으로 삼았던 린네로서는 당황스러운 현상이었다. 린네는 이 변이에 페롤리아*Peloria*라는 이름을 붙여줬다. 그리스어로 괴물이라는 뜻이다.

그리고 250년이 흘러 영국 존인스센터의 식물학자 엔리코 코엔Enrico Coen 박사팀에서 마침내 페롤리아의 비밀을 풀었다. 즉 괴물 식물에서는 꽃구조 형성에 관여하는 Lcyc이라는 유전자가 염기서열은 동일했지만 DNA에 화학변이(메틸화)가 많이 일어나 완전히 작동을 멈춘 것. 그 결과 꽃이 기형이 된 것이다. 그리고 이 변이는 세대를 통해 유전됐기 때문에 페롤리아에서는 페롤리아만 나왔다. 이 연구결과는 1999년 〈네이처〉에 실렸다. 결국 '세대를 이어가는 후성유전학적 유전'은 동식물에

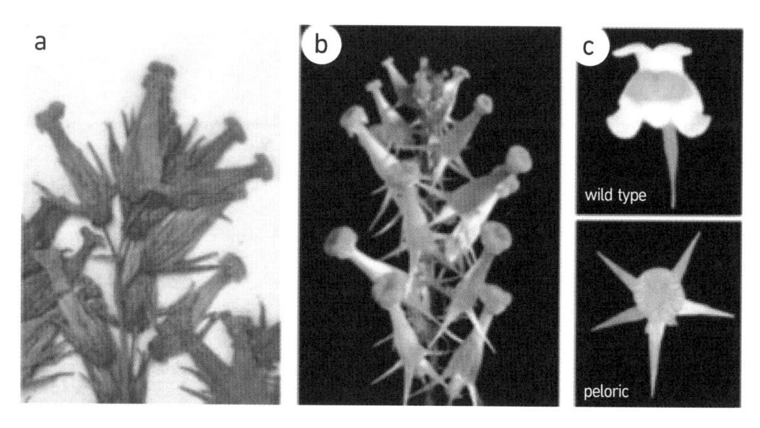

• 이미 1740년대 발견된 좁은잎해란초의 변이형인 펠로리아는 세대를 이어가는 후성유전학적 유전의 결과라는 사실이 1990년대에야 규명됐다. 꽃구조 형성에 관여하는 Lcyc 유전자의 화학패턴이 바뀌어 유전된 결과다. 사진 맨 왼쪽 (a)는 18세기 린네가 채집한 펠로리아 견본이고 그 옆 (b)는 생화다. 사진 (c)의 위는 야생 좁은잎해란초 꽃이고 아래는 펠로리아의 꽃이다. (제공 <사이언스>)

걸쳐 존재하는 현상이라는 말이다.

스키너 교수는 〈사이언티픽 아메리칸〉에 기고한 글에서 오늘날 서구사회에 만연한 비만과 당뇨병 등 대사질환을 생활습관이나 식단변화로만 설명하기는 어렵다고 언급하면서 과거 DDT나 다이옥신, 비스페놀A 같은 화학물질에 과다하게 노출된 경험이 있는 인류가 이런 질환에 취약하게 후성유전학적으로 변이가 일어난 게 또 다른 원인일 수 있다고 주장했다. 최근 눈에 띄게 늘고 있는 불임 역시 결혼시기가 늦어진 것만으로는 설명하기 어려운 현상이지만 후성유전학을 적용하면 잘 맞아 떨어진다.

스키너 교수는 "세대를 이어가는 후성유전학적 유전은 아마 최근 과학의 역사에서 가장 큰 패러다임의 전환일 것"이라고 말했다. 사회학자들은 아직은 불확실하다며 애써 의미를 축소하고 있지만 필자의 예감으로는 아무래도 스키너 교수의 말이 맞는 것 같다. 이게 진실일 경우

• 20세기 중반 무분별하게 사용된 DDT 같은 화학물질은 50년이 지난 오늘날에도 후손들의 DNA에 흔적을 남겨 현대인들에 만연한 각종 대사질환과 불임의 한 원인일 가능성이 있다. (제공 CDC)

그의 말대로 생물학을 혁신하는 놀라운 발견이지만 인류가 그동안 해온 일들(우리 주변의 환경을 한 번 돌아보라!)이 우리 DNA에 남긴, 그리고 후세에도 전달될 표지를 어떻게 해야 할지 생각하면 가슴이 답답해지는 것 역시 어쩔 수 없다.

참고문헌

Richardson, S. S. et al. *Nature* 512, 131 (2014)

Kesmodel, U. S. et al. *BJOG* 119, 1180 (2012)

Anway, M. D. et al. *Science* 308, 1466 (2005)

Kaiser, J. *Science* 343, 361 (2014)

Skinner, M. K. *Scientific American* 311, 34 (2014. 8)

Hughes, V. *Nature* 507, 22 (2014)

Cubas, P. et al. *Nature* 401, 157 (1999)

1-3

위를 줄인다고 비만이 해결될 수 있을까?

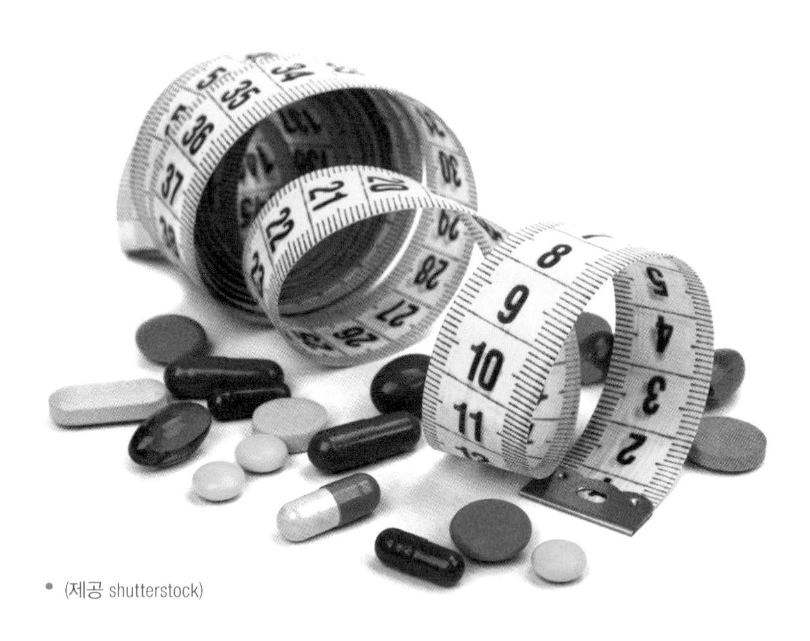

• (제공 shutterstock)

놀랍게도 비만을 치료하는 가장 효과적이고 지속적인 방법은 약물이나 행동 요법이 아니라 수술 요법이다.

— 캐런 리안 등, 〈네이처〉 2014년 5월 8일자에 발표한 논문에서

2014년 10월 27일 가수 신해철 씨의 사망 소식에 많은 사람들이 안타까워했다. 필자 역시 음악에는 문외한이지만 신 씨의 죽음이 충격적이었다. 아마 학번까지 같은 동년배로 대학시절 혜성처럼 등장해 지금까지 활동해 온 그를 지켜봤기 때문일지도 모르겠다.

그런데 신 씨의 부고가 나가고 다음날 신문에는 이상한 기사가 실렸다. 직접적인 사인은 장유착 수술 뒤 심장마비와 패혈증 등 합병증이지만 발단은 수년 전 받은 위밴드 수술이라는 것. 이 사실이 알려지면서 수술을 기다리고 있는 사람들이 예약을 취소하는 사태가 벌어지고 있다는 내용이다.

기사를 읽다가 문득 수개월 전 학술지 〈네이처〉에 실린, 비만을 치료하기 위한 위 수술에 대한 장문의 기사가 떠올랐다. 저체중을 걱정해야 할 정도로 마른 필자로서는 별로 관심이 없는 주제이고 과학 에세이용으로도 별로일 것 같아 읽어보지는 않았다. 찾아보니 2014년 7월 17일자에 세 쪽에 걸쳐 실린, 버니지아 휴즈Virginia Hughes라는 과학저널리스트가 쓴 글이다.

수술을 받으면 위가 작아져 조금만 먹어도 포만감이 느껴지게 해 살을 빼는 효과가 있는 거라고 막연하게 생각하고 있던 필자는 글을 읽으며 복잡한 내용에 약간 머리가 아팠다. 하긴 그렇게 간단한 문제라면 굳이 〈네이처〉 같은 일급 저널이 세 쪽이나 되는 지면을 할애하지는 않았을 것이다.

1952년 처음 시도

이번에 문제가 된 위밴드 수술gastric banding은 '비만대사 수술bariatric surgery'로 통칭하는, 수술을 통한 비만치료 방법 가운데 하나로 사실 가장 온화한 형태다. 기사를 보면 최초의 비만대사 수술은 1952년 스웨덴의 외과의사 빅토르 헨릭슨Viktor Henrikson이 집도했다. 헨릭슨은 비만 여성의 소장에서 105센티미터를 잘라냈다. 보통 소장의 길이가 6~7미터이므로 거의 20%를 제거한 셈이다. 소장은 소화한 영양분을 흡수하는 기관이므로 길이를 줄여 에너지 흡수율을 떨어뜨리려고 한 것으로 보인다. 수술로 환자의 비만을 고치는 데는 실패했지만 대사를 개선해 변비를 없앴다고 한다. 따라서 환자는 자신이 더 건강해지고 에너지가 넘치게 됐다며 만족했다는 것.

그 뒤 20여 년에 걸쳐 미국의 의사들이 이 방법을 개선(?)했는데, 그 결과 잘라내고 이어붙인 소장의 길이가 40센티미터에 불과했다고 한다! 공회장우회술jejunoileal bypass라고 부르는 이 수술은 체중감량 효과는 컸지만 부작용이 심각했는데, 특히 세균증식으로 간에 염증이 생겨 환자 대다수에서 5년이 지나면 간이 돌이킬 수 없을 정도로 손상됐다.

결국 의사들은 소장 대신 그 앞에 있는 위로 관심을 돌렸고 1977년 마침내 위우회술Roux-en Y gastric bypass이 개발됐다. 뒤이어 위소매

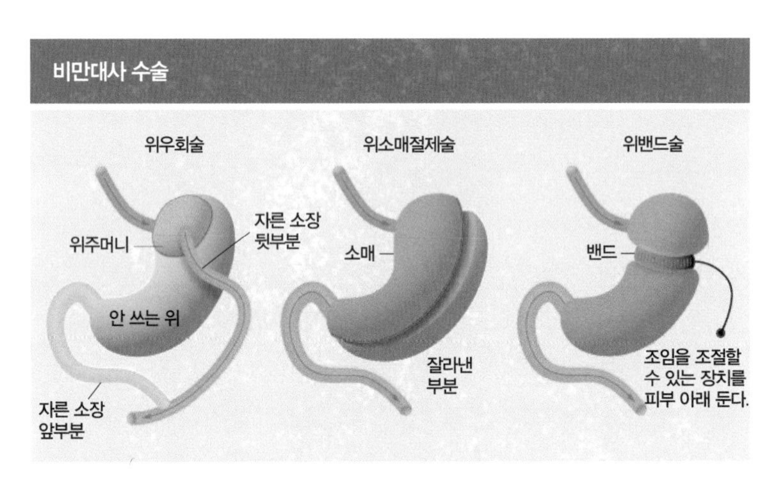

• 위를 대상으로 한 비만대사 수술은 세 가지가 있다. 왼쪽은 가장 과격한 방법인 위우회술로 체중감량 효과는 가장 크다. 식도와 연결된 위 부분을 달걀 크기의 주머니가 되게 묶고 여기에 잘라낸 소장(뒷부분)을 붙인다. 자른 소장 앞부분은 소장 벽에 구멍을 내 연결한다. 가운데는 위소매절제술로 세로방향으로 위를 잘라내 용적을 줄인다. 오른쪽은 위밴드술로 조이는 정도를 조절할 수 있는 실리콘밴드를 채우는 비교적 온화한 수술법이다. (제공 <네이처>)

절제술vertical sleeve gastrectomy, 위밴드술이 나오면서 오늘날 널리 쓰이고 있다.

가장 과격한 방법인 위우회술은 식도에 연결된 위를 달걀 하나만한 크기로 묶은 뒤(위주머니) 공장(소장의 앞부분)을 잘라 위주머니에 연결시킨다. 그리고 십이지장에 연결된 공장의 잘린 부분을 위주머니와 연결한 공장의 측면에 구멍을 내 연결한다. 이 형태가 알파벳 Y를 연상해 이런 이름이 붙었다. 이 수술법의 흥미로운 점은 음식이 들어가지 않는 위(위주머니를 뺀 부분)와 십이지장, 공장 앞부분을 소장과 연결한 것. 방치할 경우 이런 기관에서 나오는 분비물이 복강으로 흘러들기 때문이다.

위소매절제술은 세로 방향으로 위의 대부분을 잘라내는 방법으로 식도, 위, 십이지장, 소장의 경로는 유지돼 있다. 위암으로 위를 잘라내는 수술과 비슷하다. 끝으로 위밴드술은 위 중간에 혁대를 차듯 실리콘 밴드를 묶는 방법으로 밴드의 조임을 조절해 포만감을 주는 음식량을 관리할 수 있다. 앞의 두 방법에 비해 상대적으로 온화한 방법이다.

기름진 음식 덜 찾아

위를 대상으로 한 비만대사 수술이 과학자들의 관심을 끈 이유는 위가 줄어 조금만 먹어도 포만감이 생긴 결과 살이 빠졌다는 상식적인 해석만으로는 수술의 효과를 제대로 설명할 수 없기 때문이다. 수술을 받은 사람들 다수는 체중이 줄기도 전에 비만으로 인한 당뇨병 증상이 완화되고 심혈관질환 위험성도 감소하는 등 생리 전반에 개선효과를 보이기 때문이다. 또 입맛도 변해 기름진 음식을 별로 좋아하지 않게 된다. 따라서 수술로 인한 생리적인 변화를 이해할 수만 있다면 이와 비슷한 효과를 낼 수 있는 약물을 개발할 수도 있고 그렇게 되면 위험성이 내재된 수술을 하지 않아도 된다.

비만대사 수술이 효과를 내는 이유 가운데 하나로 제시된 게 장내 미생물상의 변화다. 2009년 학술지 〈미국립과학원회보〉에 실린 논문에 따르면 수술을 받은 사람들의 장에는 비만을 촉진한다고 알려져 있는 퍼미큐테스문Firmicutes phylum에 속하는 박테리아의 비율이 줄어든다. 이 박테리아는 산소에 취약한데 수술로 위장이 부실해지면서 산소 일부가 대장에 도달해 생존환경이 나빠졌다는 해석이 있다. 반면 비만 억제와 관련해 잘 알려져 있는 로제부리아Roseburia라는 박테리아는 극적으로 늘어나 있었다.

〈네이처〉 2014년 5월 8일자에는 쥐를 대상으로 위소매절제술을 했을 때 위장의 생리 변화를 규명한 논문이 실렸다. 즉 수술을 받은 동물은 쓸개에서 담즙산의 분비가 늘어나는데, 그 결과 FXR이라는 수용체가 활성화돼 일련의 생리반응이 일어난다는 것. FXR은 간과 지방조직, 소장 등에 존재하는데 작용이 활발해지면 지방흡수율이 떨어지고 혈당 조절도 개선된다. 아울러 장내미생물의 조성에도 영향을 미치는 것으로 나타났다.

2013년 학술지 〈사이언스〉에는 생리 메커니즘을 규명해 수술을 하지 않고도 비슷한 효과를 보는 방법을 찾으려는 과학자들에게 약간 실망스러운 연구결과가 실리기도 했다. 쥐를 대상으로 위우회술을 한 뒤 장기의 변화를 자세히 살펴본 결과 위주머니와 연결된 소장(공장)이 시간이 지남에 따라 커지는 현상을 발견한 것. 연구자들은 평소 어느 정도 소화된 음식이 들어오던 공장이 갑자기 소화가 안 된 음식과 만나면서 이에 적응하기 위한 변화라고 해석했다. 즉 제대로 된 위가 없다보니 공장 앞부분이 늘어나 아쉬운 대로 위의 역할을 하려는 것이라는 말이다. 이 과정에서 에너지(포도당)를 많이 소모하기 때문에 수술 뒤 혈당이 급격히 떨어진다는 것. 연구자들은 세포분화와 성장에 관련된 유전자의 발현이 늘어났음을 보여 이런 해부학적 변화를 뒷받침했다.

기사와 논문을 보면 비만대사 수술이 체중감량에 있어서 가장 효과적인 방법임에는 분명하지만(그럼에도 개인차는 크다고 한다) 상당한 수준의 수술(특히 위우회술의 경우)이라 어느 정도 부작용도 있는 게 현실인 것 같다.

문득 양악수술이 떠오른다. 원래 양악수술은 안면기형이나 부정교합이 심각해 음식을 제대로 씹지 못할 정도일 때 최종적으로 선택하는 위험한 수술임에도 좀 더 예뻐지겠다고 남용되고 있는 게 현실이다. 비만대사 수술 역시 고도비만으로 건강에 심각한 위험을 느끼는 사람들이 최후의 수단으로 선택해야 하는 방법 아닐까. 심각한 비만이 아님에도 날씬해지고 싶어 비만대사 수술을 고려하고 있다면 좀 더 기다려 보는 게 어떨까. 조만간 과학자들이 비슷한 효과를 내는 약물을 개발할지도 모르니까.

참고문헌

Hughes, V. *Nature* 511, 282 (2014)

Ryan, K. K. et al. *Nature* 509, 183 (2014)

Saeidi, N. et al. *Science* 341, 406 (2013)

1-4

회춘은 과학이다!

'피의 백작부인'으로 불린 헝가리의 바토리 에르제베트Báthory Erzsébet는 젊음과 미모를 유지하기 위해 처녀를 희생시켜 피를 마시고 심지어 피로 목욕을 하기까지 했다. 50세인 1610년 체포될 때까지 바토리 에르제베트가 희생시킨 처녀는 1,568명이 넘는다고 한다! 도무지 상상이 가지 않는 일이다.

더 어처구니가 없는 건 이렇게 피를 마시고 피로 목욕을 해도 노화를 막는데 별 소용이 없다는 사실이다. 400여 년 전에 살았던 에르제베트는 몰랐겠지만 중고등학교 생물 시간에 소화 메커니즘을 배운 우리로서는 피를 먹어봐야 위장에서 소화(분해)되고 피로 목욕을 해도 피부로는 흡수되지 않을 것임을 안다.

그런데 놀랍게도 에르제베트의 망상이 완전히 터무니없는 것은 아니었다. 어쩌면 큰 틀에서는 제대로 짚은 것일 수도 있다. 다만 방법이 잘못된 것이다. 만일 당시 수혈기술이 개발돼 에르제베트가 피를 마시는 대신 수혈을 했다면 원하던 대로 젊음과 미모를 더 오래 간직할 수도 있었을 것이다. 그렇다면 나이든 사람이 젊은 사람의 피를 받으면 정말 젊음을 되찾을 수 있다는 말인가.

• '피의 백작부인' 바토리 에르제베트의 초상. 1585년 그려진 것으로 25세 때의 모습이다. 이때부터 25년 동안 수많은 처녀를 죽인 에르제베트는 1610년 체포돼 재판을 받은 뒤 한 성의 골방에 갇힌 채 1614년 54세로 사망했다. (제공 위키피디아)

두 몸의 혈관을 이어주면…

19세기 프랑스의 저명한 생리학자 폴 베르Paul Bert는 좀 독특한 이력의 소유자다. 당시 이공계 최고 명문대였던 에콜 폴리테크니크에 들어갔지만 이게 아니다 싶어 법학으로 진로를 바꿨다가 이것도 아니다 싶어 결국 의학을 공부했다. 서른이 돼서야 의대를 졸업한 베르는 이듬해인 1864년 엽기적인 동물실험을 실시해 주목을 받았다. 쥐 두 마리의 혈관을 연결해 순환계를 공유하게 만든 것.

혈관을 잘라 이어붙인 건 아니고 두 쥐의 옆구리 피부를 벗겨낸 뒤 서로 붙이는 간단한 수술이다. 상처가 아물면서 생성되는 모세혈관이 서로 연결되면서 두 쥐의 피가 섞이게 된 것. 베르는 한쪽 쥐의 혈관에 약물을 투입한 뒤 다른 쥐의 혈액을 뽑아 약물의 존재를 확인함으로써 순환계가 진짜 통합됐음을 보였다. 훗날 '병체결합parabiosis'이라는 이름

• 1864년 병체결합 방법을 개발한 프랑스의 생리학자 폴 베르. 오랫동안 잊힌 병체결합이 150년 만에 화려하게 부활했다.

을 얻은 이 엽기적인 실험을 한 공로로 베르는 1866년 프랑스과학아카데미가 주는 상까지 받았다.

그 뒤 과학자들은 가끔씩 병체결합 실험을 하곤 했다. 예를 들어 혈당수치가 높으면 충치가 생긴다는 주장을 반박하기 위해 병체결합을 이용했다. 즉 쥐 한 마리에게만 설탕을 줬는데 두 마리에서 다 충치가 생기면 이 주장이 맞지만(순환계 공유로 둘 다 혈당수치가 높으므로) 설탕을 준 쥐에서만 생기면 틀리다. 실험결과 한 마리에서만 충치가 생겨 혈당가설이 폐기됐다.

병체결합이 개발되고 거의 100년이 지난 1956년 미국 코넬대 클리브 맥케이Clive McCay 교수는 나이대가 다른 쥐들로 병체결합을 한 69쌍을 9~18개월 동안 유지한 결과 늙은 쥐의 체중과 골밀도가 짝인 젊은 쥐와 비슷해진다고 보고했다. 그러나 당시는 생화학과 분자생물학이 초보단계였기 때문에 그 메커니즘을 설명할 수 없었고 결국 일회적인 관심으로 그쳤다. 그 뒤 병체결합은 과학사의 영역으로 사라지는 듯 했다.

다시 반세기 가까이 지난 1999년 미국 노스웨스턴대에서 면역학 연구로 학위를 받은 에이미 와저스Amy Wagers 박사는 스탠퍼드대의 저명한 줄기세포과학자 어빙 와이스먼Irving Weissman 교수의 실험실에서 박사후연구원 생활을 시작했다. 와저스 박사는 혈액줄기세포의 이동과 목적지를 추적하는 연구를 하고 싶었고, 1950년대 병체결합실험을 한 경험이 있던 와이스먼 교수가 이 방법을 추천했다. 즉 한 생쥐의 줄기세포에 형광표지를 한 뒤 병체결합을 하면 다른 생쥐에서 줄기세포의 위치를 쉽게 추적할 수 있기 때문이다.

같은 대학 토머스 란도Thomas Rando 교수 실험실에서 박사후연구원으로 있던 이리나 콘보이Irina Conboy 박사는 2002년 와저스 박사의 논문으로 세미나를 했는데 이를 지켜보던 같은 실험실의 박사후연구원이자 남편인 마이클은 병체결합을 노화연구에 이용하면 좋겠다는 아이디어를 떠올린다(물론 재발견이다!). 이들은 와저스 박사와 함께 실험을 설계했고 멋지게 성공했다.

2005년 학술지 〈네이처〉에 발표한 논문에서 연구자들은 병체결합으로 늙은 쥐와 젊은 쥐의 혈관을 연결하자 늙은 쥐의 상처 회복 속도가 빨라졌다고 보고했다. 즉 젊은 쥐의 피 속에 있는 어떤 성분이 늙은 쥐의 줄기세포가 활발하게 활동하도록 자극을 줬다는 것이다. 나이가 들면 줄기세포 능력이 떨어지는 건 줄기세포 자체가 늙어서가 아니라 재생 신호물질이 부족하기 때문이라고 해석할 수 있는 연구결과다. 다음 단계로 연구자들은 이런 신호물질을 찾는 연구를 진행했다.

8년이 지난 2013년 학술지 〈셀〉에는 오랫동안 찾아온 신호물질의 실체를 마침내 밝혀낸 놀라운 논문이 실렸다. 미국 하버드대 줄기세포연구소에 자리를 잡은 와저스 교수와 브리검여성병원의 순환기내과의 리처드 리Richard Lee 교수는 젊은 쥐의 피와 늙은 쥐의 피 성분을 면밀히 비교해 차이가 큰 성분들을 골라냈다. 그리고 각각에 대해 늙은 쥐를 대상으로 회춘효과를 테스트한 결과 GDF11이라는 성분이 '회춘인자'라는 사실을 밝혀낸 것.

사람처럼 쥐도 나이가 들면 심장이 커지는 '심장비대'라는 현상이 나타난다. 심장비대는 이완심부전 등 여러 심장질환의 원인 가운데 하나로 알려져 있다. 연구자들은 먼저 병체결합 실험으로 넉 달 동안 젊은 피를 받은 늙은 쥐의 심장이 다시 작아진다는 사실을 확인했다. 다음으로 늙은 쥐에 GDF11을 투여했다. 30일이 지난 뒤 살펴보자 역시 심장이 다시 작아지는 현상이 나타났다. GDF11이 젊은 피 회춘효과의 숨은 공로자였던 셈이다. 흥미롭게도 GDF11은 적혈구와 백혈구를 만드

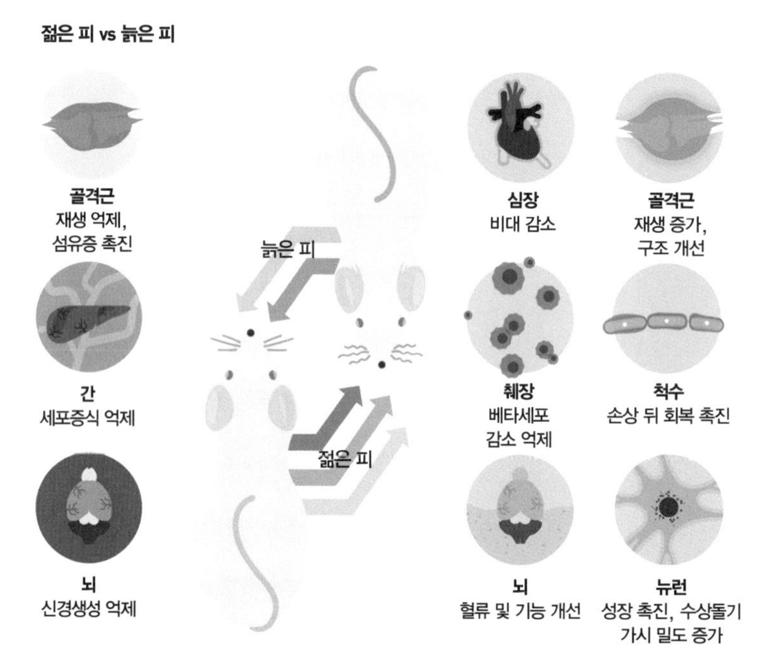

• 병체결합을 통해 젊은 쥐와 늙은 쥐의 순환계를 연결하면 젊은 피를 받은 늙은 쥐에서 다양한 회춘 효과가 나타난다. 반면 늙은 피를 받은 젊은 쥐에서는 조로현상이 보인다. 병체결합을 이용한 노화연구는 <사이언스>가 선정한 2014년 10대 과학뉴스에도 뽑혔다. (제공 <사이언스>)

는 지라(비장)에서 역시 가장 왕성하게 만들어진다는 사실이 밝혀졌다. 그리고 그 양이 나이가 듦에 따라 줄어든다.

2014년 5월 9일자 학술지 〈사이언스〉에는 GDF11의 또 다른 회춘효과를 밝힌 논문 두 편이 나란히 실렸다. 둘 다 와저스 교수팀과 공동 연구팀의 결과다. 먼저 노화의 대표적인 증상인 근육감소를 보이는 늙은 쥐에게 4주 동안 매일 GDF11을 투여하자 근육의 힘이 돌아와 달리기도 잘하고 발가락의 쥐는 힘도 다시 세졌다는 것. 또 다른 실험에서는 GDF11이 새로운 혈관이 자라게 하는 걸 돕고 후각신경세포(뉴런)를 늘려 노화에 따라 둔해진 후각이 다시 민감하게 됨을 증명했다. 다들 사람에서도 보이는 노화현상이므로 남의 이야기 같지가 않다. 게다가 사람에서도 GDF11이 존재한다! 사실 이 성분의 존재는 10여 년 전부터 알려져 있었지만 그 역할을 정확히 규명하지 못한 상태였다.

혈장 이용한 임상 진행 중

한편 비슷한 시기 학술지 〈네이처 의학〉에는 또 다른 회춘연구결과가 실렸다. 미국 스탠퍼드대 신경학자 토니 위스-코레이Tony Wyss-Coray 교수와 동료연구자들은 역시 쥐를 대상으로 병체결합실험을 해 늙은 쥐에서 해마의 기능이 회복됐음을 밝혔다. 해마는 기억에 관여하는 뇌의 한 부분이다. 다음으로 연구자들은 젊은 쥐의 혈액에서 혈구(적혈구, 백혈구 등)를 뺀 부분, 즉 혈장을 얻은 뒤 이를 늙은 쥐에 투여했다. 그 결과 병체결합 때와 비슷하게 해마 신경세포가 늘어났다. 어찌 보면 이는 예상할 수 있는 결과인데, 혈장에는 GDF11이 포함돼 있기 때문이다.

그렇다면 이런 실험결과들을 정말 사람에게 적용할 수 있을까. 연구자들은 쥐에서 나타나는 현상이 사람에서도 나타날 것이라고 믿고 있지만, 막상 적용하기까지는 꽤 시간이 걸릴 전망이다. 사람에서는 당연

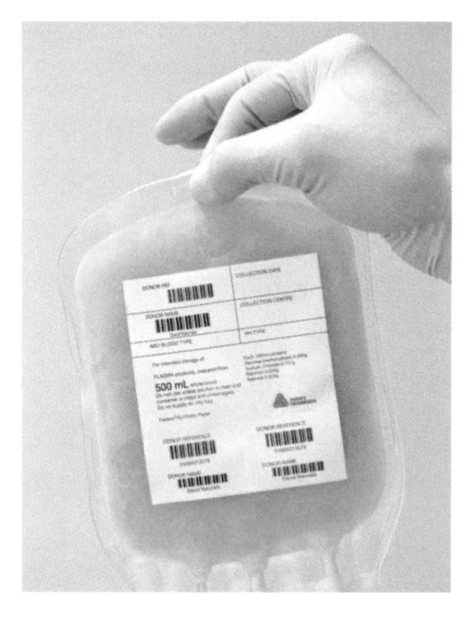

• 혈액을 원심분리기로 분리하면 비중이 큰 적혈구와 백혈구가 아래 가라앉고 위에 노란 액체가 뜨는데 이게 바로 혈장이다. 알츠하이머병 환자들에게 젊은이의 혈장을 투여하는 임상시험이 진행되고 있다. (제공 Avery Dennison)

히 병체결합을 할 수는 없을 테니 GDF11을 만들어 투여하는 방식을 적용해야 하는데, 이 경우 약물로 봐야 하기 때문에 오랜 시간이 걸리는 임상시험을 거쳐야 하기 때문이다. 반면 혈장투여는 오히려 적용 가능성이 더 높은데, 이미 병원에서 환자들에게 혈장링거를 놔주기 때문이다. 즉 신약허가 같은 복잡한 절차가 필요 없다는 말이다.

실제로 2014년 9월부터 혈장투여 임상이 진행되고 있다. 위스-코레이 교수팀의 혈장 실험 얘기를 들은 홍콩의 한 기업체 오너는 뉴런이 파괴되는 질환인 알츠하이머병에 걸린 친척에게 혈장 요법을 실시했고 효과를 봤다. 마침 위스-코레이 교수는 알카헤스트Alkahest라는 벤처를 시작했고 홍콩의 오너는 여기에 투자했다. 2014년 9월 알카헤스트는 50세 이상인 알츠하이머병 환자를 대상으로 30세 이하 젊은이들에게서 얻은 혈장을 투여하는 임상시험을 시작했다.

이 뉴스를 접하고 급한 마음에 병원을 찾아가 회춘하고 싶으니 당장 혈장주사를 놔달라고 할 수는 없는 일이다. 타인의 혈장을 장기간 받을 경우 알레르기 같은 부작용도 나타날 수 있고, 무엇보다도 아픈 사람도 피가 모자라 쩔쩔매는 게 현실인데(그러다보니 우리나라는 군인들이 헌혈에 기여하는 비중이 크고 따라서 '젊은 피'일 가능성이 높다!) 좀 더 젊어지고 싶어 피를 나눠달라고 할 수는 없는 일 아닌가.

참고문헌

Leinwand, L. A. & Harrison, B. C. *Cell* 153, 743 (2013)
Loffredo, F. S. et al. *Cell* 153, 828 (2013)
Kaiser, J. *Science* 344, 570 (2014)
Sinha, M. et al. *Science* 344, 649 (2014)
Katsimpardi, L. et al. *Science* 344, 630 (2014)
Hall, S. *Science* 345, 1234 (2014)
Scudellari, M. *Nature* 517, 426 (2015)

1-5

새로운 DNA염기쌍 이용하는 생명체 탄생!

제임스 왓슨과 프랜시스 크릭이 DNA이중나선 구조를 제안한 1953년 논문을 읽어보면 좀 당황스럽다. 불과 1000여 단어로 된 짧은 논문은 앞에 살짝 "이 구조가 지닌 새로운 특징은 생물학적으로 상당히 흥미롭다"라는 언급이 나올 뿐 대부분은 DNA, 즉 핵산의 화학에 대한 설명이다. 두 염기쌍, 즉 아데닌(A)과 티민(T), 구아닌(G)과 시토신(C)이 수소결합을 통해 어떻게 짝을 이루는가를 설명하는 게 사실상 전부다. 논문에 데이터는 전혀 없으며 DNA이중나선 구조를 묘사한 간단한 그림 모형이 있을 뿐이다.

DNA구조에 대한 실험 데이터(X선 회절 사진)는 이어지는 모리스 윌킨스와 로절린드 프랭클린의 논문 두 편(각자 따로 논문을 썼다)에 나온다. 왓슨의 회고록 『이중나선』에 나와 있듯이 이들의 모형은 윌킨스가 왓슨에게 몰래 보여준 프랭클린의 X선 사진에서 큰 영감을 얻었다. 하지만 당시 X선 회절 데이터만으로 분자를 이루는 원자 각각의 좌표를 알아낼 수는 없었다.

즉 X선 회절 데이터는 DNA가 나선을 이루고 있는 것 같다는 실마리를 줬을 뿐 두 사람의 발견에 결정적인 역할을 한 것은 DNA의 염기조성을 분석한 오스트리아 출신 생화학자 에르빈 샤가프의 1950년

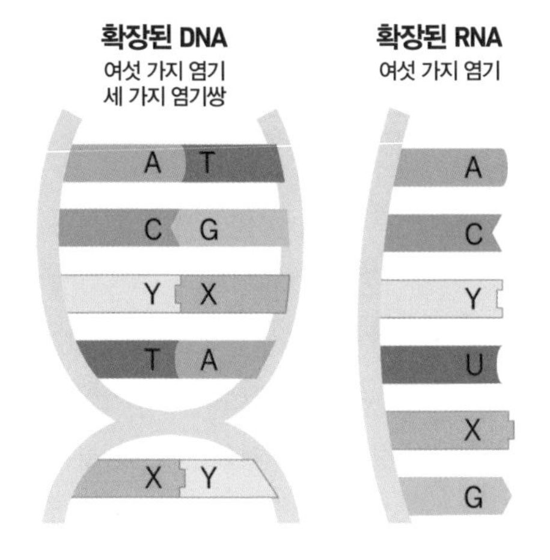

• 기존 DNA염기쌍은 아데닌(A)과 티민(T), 구아닌(G)과 시토신(C)으로 이뤄져 있다. 최근 화학자들은 새로운 분자로 염기쌍(X:Y)을 만드는 데 성공했다. 따라서 DNA이중나선은 세 가지 염기쌍으로 이뤄질 수 있고 RNA가닥도 여섯 가지 염기로 구성될 수 있다. (제공 <사이언스>)

논문이다. 즉 여러 시료에서 DNA를 이루는 네 염기의 비율을 분석해 봤더니 아데닌과 티민이 1:1, 구아닌과 시토신이 1:1로 존재하고 있더라는 것.

당시 샤가프는 이게 무얼 의미하는지 몰랐지만 왓슨과 크릭은 프랭클린의 데이터에서 DNA가 이중나선일 거라는 확신을 얻자 샤가프 논문에서 두 쌍의 1:1이 뜻하는 바를 순간 깨달으면서 아데닌과 티민, 구아닌과 시토신이 짝을 이루는 DNA이중나선 구조가 생물학적으로 필연임을 확신했다. 지금 생각하면 샤가프가 다 잡은 고기를 놓친 것처럼 보이지만, 설사 시간이 더 있었더라도 그가 자신의 데이터만으로 DNA 이중나선을 떠올릴 수는 없었을 것이다.

왓슨의 『이중나선』에도 자세히 묘사돼 있지만 화학의 문외한인 이들(왓슨은 미생물학자이고 크릭은 물리학자다)이 DNA의 분자구조를 규명하게 된 것은 연구소의 화학자에게 수시로 자문을 구하기도 했지만 무엇보다도 당시 최고의 화학자였던 라이너스 폴링의 명저 『화학결합의 본질』을 신줏단지 모시듯 하며 열심히 공부했기 때문이다. 단백질의 이차구조를 밝힌 뒤 DNA구조 규명에 뒤늦게 뛰어든 폴링이 자신의 책을 보며 주먹구구식 연구를 한 두 풋내기에게 역사적인 발견을 빼앗긴 이 사건은 과학 분야의 '다윗과 골리앗 싸움'으로 기억되고 있다.

수소결합 아닌 소수성 상호작용으로 짝 이뤄

DNA연구에서 남 좋은 일만 했던 화학자들이 최근 생명과학자들도 깜짝 놀랄 연구결과를 내놓았다. 아데닌과 티민, 구아닌과 시토신이라는 '정규적인' DNA염기쌍이 아닌 새로운 염기쌍을 이용할 수 있는 박테리아(대장균)를 만들어냈다는 것. 미국 스크립스연구소 화학과 플로이드 롬스버그Floyd Romesberg 교수팀은 학술지 〈네이처〉 2014년 5월 15일자에 발표한 논문에서 수소결합이 아닌 입체적 상보성으로 소수성 상호작용을 통해 짝을 이루는 새로운 염기쌍이 생명체 안에서 제대로 작동했다고 보고했다.

물론 비정규 DNA 염기쌍 연구가 최근 시작된 건 아니다. 1989년 이미 구아닌과 시토신의 이성질체를 합성해 DNA 복제와 전사, 번역(리보솜에서 단백질을 만드는 과정)까지 성공했다. 그러나 이건 시험관 조건이었지 실제 생명체에서 일어난 일은 아니었다. 그런데 이번에 롬스버그 교수팀이 이 벽을 뛰어넘은 것. 이들의 연구내용을 좀 더 자세히 살펴보자.

먼저 이번에 세 번째 DNA염기쌍으로 등극한 분자는 d5SICS(약자로 원 이름은 찾지 못했다)와 5NaM으로, 연구자들은 이 두 분자가 소수성 상호작용을 통해 안정적인 염기쌍을 이룬다는 사실을 2008년 〈미국화학회저널JACS〉에 발표했다. 그 뒤 이들은 이 새로운 염기쌍을 생명체에서 구현하기 위해 복잡한 작업을 했고 이번에 6년 만에 결실을 본 것이다.

먼저 생명체로는 분자생물학 연구에 가장 많이 쓰이는 대장균을 골

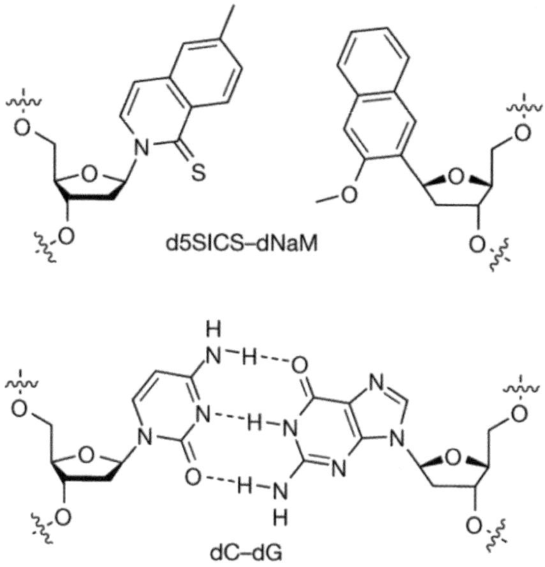

d5SICS–dNaM

dC–dG

• 최근 화학자들은 세 번째 DNA 염기쌍을 만든 뒤 생명체에서 제대로 작동함을 보였다. 기존 두 염기쌍이 수소결합을 통해 짝을 이루는 것(아래는 시토신과 구아닌 쌍)과는 달리 세 번째 염기쌍(위의 d5SICS와 dNAM 쌍)은 입체적 상보성을 통한 소수성 상호작용으로 짝을 이룬다. (제공 <네이처>)

랐다. 그런데 대장균은 이들 분자를 '먹지' 않기 때문에 연구자들은 해양미생물인 규조류의 뉴클레오티드 삼인산 운반체(NTT) 단백질의 유전자를 도입했다. 세포막을 가로지르며 놓여 있는 도넛 모양의 NTT는 d5SICS와 5NAM 분자를 통과시킨다. 다행히 세포막에 NTT 단백질을 갖게 된 대장균은 이 두 분자를 내부로 받아들였다.

연구자들은 새로운 염기쌍이 실제 작동한다는 걸 보여주기 위해 복잡한 대장균 게놈(460만 염기쌍)대신 플라스미드plasmid라는 원형 DNA 가닥에 비정규 염기쌍(X:Y로 표시)을 하나 집어넣었다. 즉 플라스미드의 DNA 염기쌍 2,686개 가운데 하나가 X:Y인 것. 이 플라스미드를 대장균 안에 집어넣은 뒤 배양을 했다. 플라스미드는 대장균 안에서 게놈과는 별도로 복제해 보통 세포당 수십 카피가 된다.

만일 증식한 대장균에서 추출한 플라스미드가 여전히 X:Y 염기쌍을 하나 갖고 있다면 대장균에서 플라스미드 복제가 일어날 때 DNA중합

효소가 세포 안에 있는 비정규 염기 분자들(d5SICS와 5NAM)을 데려와 X:Y 염기쌍 자리에 제대로 집어넣었다는 뜻이다. 실제로 증식한 플라스미드의 염기조성을 분석한 결과 복제를 할 때 최소한 99.4%가 충실하게 이루어지는 것으로 나타났다. 이는 정규 염기쌍 복제의 정확성과 비교할 수 있는 수치다.

합성생물학 한 단계 도약

'DNA 염기쌍 수천 개 가운데 하나를 바꾼 게 뭐 그리 대단한가?' 이런 생각을 하는 독자도 있을 텐데 사실 대단한 성과다. 대략 35억 년 전 지구에 생명체가 등장한 것으로 추정되고 있는데, 그 뒤 지금까지 자연계에서 A:T, G:C 두 가지 외에 다른 DNA염기쌍이 발견된 적이 없기 때문이다. 즉 생명체가 수십억 년 동안 고수해온 관행이 처음 깨진 것이다. 게다가 외관상으로는 대장균이 생존에 큰 영향을 받지 않는 것으로 보여 앞으로 연구에 더 기대를 갖게 한다.

즉 DNA에 비정규 염기쌍을 집어넣었다는 사실만으로도 획기적인 사건이지만 이는 비정규 아미노산을 도입할 수 있는 첫 단계가 성공했다는 뜻이기도 하다. 즉 DNA 염기쌍 세 개(코돈이라고 부른다)가 하나의 아미노산을 지정하는데, 새로운 염기쌍이 들어감으로써 원리상으로는 코돈의 가짓수가 세 배 이상 늘어날 수 있기 때문이다($4^3=64$에서 $6^3=216$으로). 물론 이렇게 많은 코돈이 필요하지는 않겠지만 아무튼 새로운 코돈에 맞는 안티코돈을 갖고 있는 운반RNA를 만들고, 여기에 기존 20개 정규 아미노산이 아닌 비정규 아미노산을 붙이면 결국 비정규 아미노산이 포함된 단백질을 만들 수 있는 것이다.

물론 이 과정이 살아있는 세포 안에서 실현되려면 아직 갈 길이 멀지만 이번 연구로 첫 단추는 끼운 셈이다. DNA를 화학적으로 합성하는 기술이 발전하고 비용이 크게 떨어지면서 지난 2010년, 기생 박테리아의 게놈을 통째로 합성해(연결과정에서 생명체(효모)의 힘을 빌리기는 했다) 게놈을 빼낸 다른 종의 박테리아 세포에 넣어 기생 박테리아로 살리는 시도가 성공했다.[3] 소위 '합성생물학'의 시대를 연 것으로 평가되는 연구결과이지만 회의적인 시각도 많았다. DNA만 화학적으로 만들었을 뿐 결과물은 자연의 생물체와 다르지 않았기 때문이다.

이번 세 번째 DNA 염기쌍 실험 성공은 이런 의미에서 진정한 '합성생물학'의 시대를 여는 사건이 아닌가 하는 생각이 문득 든다.

참고문헌

Thyer, R. & Ellefson, J. *Nature* 509, 291 (2014)
Malyshev, D. A. et al. *Nature* 509, 385 (2014)

3 자세한 내용은 『과학 한잔 하시래요?』 95쪽 '의학을 배우면서까지 생명을 이해하려 했던 과학철학자: 조르주 캉길렘' 참조.

part 2

건강/의학

2-1

근육예찬

매번 올림픽이 시작할 때마다 필자는 '시간도 안 맞는데 나중에 뉴스로 보면 되지'라고 생각하지만, 며칠 지나지 않아 번번이 TV 앞에서 생중계를 보게 된다. 2014년 소치동계올림픽도 스피드스케이팅 남자 500미터 경기를 아쉬운 마음으로 본 뒤, 다음날 이상화 선수가 출전하는 여자 500미터가 시작할 때 또 TV 앞에 앉았다.

경기는 두 명 한 조로 9조까지 1부를 마친 뒤 빙상을 정리하고 2부 아홉 조 경기가 이어진다. 실력자들은 2부 뒤쪽에 나온다는 해설자의 설명대로 이상화 선수는 맨 뒤 조다. 그래서 느긋한 마음으로 1부 경기를 보고 있는데 장홍이라는 중국 선수의 질주가 예사롭지 않다. 과연 기록을 보니 이전 선수들보다 한참을 앞선다. '그러면 뒤 선수들은 얼마나 대단한 거야?' 이런 생각으로 경기를 보는데, 웬걸 장홍 선수의 기록이 난공불락이다. 해설자도 좀 놀라는 눈치다. 결국 이상화 선수가 폭발적인 파워로 0.16초를 앞서 들어왔고 2차 레이스도 1위를 지켜 금메달을 목에 걸었다. 장홍은 합계 4위로 아깝게 메달을 놓쳤다.

이틀 뒤 여자 1,000미터. 시간이 되자 TV 앞에 앉은 필자는 이번에도 무심히 경기를 지켜봤다. 실력자가 나오는 2부 중후반은 아직 멀었으니까. 그런데 1부 6조인가에서 장홍 선수가 또 나왔다. '체형상 500

• <근육예찬>(2015), 캔버스에 유채, 41×53cm (제공 강석기)

미터보다 1,000미터가 더 맞는 거 같은데 왜 또 1부지….' 이상화 선수가 탄탄한 꿀벅지를 자랑하는 스프린터형 체형이라면, 장홍 선수는 키가 커서 그런지 상대적으로 근육질이 덜해 보이는 좀 늘씬한 타입이다.

그런데 웬걸. 200미터(반 바퀴) 기록은 이전까지 1위와 별 차이가 없었는데 600미터(한 바퀴 반)에서는 1초가 넘게 당겼다. 게다가 지친 기색이 없고 오히려 가속도가 붙는 모양새다. 고글도 안 써 맹수처럼 활활 타는 눈빛으로 앞을 응시하고 두 팔을 휘저으며 다이내믹하게 질주하는 장홍. 결국 결승점에서는 그때까지 1위 기록을 3초 이상 당겨 1분 14초 02. 해설자도 놀랐는지 "빙질로 봐서는 14초대 후반이나 15초대 초반이면 메달권이라고 예상했는데요…"라며 말을 잇지 못한다. 그 뒤 선수들은 역시 맥을 못 춘다.

드디어 2부 마지막조 이상화 선수가 등장한다. 이때까지도 장홍의 기록은 2위 선수를 0.6초 이상 앞서 있다. 폭발적인 스타트로 200미터 기록은 이상화 선수가 0.3초 정도 빠르다. 진행자와 해설자가 흥분한다. 그런데 600미터 지점에 가까워지면서 장훙 선수의 기록(레인을 따라 이동하는 파란색 선으로 표시된다)과 점점 차이가 줄어들더니 결국 역전돼 0.02초 뒤진다. '600미터에서 최소한 1초는 앞서야 승부가 될 텐데…' 이 지점에서 이미 필자는 이상화 선수가 1초 이상 뒤질 걸 예감한다. 결과는 1분 15초 94로 장훙과는 1초 92 차이다. 장훙 금메달. 이번엔 이상화 선수가 메달권에서 벗어났다.

골격근은 분비조직?

스피드스케이팅을 보고난 뒤 문득 '아름다움이란 무엇일까?'라는 엉뚱한 생각이 들었다. 장훙 선수의 동물적인 질주가 충격적인 아름다움으로 다가왔기 때문이다. 뒷짐을 지고 하루 한 시간 정도 앞산을 산책하는 걸 빼면, 나머지 시간은 책상 앞에 앉아 책을 뒤적이고 노트북 자판을 두드리는 게 전부인 필자의 연약한 팔다리가 문득 초라하게 느껴진다.

사실 십여 년 전까지만 해도 필자가 훗날 근육질 여성을 보고 매혹되리라고는 상상하지 못했다. 나시라는 일본어(원래는 소데나시そでなし)로 흔히 부르는 민소매 옷이 어울리고 다리를 이중으로 꼬며(무릎을 깊이 교차한 뒤 발목을 한 번 더 교차하는) 앉은 모습이 자연스러운 날씬하고 정적인, 한마디로 우아한 자태를 높이 평가해왔다. 그런데 이제는 이런 여성을 보면 '근육이 좀 붙어야 할 텐데…'라는 걱정이 앞선다.

필자가 이처럼 미적 기준을 바꾼 건 지난 수년 사이 남녀노소를 불문하고 근육이 건강에 정말 중요하다는 인식의 전환이 있어서였을까. 돌이켜보면 어느 날 우연히 들은 한 스포츠생리학자의 강의가 출발점이었던 것 같다. 태권도 5단(6단?)에 합기도, 검도 합쳐 공인 11단이라는 이분은 흥미로운 얘기를 많이 했는데, 그 가운데 하나가 왜 여성들이 컴퓨터 관련 질환이 더 많은가에 대한 설명이었다. 즉 여성들이 남성들에 비해 자세가 더 나빠서 그런 게 아니라 어깨나 팔에 근육이 부족하기 때문이라는 것. 따라서 근본적인 해결책은 자세교정이 아니라 근육을 키우는 것이라고 말했다. 즉 근육이 강화되면 이런 병은 저절로 낫는다고.

그리고 꼭 헬스클럽에 가지 않아도 집에서 틈틈이 팔굽혀펴기와 윗몸일으키기를 하고 2, 3층 높이 계단(지하철역 같은 곳)은 걸어 다니는 습관만 들여도 충분히 근력운동이 된다고 조언했다. 사실 당시 필자도 어깨와 목이 안 좋았기 때문에 바로 실천을 해봤는데 정말 어느 순간 이런 통증이 사라졌다는 걸 깨달았다.

근육의 중요성에 대한 두 번째 통찰은 학술지 〈네이처리뷰 내분비학〉 2012년 8월호에 실린 한 논문에서 왔다. '근육과 운동, 비만: 분비기관으로서의 골격근Muscles, exercise and obesity: skeletal muscle as a secretory organ'이라는 제목이다.

참고로 근육은 뼈와 연결돼 몸의 움직임을 일으키는 골격근과 위나 혈관 같은 내장이나 관을 둘러싸고 있는 평활근, 심장을 뛰게 만드는 심근으로 나뉜다. 우리가 흔히 근육이라고 말하는 건 골격근을 뜻한다. 골격근은 보통 체형의 젊은 남성의 경우 몸무게의 40%를, 여성은 35%를 차지하는 인체 최대 기관이다.

분비기관이란 신호물질을 밖으로 내보내는 기관이다. 호르몬을 내보내는 기관을 연구하는 학문분야를 내분비학이라고 부른다. 췌장에서 분비하는 인슐린, 송과샘에서 분비하는 멜라토닌, 부신피질에서 분비하는 코르티솔 등이 귀에 익숙한 호르몬들이다. 1980년대 중반 또 다른 내분비기관이 발견됐다. 바로 지방조직이다. 즉 지방조직은 단순히 지방을 저장할 뿐 아니라 렙틴 같은 식욕조절호르몬을 분비하기도 한다는 사실이 밝혀진 것이다. 지방조직에서 분비되는 물질들을 아디포카인adipokines이라고 부른다.

그런데 2003년, 분비기관을 하나 더 추가해야 한다는 논문이 실렸다. 바로 골격근이다. 많은 생리학자들은 운동할 때, 즉 골격근이 수축할 때 모종의 물질이 나오는 것 같다는 심증을 갖고 있었고 이를 '운동인자exercise factor'라고 부르기도 했지만 그 실체는 묘연했다. 그런데 마침내 인터류킨6IL-6라는 사이토카인(신호단백질)이 근육세포에서 분비돼 혈액을 타고 이동한다는 게 확인되면서 '마이오카인myokines', 즉 근육에서 분비되는 사이토카인이라는 새로운 물질군이 등장했다. 현재는 다양한 물질이 마이오카인 또는 마이오카인 후보로 올라와 있다.

지방 잡는 건 근육

지금까지 가장 연구가 많이 된 IL-6의 작용을 잠깐 살펴보자. 운동을 하면 혈장내 IL-6 수치가 최대 100배까지 높아지기도 한다. IL-6는 췌장에 영향을 미쳐 인슐린 분비를 촉진시키고 지방조직에 힘을 미쳐 지방분해를 촉진시킨다. 간에도 손을 뻗쳐 포도당 합성을 부추긴다. 또 근육 자체에도 영향을 줘 근육 내 지방분해를 촉진하고 근육생성을 유도한다.

근육의 중요성에 대한 필자의 마지막 통찰은 〈네이처〉 2012년 12월 6월자에 실린, 노화를 주제로 한 부록의 끝에 실린 스폰서 회사 네슬레 연구진의 논문(sponsor feature)에서 얻었다. 보통 이런 글은 광고성 같아서 잘 안 읽는데, '일생에 걸친 영양: 건강한 노화를 위한 혁신Nutrition throughout life: innovation for healthy ageing'이라는 제목에 혹해 읽어봤다.

연구자들은 결국 노화란 신체적 기능과 운동성의 퇴화가 핵심이라고 지적하면서 근골격계에 주목한다. 뼈에 대한 얘기는 건너뛰고 근육

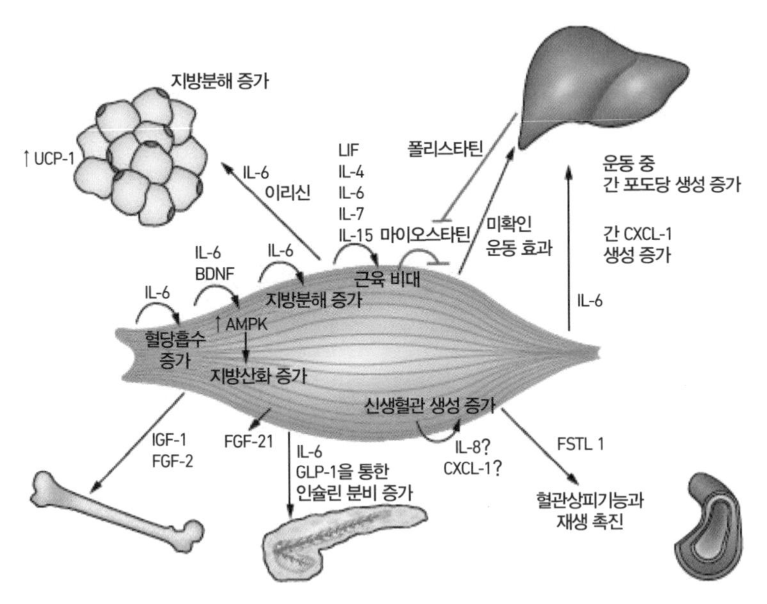

• 근육은 인체 최대 분비기관이라는 인식이 새롭게 부상하고 있다. 가운데 근육을 중심으로 여러 신체 기관과의, 분비물질을 통한 상호작용을 보여주고 있다. 왼쪽 위부터 시계방향으로 지방조직, 간, 혈관, 췌장, 뼈다. (제공 <네이처리뷰 내분비학>)

얘기만 하면 결국 노화란 근육의 양과 힘, 기능이 소실되는 '근감소증sarcopenia'의 진행정도라는 말이다. 즉 나이가 듦에 따라 근육량이 줄어드는 속도를 얼마나 늦출 수 있느냐가 노화를 늦추는 관건이라는 것. 그러면서 영양 처방을 해주는데 바로 '유청단백질whey protein'이다. 유청단백질은 우유단백질에서 카제인을 뺀 나머지다.

'이게 뭐야?' 흥분한 필자는 유청단백질을 검색해봤고 이미 보디빌더들이 닭가슴살과 함께 지겹도록 먹고 있는(분유처럼 타먹는) 식품이라는 걸 알게 됐다. 저자들에 따르면 유청단백질이 특히 노인들에게 근육생성을 돕는(어차피 근육도 단백질이므로) 최고의 성분이라고 한다. 필자는 얼른 유청단백질 한 통을 주문했고 그 뒤로도 몇 통은 먹었다.

정적인 다이어트는 노화를 가속시켜

'꿩 잡는 건 매'라고 사실 지방을 해결할 수 있는 건 근육이다. 즉 넘치는 지방을 없애려면 지방만 생각해서는 안 된다는 말이다. 최근 연구 결과를 보면 지방조직이 분비하는 아디포카인과 근육이 분비하는 마이오카인이 서로 견제하며 음양의 균형을 맞춘다는 게 분명해지고 있다.

그런데 지방과 근육은 결정적인 차이가 있다. 지방조직은 몸에 들어오는 칼로리가 나가는 칼로리보다 많으면 우리 몸이 가만히 있어도 저절로 늘어나는 반면, 근육은 절대로 알아서 커지지는 않는다. 근육량을 늘리려면 근육을 자꾸 움직여야, 즉 운동을 해야 한다. 게다가 어렵게 만든 근육도 안 쓰면 얼마 못 가 다시 짜부라진다. 왜 우리 몸은 이렇게 멍청하게 설계된 걸까.

그 대답은 근육이 바로 엄청난 소모기관이기 때문이다. 근육은 존재하는 것만으로도 많은 칼로리가 필요하다. 몸에 근육량이 많으면 이를 유지하기 위해 많은 칼로리를 섭취해야 한다는 말이다. 따라서 우리 몸은 필요한 양 이상의 근육은 존재하지 않도록 진화해왔다. 바로 마이오스타틴myostatin과 폴리스타틴follistatin을 비롯한 여러 인자가 관여하는 복잡한 피드백 메커니즘으로 근육량을 조절하고 있다. 따라서 몸을 안 쓰면 근육이 필요없다고 판단해 줄어들게 된다.

따라서 자칫 정적인 생활 패턴에 빠지기 쉬운, 머리를 써서 먹고 사는 많은 현대인들은 늘 근육량 부족이라는 위험에 노출된 삶을 살고 있는 셈이다. 근육량이 부족하면 소모되는 칼로리가 적고(기초대사량이 적다는 말), 따라서 많이 먹지 않아도 지방이 쌓이게 된다. 지방을 없애려고 식사량을 줄이다보면 기운이 없어 소파에 늘어져 있고 결국 근육량이 더 줄어 기초대사량은 더 떨어지고. 이런 악순환을 통해 소위 말하는 '마른 비만'이 나타나는 것이다. 근육이 보이는 게 싫어 '안 먹는' 다이어트를 택한 젊은 여성들이 골다공증 같은 퇴행성 질환을 보이는 것도 결국 근육량 감소에 근본적인 원인이 있다. 즉 다이어트를 통해 몸을 급속히 노화시키는 셈이다.

그렇다고 무작정 근육을 키우는 것 역시 바람직하지 않다. 근육량은 투자한 시간에 비례하기 때문에 우람한 근육을 유지하려면 하루에 몇 시간씩 운동에 매달려야 하기 때문이다. 근육이 늘어나는 건 일종의 염증반응이기 때문에(벅찬 운동으로 근육세포가 손상을 입으면 이를 복구하기 위해 주변의 위성세포가 몰려와 근육세포에 융합하면서 근섬유가 굵어진다) 지나치면 여러 스트레스 반응을 부르기도 한다. 사실 스피드스케이팅 선수들은 근육이 지나치게 발달한 상태로, 건강면에서는 오히려 마이너스지만 기록을 위해 어쩔 수 없이 감수하는 것이다. 과유불급過猶不及은 근육에서도 예외가 아니다.

참고문헌

Pedersen, B. K. & Febbraio, M. A. *Nature Reviews Endocrinology* 8, 457 (2012)

Offord, E. et al. *Nature* 492, sponsor feature (2012.12. 6)

2-2

젖가슴, 자연사와 부자연사

샤워장이나 봄철 대학캠퍼스에 가본 사람이라면 누구나 여자들 젖가슴 크기와 모양이 제각각이라는 사실을 알 수 있을 것이다. 대략 같은 나이대의 여자들임에도 젖가슴 부피가 3배에서 5배나 차이가 난다. 몸의 다른 부분에서 그 정도로 편차가 큰 곳이 있을까? 젖가슴이 그렇게도 중요한 의사소통수단이라면 좀 더 비슷비슷해야 하는 것 아닐까?

— 플로렌스 윌리엄스, 『가슴이야기』

2013년 초 필자는 흥미로운 내용을 담고 있는 논문을 한 편 읽었다(학술지 〈셀〉 2월 14일자). 동아시아인에게 보이는 직모를 결정하는 유전자(EDAR)가 밝혀졌다는 내용으로, 동아시아인 대다수는 이 유전자의 변이체를 갖고 있다. EDAR 유전자는 엑토디스플라신 A 수용체 단백질을 만드는데, 동아시아인의 경우 이 단백질의 370번째 아미노산이 발린(V)에서 알라닌(A)으로 바뀐 변이형(370A)이다.

이 수용체 단백질은 태아발생시 외배엽의 발달에 관여하는 신호전달경로에 있으면서 피부, 머리카락, 손톱, 이, 땀샘 등의 발달에 영향을 주는 것으로 알려져 있다. 동아시아인 대다수가 지니고 있는 변이형은 신호에 더 민감하게 반응한다고 한다. 그 결과 머리카락이 더 굵고 앞니가 삽처럼 생기게 됐다는 것.

연구자들은 이 변이 유전자를 쥐에 집어넣어 이런 사실을 확인했다. 즉 사람에서와 비슷하게 변이형(370A)인 쥐는 표준형(370V)인 쥐에 비해 털이 더 굵었다. 연구자들은 또 다른 차이점들을 발견했는데, 변이형 쥐는 땀샘이 더 많았고 젖샘의 지방조직이 작아졌다. 연구자들은 이런 예상치 못한 차이점이 사람(중국인)에서도 존재하는지 확인해봤다. 그 결과 정말 370A 형인 사람들은 땀샘이 더 많다는 사실을 확인했다.

한편 변이형 쥐의 젖샘 지방조직이 작은 건 동아시아 여성의 가슴이 작은 것과 일맥상통하는 특징이다. 즉 동아시아 여인의 작은 가슴도 EDAR 유전자 변이의 결과일 가능성이 크다는 말이다. 그러면서 연구자들은 동아시아에서는 가슴이 작은 여성을 선호하는 것도 이런 변이형이 많은 이유가 아닐까 하고 추측했다.

인류의 젖가슴 형태는 성선택의 결과?

국수공장에 널어놓은 국수처럼 축축 늘어진 검은 머리카락을 한 여성들이 정말 가슴도 작았던가 잠깐 회상하던 필자는 설사 그렇더라도 여성 가슴 크기에 대한 남성의 선호도가 동아시아 여성들의 겉모습에 영향을 미쳤을지 모른다는 추론이 다소 억지스럽게 느껴졌다. 그러다가 문득 '젖가슴 크기가 왜 이렇게 천차만별이지?' 하는 생각이 떠올랐다.

굳이 부피를 재보지 않더라도 우리는 주변 여성들의 젖가슴 크기가 제각각인 것을 쉽게 짐작할 수 있다. 젖가슴 크기가 짝을 선택하는데 중요한 요소라면 이 정도 편차가 가능한 일일까. 그리고 동아시아 남성들이 가슴이 작은 여성을 선호하다는 건 근거가 있는 얘기일까. 조사해보지는 않았지만 우리나라의 경우 유방확대술이 축소술보다 많을 텐데, 아무튼 설득력이 떨어져 보였다.

그런데 이해 봄 학술지 〈네이처〉에 실린 '새로 나온 페이퍼백'에서 미국의 저널리스트 플로렌스 윌리엄스Florence Williams가 쓴 『Breasts』라는 책이 눈에 띄었다. 이 책은 2012년 출간됐는데(하드커버), 알아보니 당시 〈네이처〉에 서평까지 실렸다. 괜찮은 책이겠다 싶어 서평을 다운받아 읽어보니 어쩌면 수개월 전 필자가 논문을 읽다가 갑자기 궁금해진 '젖가슴 크기의 커다란 편차'에 대한 답을 찾을 수도 있겠다는 생각이 들어 책을 주문했다. 읽어보니 신기하게도 앞에 인용한 것처럼 저자 역시 이런 현상을 언급하는 구절이 있었다.[4]

책에는 젖가슴에 대해 필자가 전혀 생각해보지도 않았던 통찰이 곳곳에 보이는데 꽤 흥미로웠다. 먼저 젖가슴의 존재이유에 대한 필자의 평소 생각을 근본적으로 재검토하게 됐다. 진화론을 좀 안다고 하는 사람들, 즉 찰스 다윈의 신봉자들은 '성선택'이 '자연선택'만큼이나 중요한 요소라고 말하며 사람에서 성선택의 예로 즐겨 언급하는 게 바로 여성의 젖가슴이다.

즉 인간에서 젖가슴은 수유 기관이라는 원래 목적을 넘어서, 직립을 하면서 눈에 띄지 않게 된 엉덩이를 대신한 기관으로 거듭났다는 것. 여성의 유방은 가슴에 달린 엉덩이란 말이다. 1967년 출간돼 이 분야의 명저로 알려진 데즈먼드 모리스Desmond Morris의 책 『털 없는 원숭이』가 이런 관점을 널리 퍼뜨리는데 결정적인 기여를 했다.

필자 역시 당연히 이렇게 생각하고 있었는데 저자 윌리엄스에 따르면 이는 남성우월주의자들의 헛소리일 뿐으로 오늘날 페미니스트 인류학자들 앞에서 젖가슴의 존재 이유가 남성이라고 말했다가는 '오스트랄로피테쿠스 골반 모형으로 머리를 얻어맞을 일'이라고 한다. 젖가슴은 어디까지나 직립한 인류가 수유를 최적화하기 위해 진화한 형태일 뿐이라는 것.

4 2014년 12월 필자가 번역한 한글판 『가슴이야기』가 출간됐다.

즉 직립과 뇌용량 증가로 목을 가누지 못할 정도로 무력하게 태어난 아기는 엄마가 목을 받쳐줘야 하는데, 이때 젖꼭지가 축 처진 젖가슴에 달려 있어야 아기가 빨기 쉽다는 것. 또 턱이 퇴화하면서 얼굴이 편평해짐에 따라 젖가슴의 지방조직이 완충제 역할을 한다는 것. (갈비뼈를 덮은 살에 붙어있는 젖꼭지를 빨려다 코가 깨질 수 있다!) 결국 이런 목적으로 어느 정도의 지방조직이 있으면 되기 때문에 굳이 정교한 조정이 필요하지 않았고, 따라서 개인에 따라 젖가슴의 크기는 다른 신체기관에 비해 편차가 크다는 말이다. 필자가 기대한 명쾌한 답은 아니지만 꽤 설득력이 있는 가설이다.

남자들이 여성을 선택할 때 젖가슴을 중요하게 생각한다는 것도 진화론적으로는 전혀 근거가 없는 얘기라고 한다. 즉 이런 '판타지'는 문화적 편견으로, 여성이 신체를 숨기기 시작하면서 남자들의 상상력을 자극해 만들어진 것이다. 실제 우리나라만 봐도 개화기에 서양선교사들이 여성들이 젖가슴을 드러내놓고 다니는 모습을 특이하게 생각해 기록한 글과 사진이 남아 있다. 결국 수백 년에 불과한 이런 문화적 취향 변화에 인류의 '진화'를 끌어다 붙이는 건 말이 안 된다는 것.

레이첼 카슨, 1964년 유방암으로 숨져

젖가슴에 대한 필자의 두 번째 깨달음은 이 기관이 인체에서 가장 늦게 성숙하는 기관이라는 것. '사춘기를 지나면서 가슴이 솟아오르는 게 변화의 전부 아닌가'라고 생각했지만, 이는 겉모습만 젖가슴인 거고 실제 속을 들여다보면 목적에 맞는 기능, 즉 수유를 할 준비는 안 된 상태라고 한다. 여성은 임신을 하고 난 뒤에야 임신 호르몬의 영향 아래 젖을 만드는 새 구조를 성장시킨다고 한다.

윌리엄스는 책에서 "이유기가 되면, 다시 전환이 일어나 젖샘이 막히

• 레이첼 카슨의 『침묵의 봄』 출간과 첫 번째 유방확대수술 50주년이 되는 2012년 미국의 저널리스트 플로렌스 윌리엄스는 젖가슴의 모든 걸 다룬 책 『Breasts』를 출간했다. 2014년 10월 취재차 방한했을 때 필자와 만났다.

고 수축된다. 매 임신마다 젖가슴은 스스로를 만들고 해체하는 과정을 반복해야 한다"고 쓰고 있다. 또 "임신한 적이 없는 여성일지라도, 젖가슴은 만약을 대비해 매달 미미하나마 조직화되고 느슨해지는 과정을 반복하고 있다"고 덧붙였다. 월경주기 동안 젖가슴의 부피는 수분함량과 세포성장 정도에 따라 13.6% 정도 변한다고 한다. 젖가슴이 이렇게 동적인 기관, 즉 필요할 때 세포분열이 왕성하게 일어나야 하는 기관이다 보니 여성에게서 암이 잘 생기는 기관이기도 하다. 한 조사에 따르면 여성이 90살이 될 때가지 유방암에 걸릴 가능성이 8%라고 한다.

그런데 오늘날 여성들의 젖가슴은 새로운 위험에 직면하고 있다. 우리 주변에 널려 있는 각종 화합물 때문인데, 그 결과 소녀들의 사춘기가 앞당겨지고 있고(극단적인 양상인 성조숙증도 늘고 있다) 유방암에 걸릴 위험성도 높아지고 있다. 윌리엄스가 이 책을 출간한 2012년은 DDT로 대표되는 화합물의 생태계 파괴를 경고한 레이첼 카슨Rachel Carson의 명저 『침묵의 봄』 출간 50주년이 되는 해다. 따라서 본문의 상당 부분이

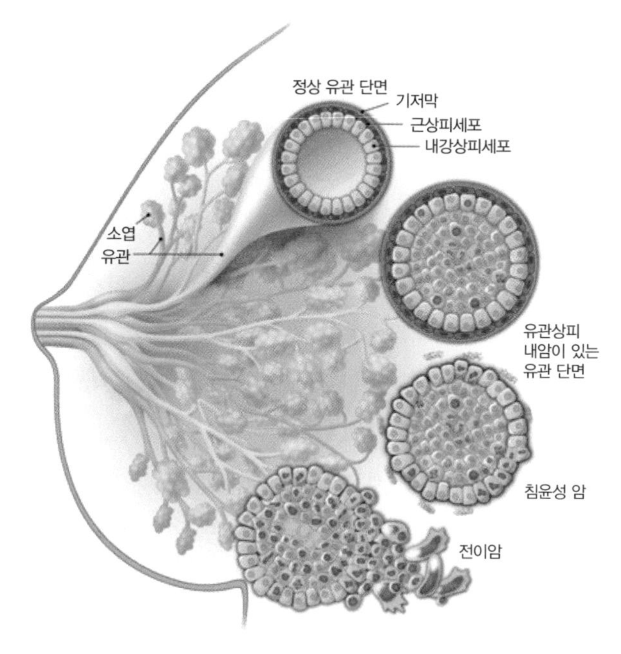

• 젖가슴은 기본적으로 젖을 만들어내는 기관이다. 임신을 하면 호르몬의 작용으로 유관 끝에서 꽈리세포가 포도송이처럼 뭉친 소엽이 형성된다. 꽈리세포에서 만들어진 젖은 유관을 통해 젖꼭지로 모인다. 유관의 단면을 보면 속이 비어있는데, 유관상피내암(DCIS)에 걸린 유관단면을 보면 속이 암세포로 채워져 있다. 유관상피내암 대다수는 더 이상 진전이 되지 않지만 드물게 악성 종양으로 진행한다. (제공 <사이언스>)

이 영역을 다루고 있다. 『침묵의 봄』의 젖가슴 버전인 셈이다.

윌리엄스는 책에서 "카슨은 50년 전보다 지금 우리 식품과 개인 삶에 화합물이 더 많이 침투해있다는 사실에 분명 실망할 것이다. 하지만 이 화합물들이 어떻게 몸에서 일어나는 다양한 과정에 영향을 주는지에 대한 우리의 이해가 커진데 대해서는 기뻐할 것이다"라고 썼다. 그리고 "『침묵의 봄』이 출간되고 18개월 뒤, 카슨은 56세로 사망했다(1964년 4월 14일). 그녀는 유방암 환자였다"라고 덧붙였다.

유방암 유전자 20여 종 밝혀졌지만

학술지 〈사이언스〉 2014년 3월 28일자에는 유방암 유전자 발견 20주년을 기념해 유방암을 특집으로 다뤘다. 25쪽에 걸쳐 기사 네 편과 전문가의 기고문 세 편이 실렸는데 다들 꽤 흥미로웠다. 여기서 말하는 유방암 유전자는 브라카1BRCA1으로, 이를 보고한 논문이 1994년 10월 7일자 〈사이언스〉에 실렸다.[5] 당시 표지는 화가 홀리스 지글러Hollis Sigler의 1992년 작품 〈내 할머니들 혼령과의 산책Walking with the Ghosts of My Grandmothers〉의 일부가 클로즈업된 그림이다. 유방암 환자였던 지글러는 유방암을 테마로 한 작품을 많이 그렸는데, 2014년 3월 28자 〈사이언스〉 표지도 그녀의 1995년 작 〈이게 악몽이었으면Wishing It Was Just A Bad Dream〉이다. 지글러는 2001년 유방암으로 사망했다.

특집 소개 글의 제목 '여전히 끝나지 않은 경주A Race Still Unfinished'에서 짐작할 수 있듯이 글들을 읽어보면 유방암이 만만치 않은 적수임을 알 수 있다. 예를 들어 이 특집의 계기가 된 유방암 유전자인 브라카1과 이듬해 발견된 또 다른 유방암 유전자인 브라카2 유전자의 돌연변이로 발생하는 유방암은 둘을 합쳐도 전체 유방암의 5~10%에 불과하다고. '또 다른 유방암 유전자들'이라는 제목의 기사를 보면 두 유전자 이후 발견된 유방암 유전자가 20여개에 이르지만 역시 이 모두를 합쳐도 유전적 성격이 있는 유방암의 절반 정도만 설명할 수 있을 뿐이라고 한다. 게다가 돌연변이가 있을 경우 유방암 발병률이 급증하는 브라카1, 2와는 달리 다른 유전자들은 인과관계가 미묘해 이에 대한 정보가 있어도 환자는 물론 의사조차 판단을 내리는데 별 도움이 되지 않는 게 현실이라고.

유관상피내암ductal carcinoma in situ을 다룬 기사도 결론이 약간 충격

5 브라카 유전자에 대한 자세한 내용은 『과학을 취하다 과학에 취하다』 17쪽 '사람의 유전자는 특허의 대상인가' 참조.

• 2014년 3월 28일자 <사이언스>는 유방암 유전자 발견 20주년을 특집으로 다뤘다. 표지는 화가 홀리스 지글러의 1995년 작품 <이게 악몽이었으면>이다. 지글러는 2001년 유방암으로 사망했다. (제공 <사이언스>)

적이다. 유관상피내암이란 유방 조직인 유관 내부에 암세포가 생긴 상태로 일단 발견이 되면 수술로 제거한 뒤 호르몬 요법과 방사선 요법을 행한다고 한다. 그런데 기사는 이런 관행이 과연 적절한 것인가라고 묻고 있다. 최근 우리나라에서 논란이 되고 있는 갑상선암 환자 급증과 수술의 적절성 여부에 대한 논쟁과 비슷한 내용이다. 즉 검사가 정교해지면서 예전에는 알아차리지도 못했던 작은 종양들이 발견되자 이러지도 저러지도 못할 처지가 됐다는 것.

유관상피내암이 있어도 악성 유방암으로 발전할 확률은 2%에 불과하다. 따라서 몇몇 의사들과 이들과 뜻이 맞는 환자들은 치료 대신 상태를 지켜보는 길을 택하고 있다고 한다. 기사는 유관상피내암 진단을 받은 환자들 사이에 큰 혼란이 일고 있다는 미국국립유방암협회 프란 비스코Fran Visco 회장의 말을 인용하면서 끝나는데 상당히 무책임하다.

"비스코는 유관상피내암 진단을 받고 어떻게 하면 좋겠냐는 여성들의 전화를 늘 받고 있다. 비스코는 그들에게 데이터를 연구하고 그들

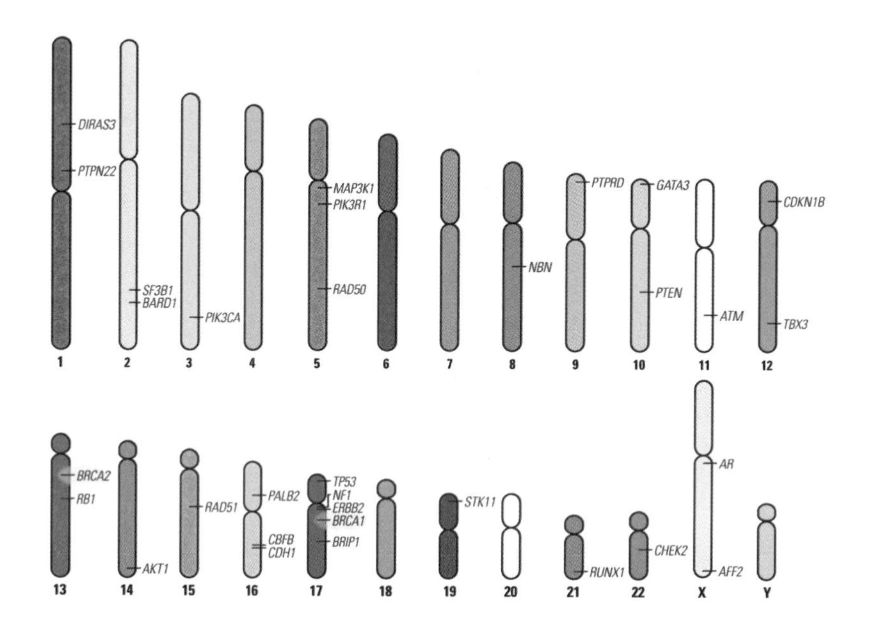

• 1994년 17번 염색체에서 유방암 유전자 브라카1이 처음 발견된 이래 지금까지 20여 가지의 유방암 관련 유전자가 발견됐다. 그러나 여전히 유전성 유방암의 절반을 설명할 뿐이고 그나마 몇몇 유전자를 빼고는 정확한 인과관계를 파악하지 못하고 있다. (제공 <사이언스>)

스스로 위험성과 이득에 대해 균형을 맞추라고 말해준다. 왜냐하면 '우리도 답을 모르기' 때문이다."

참고문헌

Williams, Florence. *Breasts* (W. W. Norton & Company, 2012)
Kean, S. *Science* 343, 1457 (2014)
Marshall, E. *Science* 343, 1454 (2014)

2-3

단식의 과학

단기간이라도 주기적으로 단식하면 노화와 질병을 막는 장기적인 변화가 일어난다는 것을 알려주는 증거가 많다. 24시간 단식하고 나면 모든 것이 급격히 변한다. 아무리 효과가 강력한 약물들을 한꺼번에 다량으로 복용한다 해도 결코 단식의 효과에는 미칠 수 없다.

— 발터 롱고

불교예술에 조예는 없지만 필자는 경주 토함산 석굴암의 본존불상을 보면 깊은 감동이 느껴진다. 세상살이의 잡스러움을 초월한 부처의 절대평안의 경지가 이보다 더 완전하게 구현된 불상이 또 어디에 있을까. 그런데 이와는 다른 측면에서 깊은 인상을 남긴 불상이 있다. 바로 파키스탄 라호르박물관에 있는 '단식하는 부처'다(76쪽 사진 참조).

못 먹어 삐쩍 마른 사람에게 '피골皮骨이 상접相接했다'는 비유적인 표현을 쓰는데, 이 불상에서는 이 표현이 글자 그대로 구현됐다. 부처의 전기 내용이 맞다면 깨달음에 이르렀을 때 부처의 모습은 석굴암의 불상보다는 라호르박물관의 불상에 더 가까울 것이다.

오늘날 인도와 네팔 국경지역에 있던 샤키야족의 소국에서 왕자로 태어난 싯다르타는 부족함이 없이 자라 미모의 왕자비를 얻고 아들까

• 단식하는 부처(고행상). 2~4세기 제조된 석불로 시크리에서 출토됐다. 현재 파키스탄 라호르박물관에 전시돼 있다. (제공 라호르박물관)

지 낳았지만 29세인 기원전 595년 모든 것을 내려놓고 홀연 출가했다.

수년 동안 깨달음을 얻기 위해 전국 방방곡곡의 현자를 찾아 헤매던 싯다르타는 더 이상 스승은 필요하지 않다고 선언한 뒤 고행을 통해 최고의 깨달음에 도달하기로 한다. 음식을 조금씩 줄여나가다가 마침내 하루에 콩죽 한 방울씩만 먹기에 이르렀다. 그 결과 배에 손을 대면 등뼈가 만져지고 눈두덩은 물이 마른 웅덩이처럼 움푹 파였다.

그러나 이렇게 육신을 학대해 극심한 고통을 자초하는 게 해탈의 길이 아님을 깨달은 싯다르타는 '죽을 먹어야겠다'고 결심한 뒤 우유죽을 먹고 기운을 차린 뒤 그늘이 시원해 보이는 보리수 아래에서 선정禪定에 들어간다. 그리고 마침내 깨달음에 이른다. 이때가 기원전 589년으로 진리를 찾아 출가를 한 뒤 6년 만의 일이다.

오늘날에도 단식은 종교의 색채가 짙다. 이슬람의 라마단이 대표적인 예로 이슬람력으로 9월 한 달 동안(2014년은 6월 28일부터 7월 27일까지) 해 뜬 뒤부터 해질 때까지 음식을 입에 대지 않는다. 2014년처럼 해가 길 때 라마단이 잡히면(이슬람력은 태음력으로 1년이 11~12일 짧다) 열네다섯 시간은 금식을 해야 하는 셈이다. 우리나라 사람들 입장에서는 매년 한 달씩 고생해야 하는 이슬람교도들이 좀 안 됐다는 생각이 들 수도 있겠지만 과연 그럴까.

간헐적 단식 vs 장기 단식

학술지 〈셀 줄기세포〉 2014년 6월 5일자에는 단식이 조혈모세포(줄기세포)의 재생력을 높이고 억제된 면역계를 다시 활성화한다는 연구결과가 실렸다. 단식은 종교나 정치(저항의 수단)의 영역이라고 생각하고 있었던 필자는 '단식의 과학'이 있다는 게 의아스러워 논문을 다운받아 좀 읽어봤다(권위 있는 저널 〈셀〉의 자매저널이라는 점도 작용했다. 물론 〈셀 줄기세포〉도 인용지수impact factor가 무려 27.4(최근 5년 평균)에 이르는 대단한 저널이다. 참고로 〈셀〉의 인용지수는 34.4다).

미국 서던캘리포니아대 장수연구소 발터 롱고Valter Longo 교수팀의 연구결과로 인용한 참고문헌만 100편 가까이 되는 것 같다. 물론 전부 단식을 다룬 건 아니겠지만 '단식의 과학'이 나름 생명과학의 한 분야를 이루고 있음을 시사하고 있다. 섭식 관련 연구란 칼로리제한이 전부인 줄 알았던 필자로서는 허를 찔린 느낌이다.

아무래도 이 분야를 개괄하는 리뷰 논문을 봐야할 것 같아 참고문헌을 살펴보니 올해 2월 〈셀 대사〉(〈셀〉의 또 다른 자매저널)에 실린 '단식: 분자 메커니즘과 임상 응용'이라는 제목의 리뷰논문이 보인다. 롱고 교수와 미국 국립노화연구소 마크 맷슨Mark Mattson 박사가 공동저

간헐적 단식이 주요 신체기관에 미치는 영향

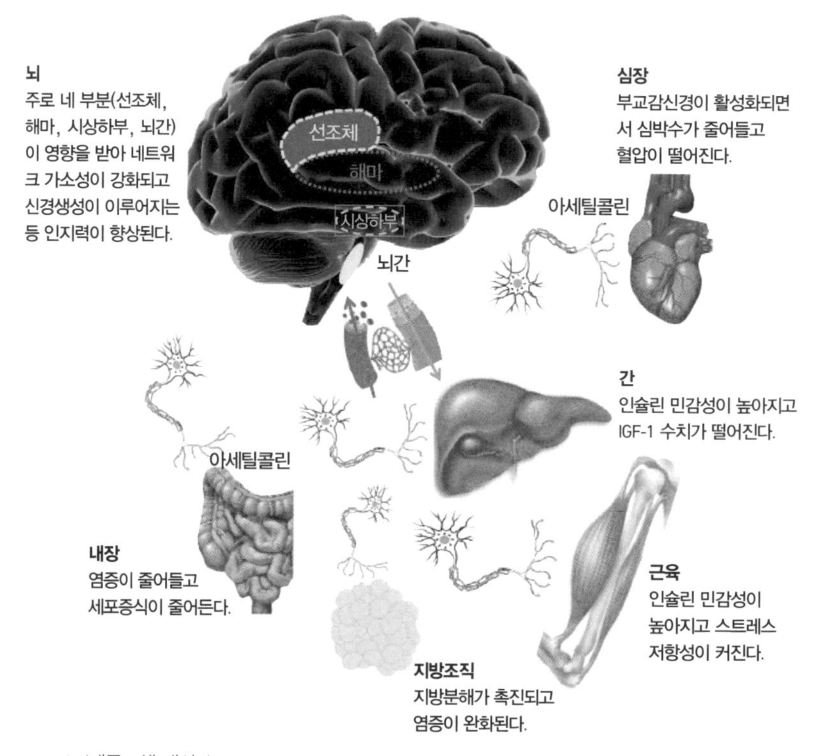

• (제공 <셀 대사>)

자다. 롱고 교수에게 논문파일을 요청하는 메일을 보냈는데 답이 없어 맷슨 박사에게도 보냈다. 그런데 다음날 두 사람 모두에게서 답신이 왔다. 특히 맷슨 박사는 읽어보면 좋을 거라며 추가로 논문 한 편과 지난해 〈헬스 내추럴리Health Naturally〉라는 잡지에 기고한 글까지 보내줬다.

'간헐적 단식과 건강'이라는 제목의 잡지 글을 먼저 읽어봤다. 과학자들은 단식을 크게 두 가지로 나누고 있는데, 간헐적 단식과 장기 단식이다. 간헐적 단식intermittent fasting은 16시간에서 36시간 정도의 금식(또는 절식)을 반복하는 단식법이다. 반면 장기 단식prolonged fasting은 2

일에서 5일에 걸쳐 하는 단식이다. 따라서 간헐적 단식은 전문가의 도움이 없어도 할 수 있지만 장기 단식은 전문 시설에 가서 실시하는 게 보통이다.

기고문에서 맷슨 박사는 세 가지 간헐적 단식 유형을 소개하고 있다. 하나는 격일제 단식alternate day fasting으로 하루는 정상적으로 먹고 하루는 굶는(또는 하루 권장량의 4분의 1인 500칼로리 미만 섭취) 식의 단식법이다. 다음으로 8시간 다이어트8 hour diet로 매일 8시간 동안만 음식을 먹고 나머지 16시간 동안 금식하는 것이다. 라마단이 여기에 가깝다. 끝으로 5:2 다이어트로 일주일에서 5일은 평소대로 생활하고 이틀은 굶는(또는 하루 권장량의 4분의 1인 500칼로리 미만 섭취) 단식법이다.

맷슨 박사는 최근 간헐적 단식을 다룬 책들이 나와 인기를 끈다며 참고문헌에 몇 권을 소개하고 있는데, 검색해보니 두 권은 국내에도 번역돼 있다. 도서관에서 『간헐적 단식법』이라는 책을 빌려 봤는데(원서는 『The Fast Diet』로 둘 다 2013년 출간됐다) 꽤 흥미로웠다. 알고 보니 2013년 국내 한 방송사에서 간헐적 단식법을 다룬 다큐멘터리를 방영해 화제가 됐다고 한다. 따라서 필자는 이쪽에 깜깜이었지만 아마 독자 다수는 이미 익숙할지도 모르겠다. 그럼에도 필자에게 깊은 인상을 준 '단식의 과학'을 소개하는 것도 큰 낭비는 아닐 거라는 '믿음'에 잡지 기고문과 책, 리뷰 논문의 내용을 요약해본다.

몸은 진화적으로 단식에 적응된 상태?

먼저 맷슨 박사는 진화의 측면에서 단식의 유효성을 얘기하는데 꽤 설득력이 있다. 사실 인류는 대부분의 기간 동안 굶주려왔고 따라서 이에 적응했기 때문에 오늘날 풍요가 독으로 작용해 비만을 비롯한 각종 대사질환에 시달린다는 건 상식이 됐고 칼로리제한의 유용성을 주장하는 사람들이 즐겨 사용하는 근거이기도 하다. 그런데 사실 필자는 이 주장이 탐탁스럽지 않았는데, 우리 선조들이라고 해서 평생을 '꾸준히' 굶주리지는 않았을 것이기 때문이다. 자연다큐멘터리를 봐도 야생동물들이 먹이가 풍족할 때는 배터지도록 먹고 없을 때는 며칠씩 쫄쫄 굶고 때로는 아사하기도 한다. 따라서 인류도 그랬을 것이고 본의 아니게 단식을 할 수 밖에 없는 기간이 꽤 됐을 것이다.

그런데 맷슨 박사는 글을 시작하며 바로 이 점을 지적하고 있다. 인류는 간헐적 단식에 적응하도록 설계돼 있다는 것. 따라서 몸은 먹을 게 없는 상태가 되면 대사변화가 일어나면서 이에 적응하게 된다. 먼저 에너지원이 포도당에서 케톤체ketone body로 바뀐다. 섭취한 여분의 칼로리는 탄수화물인 글리코겐으로 바뀌어 간이나 근육에 저장되거나 지방으로 바뀌어 지방조직에 쌓인다. 단식을 하면 처음엔 글리코겐을 다시 포도당으로 분해해 사용하지만 열두 시간 정도 지나면 다 소진되기 때문에 다음 단계로 지방을 분해해 케톤체를 만들어 에너지원으로 사용한다. 즉 열두 시간은 음식을 끊어야 복부지방이 연소를 시작한다는 말이다.

'정신이 맑아진다'는 것도 종교인들이 단식을 즐겨하는 이유 가운데 하나인데 역시 진화적으로 일리가 있다. 즉 먹을 게 떨어지면 정신을 바짝 차려야 굶어죽지 않으므로 인지능력이 향상되도록 뇌에서 변화가 일어난다는 것. 대표적인 예로 뇌유래신경영양인자BDNF, brain-drived neurotrophic factor의 분비가 늘어나는데, BDNF는 기억과 학습을 담당하는 뇌의 영역인 해마의 신경생성을 촉진하는 등 다양한 작용을 한다. 리뷰논문에서 저자들은 "모든 포유동물에서 보존된 행동 양식은 굶주릴 때 부지런해지고 배부를 때 게을러진다는 것"이라고 쓰고 있다.

한편 단식이 가져오는 생리적 변화의 상당부분은 인슐린유사성장인자1IGF-1, insulin-like growth factor 1의 분비감소에 비롯한다. IGF-1은 체내 세포의 성장과 분열을 촉진하는 인자로 성장기에는 중요한 물질이지만 성인에게서는 오히려 노화나 암과 밀접한 관계가 있다. 그런데 영양과잉인 현대인들은 IGF-1의 분비량도 많아져 문제가 되고 있는 것. 반면 단식을 하면 몸은 어려운 환경에 처했다고 해석하기 때문에 성장보다는 현상유지로 초점을 돌리므로 IGF-1 분비가 줄어들고 따라서 노화를 늦출 수 있고 암 발병률을 낮출 수 있다는 것.

그렇다면 일상생활에서 단식을 어떻게 접목할 수 있을까. 의사 출신으로 영국 BBC의 PD인 마이클 모슬리Michael Mosley와 영국 작가 미미 스펜서Mimi Spencer가 공저한 『간헐적 단식법』을 보면 한글판 제목에서 짐작할 수 있듯이 일단 장기 단식은 제쳐둔다(이틀 이상 굶기는 쉽지 않을 것이다!). 그리고 간헐적 단식법에서도 실천하기 쉽지 않은 격일제 단식과 8시간 다이어트(생각해보니 지난 2012년 한글판이 출간돼 큰 반향을 부른 나구모 요시노리 박사의 '1일1식'은 칼로리제한이 아니라 간헐적 단식으로

• 2013년 출간된 『간헐적 단식법』에는 단식의 과학이 간략히 소개돼 있고 구체적인 단식의 방법론이 제시돼 있다. 과학의 뒷받침을 받은 단식 다이어트가 2012년 BBC 다큐멘터리로 소개되면서 큰 반향을 불러일으켰다고 한다. (제공 교보문고)

봐야 할 것 같다.[6]) 보다는 저자들이 직접 해보고 꾸준히 실천할 수 있다고 확신한 5:2 다이어트를 소개하고 있다.

모슬리의 경우 월요일과 목요일을 단식일로 정했는데, 완전히 굶는 건 아니고 아침, 저녁으로 약간씩 음식을 먹어 하루 500~600칼로리를 섭취한다고 한다. 아무튼 이렇게 간헐적 단식을 3개월 동안 실시한 결과 모슬리는 체질량지수(BMI, 체중(kg)을 키(m)의 제곱으로 나눈 값. 권장 수치는 20에서 25 사이다)가 과체중인 26.4에서 24로 떨어졌고 공복혈당도 7.3mmol/l에서 5.0으로 줄었다(권장 수치는 3.9~5.8).

"이렇게 쉬운 다이어트는 없다"는 저자들의 말(일주일에 단식하는 이틀을 뺀 5일은 마음대로 먹을 수 있으므로)을 액면 그대로 믿기는 어렵지만, 1일1식 같은 방법보다는 꽤 그럴듯해 보인다. 필자는 BMI가 19가 채 안 돼 굳이 분류하자면 저체중이라고 볼 수도 있지만, 다이어트 측면이 아니라 진화적 관점의 건강 증진 측면에서 한 번 해보고 싶은 충동이 든다. 물론 5:2 다이어트는 무리일 것이고 6:1 다이어트, 즉 일주일에 하루 단식하는 방식을 시도해봐야겠다. 어떤 요일에 굶는 게 좋을까….[7]

참고문헌

Cheng, C. et al. *Cell Stem Cell* 14, 810 (2014)
Longo, V. D. & Mattson, M. P. *Cell Metabolism* 19, 181 (2014)
마이클 모슬리 & 미미 스펜서, 이은경. *간헐적 단식법* (토네이도, 2013)

6 『1일1식』과 칼로리제한에 대한 자세한 내용은 『사이언스 소믈리에』 61쪽 '건강하게 오래 살려면 1일1식해야 하나' 참조.

7 이 글을 읽은 지인 몇 분이 6:1 다이어트도 무리라며 말려 결국 실행하지 않았다.

2-4

해장술은 정말 숙취해소 효과가 있을까?

고통을 참고 견디는 일은, 쾌락을 삼가는 일 이상으로 힘들다.

— 아리스토텔레스, 『니코마코스 윤리학』

일상의 과학을 소재로 할 경우 필자가 경험해 보지 못한 경우는 쓰기가 망설여진다. 경험을 했더라도 너무 오래 돼 기억이 가물가물하면 역시 자신이 없다. 오늘 주제인 숙취가 바로 그런 경우로 필자가 마지막으로 술에 취한 게 10년도 넘기 때문이다. 10여 년 전 심신이 쇠약해져 사실상 술을 끊게 된 뒤 가끔 모임에서 한두 잔 마시는 정도다.

물론 지금이라도 삼겹살을 구워 먹으며 소주 한두 병을 마시면 다음날 아침 바로 숙취를 경험하겠지만 글의 완성도를 높이려고 그렇게까지 하고 싶지는 않다. 설사 그렇게 해 숙취를 생생하게 묘사하더라도 어차피 술을 안 마셔 숙취를 경험해 보지 않은 사람은 감이 오지 않을 것이고, 지금처럼 대충 써도 숙취를 경험해본 사람들은 자신의 상황을 떠올리면 될 것이기 때문이다.

필자 기억에 과음을 한 뒤 잠에서 깨어날 때 제일 괴로운 건 두통이었다. 머리가 지끈지끈해 관자놀이의 맥박이 뛰는 게 느껴질 정도였다.

여기에 속도 메슥거려 아무 것도 먹고 싶지 않았다. 그나마 이불 속에서 웅크리고 가만히 누워있으면 고통이 덜 해 숙취가 심할 땐 회사에 전화를 해 휴가를 내기도 했다.[8]

아세트알데히드가 유발물질?

2014년 봄 학술지 〈네이처〉를 뒤적거리다 신간소개란에서 술에 관한 책 두 권을 비교한 서평을 발견했다. 하나는 술 자체의 과학을 다룬 『Proof』란 책이고 다른 하나는 알코올중독 등 건강에 미치는 영향에 중점을 둔 『The Drunken Monkey』란 책이다. 그런데 뒤의 책은 '술 취한 원숭이'라는 제목이므로 바로 이해가 되는데 앞의 책 제목 'Proof'는 좀 추상적이다. '증명이라…' 부제는 봐도 무슨 뜻인지 모르겠다. 'the science of booze, 부즈가 뭐야?'

찾아보니 프루프에는 술의 도수라는 뜻도 있다. 즉 중의적인 제목이다. 이 경우 우리가 익숙한 도수(술 100밀리리터에 들어있는 알코올의 밀리리터 양)는 아니고 200을 만점으로 한 도수다. 즉 20도 소주를 프루프로 하면 40이라는 말이다. 예전에 '100도가 넘는 독한 술'이라는 표현을 본 적이 있는데, 바로 이 경우가 프루프다. 한편 부즈는 술의 속어다. 아무튼 서평을 읽어보니 『Proof』를 꽤 좋게 평가하며 자세히 소개한 반면 『The Drunken Monkey』는 그저 그랬다.

인터넷 서점에서 검색해보니 표지가 눈에 확 띈다. 위스키온더락whisky on the rocks이 술잔이 아니라 삼각플라스크에 담겨져 있는 사진이다. 표지까지 마음에 들어 바로 주문했다.

8 이 글을 쓰고 보름쯤 지난 2014년 연말 한 모임에서 주위 사람들이 술을 권하는데 문득 글 생각이 나서 숙취를 체험하기로 했다. 위스키를 반병 가까이(소주 두 병에 해당) 마셨는데 다음날 정말 숙취로 고생했다. 그런데 숙취의 전개과정이 기억과 일치해 여기서 더 쓸 게 없다.

저자 아담 로저스Adam Rogers는 미국의 유명 과학기술 월간지인 〈와이어드Wired〉의 편집자이자 〈뉴스위크〉 같은 유명 잡지에 기고하는 과학저술가로 위스키 한 잔을 놓고 바에 앉아있는 저자 사진을 보니 한 눈에 술꾼임을 알 수 있다. 저자 역시도 책에서 인정하며 자신은 술 가운데 위스키를 제일 좋아한다고 고백하고 있다. 문득 필자가 기자를 막 시작할 무렵 2차 3차 이 술집 저 술집으로 자정이 넘도록 후배들을 끌고 다니던 한 선배 기자가 떠올랐다.

그렇다고 책까지 술 취한 상태에서 대충 쓴 것 같지는 않다. 구성이 꽤 짜임새 있고 발품을 팔아 폭 넓은 취재를 했고 작가답게 흥미진진하게 썼다. 서론에 이어 여덟 개 장이 주제별로 전개된다. 즉 1장 효모, 2장 당糖, 3장 발효, 4장 증류, 5장 숙성, 6장 맛과 향, 7장 몸과 뇌다. 그리고 8장이 바로 숙취다.

이 책을 보기 전까지 필자는 숙취의 과학에 대해 진지하게 생각해 본 적이 없었다. 그저 알코올(에탄올)의 첫 번째 대사산물인 아세트알데히드가 몸에 남아 있어 생기는 현상으로만 알고 있었다. 그런데 8장 시작부터 필자의 어설픈 상식은 여지없이 무너졌다. 실망스럽게도 "아직 정확한 이유를 모른다"가 오늘날 숙취의 과학의 현주소라고 한다. 미국에서만 숙취로 인한 경제적 손실이 연간 1600억 달러(약 180조 원)라고 하지만 생명과학/의학 문헌 데이터베이스인 퍼브메드PubMed를 보면 지난 50년 동안 알코올(술)을 주제로 한 연구 65만 8,610건 가운데

• 효모에서 숙취까지 술에 관련된 모든 현상을 과학의 관점에서 해석한 책 『프루프』. 아마존의 '편집자가 뽑은 2014년 책' 과학부문에서 6위로 뽑혔다 (제공 강석기)

숙취 연구는 0.1%도 안 되는 406건에 불과하다고 한다.

그럼에도 소수의 과학자들이 숙취를 연구했고 그 결과 몇 가지 사실이 밝혀졌다. 먼저 숙취 증상이 가장 심할 때는 음주 후 12~14시간 뒤로 보통 다음날 아침에서 점심 사이에 해당한다. 자정 넘게 과음한 사람은 본인뿐 아니라 회사를 위해서도 휴가를 내는 게 바람직한 이유다. 흥미롭게도 숙취가 최악일 때 혈중알코올농도는 0에 가깝다. 숙취의 진전과 관련된 이런 패턴은 아세트알데히드도 비슷하다. 즉 숙취가 가장 심할 때는 이미 농도가 꽤 낮아진 상태라는 것. 물론 아세트알데히드의 효과가 시간차를 두고 나타난다고 해석할 여지는 있다.

알코올은 이뇨를 촉진하기 때문에 결국 탈수 효과가 있는데 그 결과 숙취가 생긴다는 설명도 있지만 설득력은 떨어진다. 이온음료를 마셔도 숙취증상개선에 별로 도움이 되지 않기 때문이다. 혈당이 떨어지는 게 원인이라는 주장도 있지만 역부족이라고 한다(TV드라마에서 술 마신 다음날 일어나면 엄마 또는 아내가 꿀물을 타 갖다 주는 장면을 여러 번 봤지만 필자는 경험이 없어 어느 정도 효과가 있는지는 모르겠다. 이기지도 못하는 술을 마신다며 혼만 났다).

숙취는 일종의 염증반응

뜻밖에도 현재 숙취의 원인으로 가장 그럴듯하게 여기는 이론이 염증반응가설이라고 한다. 즉 병균에 감염됐을 때 우리 몸이 보이는 증상과 숙취가 비슷하다는 말이다. 그리고 보니 몸살을 앓을 때 증상이 숙취와 비슷한 것 같기도 하다. 즉 숙취 상태에서는 우리 몸의 면역관련 신호물질인 사이토카인cytokines의 수치가 병균에 감염됐을 때와 비슷하게 바뀐다는 것.

흥미롭게도 바로 우리나라 과학자들(카톨릭의대 등)이 이런 연구를 해

2003년 발표했다. 이에 따르면 건강한 사람이 과음으로 숙취 상태가 되면 인터류킨10, 인터류킨12, 인터페론감마 같은 사이토카인의 수치가 높아진다고 한다. 한편 건강한 사람들에게 이런 사이토카인을 주사하면 숙취와 비슷한 증상이 나타난다. 또 기억력도 떨어지는데 역시 과음할 때 나타나는 현상이다.

한편 편두통과 숙취도 증상이 겹치는 면이 있다. 편두통 발생은 염증반응관련 생체분자인 프로스타글란딘의 농도가 증가하는 것과 관련이 있어 프로스타글란딘의 작용을 억제하는 항염증 약물인 톨페남산 tolfenamic acid이 편두통 약으로 처방된다. 1980년대 핀란드 과학자들은

• 부채선인장 추출물은 두통과 메슥거림, 피로에 좋다고 알려져 있는데 프로스타글란딘의 생성을 억제하기 때문으로 보인다. 실제 숙취완화에도 어느 정도 효과가 있다고 한다. (제공 위키피디아)

머리가 아프다는 공통점에 착안해 과음한 사람들에게 톨페남산을 복용시킨 결과 상당한 효과를 봤다는 결과를 얻었다. 부채선인장prickly pear cactus 껍질 추출물도 두통과 메슥거림, 피로에 좋다고 알려져 있는데 역시 프로스타글란딘의 생성을 억제한다고 한다. 따라서 톨페남산만큼은 아니지만 어느 정도 숙취완화 효과가 있다고.

뒤끝이 없기는 보드카가 최고?

한편 섭취한 알코올의 양이 숙취의 유무나 정도를 결정하는 유일한 요인은 아니다. 예전에 '동동주는 마실 때는 좋지만 뒤끝이 안 좋다'는 말을 들은 적이 있는데, 실제 주종에 따라 숙취에 미치는 영향이 제각각이라고 한다. 즉 술에는 물과 알코올 말고도 다양한 성분이 들어있는데, 이 가운데는 숙취를 줄여주는 물질도 있고 심하게 하는 물질도 있다는 것. 다만 대체로 숙취를 악화시킨다고 한다. 따라서 물과 알코올의 순수한 혼합물에 가까운 술이 그나마 숙취가 덜하다고 한다. 예를 들어 도수가 비슷한 보드카와 버번위스키(옥수수와 호밀로 만든 미국 위스키)를 비교해보면 보드카는 불순물이 37분의 1에 불과하다고 한다.

실제 보드카가 숙취가 덜하다는 속설이 널리 퍼져있는데 연구결과 정말 그런 것으로 나왔다. 개인차는 있겠지만 연구에 따르면 숙취가 덜한 술은 맥주와 보드카이고 위스키, 와인, 특히 와인을 증류한 브랜디는 숙취가 심한 술이라고 한다. 예를 들어 한 잔에 똑같은 양의

• 숙취의 정도가 단순히 알코올 섭취량에 비례하는 건 아니다. 술에 들어있는 불순물도 큰 역할을 하는 것으로 보인다. 물과 알코올의 순수한 혼합물에 가까운 보드카는 상대적으로 숙취가 덜한 술이다. (제공 위키피디아)

알코올이 들어있게 맞춰 실험해보면 맥주 14잔을 마셨을 때 숙취 정도는 와인이나 리큐르(증류주에 과실이나 향신료를 넣은 술) 7~8잔을 마셨을 때와 비슷하다고. 소주는 연구에 포함돼 있지 않았는데, 겉모습(물탄 보드카)만 봐서는 숙취가 덜 한 쪽일 것 같지만 감미료 등 첨가물이 들어있어서 잘 모르겠다. 그런데 술의 불순물 가운데 가장 안 좋은 게 바로 에탄올의 동생뻘인 메탄올이라고 한다.

메탄올 대사물이 세포 질식시켜

아랍권처럼 술을 금하는 나라나 가난한 나라에서 에탄올인줄 알고 물에 타 마셨는데 알고 보니 메탄올이어서 사람들이 죽거나 실명했다는 외신을 몇 번 접한 기억이 있다. 분자구조를 보면 메탄올은 물과 에탄올 사이라고 할 수 있는데(물 H-OH, 메탄올 CH_3-OH, 에탄올 CH_3-CH_2-OH) 그 작용은 물과 에탄올 중간이 아니라 에탄올보다 훨씬 악질이다. 그런데 정상적인 술을 마신 경우에도 메탄올 때문에 문제가 될 수 있고 숙취의 상당 부분도 메탄올이 난동을 부린 결과라는 주장이 있다.

효모가 과일이나 곡물로 알코올 발효를 하다보면 에탄올뿐 아니라 메탄올도 미량 만든다. 따라서 모든 술에는 메탄올이 약간 들어있기 마련이다(물과 에탄올의 혼합물인 술에서 둘 사이의 물리화학적 특징을 띠는 메탄올을 제거하기란 사실상 불가능하다). 특히 증류주의 경우 증류 조건을 잘못 맞추면 메탄올의 상대적인 농도가 더 높아질 수도 있다.

아무튼 술을 마시면 메탄올도 에탄올처럼 먼저 알데히드로 대사되는데 이렇게 나온 포름알데히드가 몸에 보통 해로운 게 아니다. 게다가 포름알데히드가 대사된 포름산은 더 무시무시한 분자다. 개미가 적을 공격하기 위해 내뿜는 개미산이 바로 포름산이다. 포름산은 세포호흡에 필요한 시토크롬산화효소라는 효소의 작용을 방해한다. 그 결과 세포들은 일종의 질식상태가 되는데, 평소 산소소모가 가장 활발한 눈이 먼저 손상된다. 즉 메탄올을 과도하게 섭취했을 경우 실명이 되고 그 선을 넘으면 사망에 이른다.

술을 마시는 사람들에겐 안 된 게 차라리 메탄올이 대사가 되지 않으면 혈액에 녹아 있다가 날숨이나 소변을 통해 빠져나갈 텐데 에탄올을 대사하는 효소들이 효율은 떨어지지만 메탄올도 처리한다. 흥미롭게도 메탄올 과다 섭취에 대한 응급처치가 바로 술을 먹이는 것이다. 즉 몸에 에탄올이 들어오면 효소가 메탄올을 제쳐두고 에탄올을 먼저 처리하기 때문에 포름알데히드가 덜 만들어지고 따라서 포름산 농도도 낮아진다.

일부 과학자들은 메탄올이 숙취와도 관련이 있다며 이런 맥락에서 해장술이 어느 정도 효과가 있다고 설명하고 있다. 흥미롭게도 서구에도 우리처럼 해장술(영어로 hair of the dog)이라는 말이 있다. 즉 동서양을 막론하고 술꾼들은 과음한 다음날 아침 술 한잔 걸치면 오히려 숙취가 덜해진다는 걸 경험으로 체득했다는 말이다. 그런데 책에 따르면 해장술이 작용하는 이유가 바로 메탄올 대사를 억제하기 때문이라는 것이다.

즉 과음을 하면 효소들이 에탄올을 먼저 대사시키므로 어느 정도 시간이 지난 뒤에 본격적으로 메탄올이 대사되면서 숙취 증상이 나오는데, 이때 소량의 술을 마시면 다시 에탄올을 대사시키게 되므로 메탄올의 대사가 억제돼 포름알데히드와 포름산이 덜 나온다는 것(시간이 지연될수록 메탄올이 그냥 배출되는 비율이 늘어난다).

숙취가 심한 게 차라리 낫다?

저자는 술꾼답게 숙취 완화에 도움이 된다는 약물을 직접 실험해보기 위해 친구들을 집으로 불러 갖고 있던 싱글몰트 스카치위스키를 풀어 진탕 마신 뒤 각자 종류별로 복용했는데 다음날 평소보다 훨씬 심한 숙취에 시달렸다고 한다. 이 술 저 술 엄청난 양을 마셨기 때문이다. 설사 숙취에 어느 정도 효과가 있는 약물이 있더라도 너무 많이 마시면 아무 소용이 없다고 결론 내렸다.

책에는 필자로서 이해하기 어려운 내용이 있는데 술 마시는 사람 가운데 23%가 숙취를 경험하지 않는다는 것이다. 서구인들이라서 그런지 우리나라도 그 정도인지 모르겠지만 아무튼 그런 사람들이 꽤 된다는 게 놀랍다. 이런 사람들의 주장을 액면 그대로 받아들일 수는 없다고 하더라도 아무튼 술이 센 사람들이 있는 건 사실이다.

그런데 흥미롭게도 숙취와 알코올중독은 반비례 관계가 있다고 한다. 즉 숙취가 심한 사람일수록 알코올중독에 빠질 위험성은 낮다고. 워낙 고통스럽다보니 '내가 다시 술을 마시면 성을 간다'며 결심을 하는 학습효과가 며칠은 가기 때문이다. 반면 과음 다음날에도 별 탈이 없는 사람들은 연달아 술을 마시다보니 어느새 중독이 된다는 것.

2005년 〈영국의학저널〉에 실린 한 리뷰논문은 숙취연구결과를 이렇게 요약했다. "숙취를 예방하거나 없애는 민간요법 가운데 정말 효과가 있다는 믿을 만한 증거는 없다. 숙취를 피하는 가장 효과적인 방법은 바로 음주를 자제하는 것이다." 정말 하나마나한 얘기다.

PS. 최근 미국 인터넷서점 아마존은 '편집자가 뽑은 2014년 책' 과학부문에서 『프루프』를 6위에 올렸다. 편집자들이 술꾼들이라 책을 읽고 깊은 감명을 받아 뽑아준 게 아닌가 하는 의심이 살짝 든다(사실 잘 쓴 책이다).

2-5

동면의 과학

'차라리 곰처럼 겨울잠이나 잤으면 좋겠다.'

12월을 보내고 아직도 두 달이나 남은 겨울을 생각하면 필자처럼 추위를 못견뎌하는 사람은 이런 푸념을 하기 마련이다. 실제 곰은 대형포유류로는 예외적으로 겨울잠을 자는 동물이다. 덕분에 열대지방에서 북극지역까지 다양한 기후에서 적응해 살고 있다. 그런데 정말 사람은 곰처럼 겨울잠을 잘 수 없는 것일까.

개구리나 뱀 같은 변온동물은 워낙 우리와 차이가 나니까 이들의 동면은 논외로 하고 사람이 속하는 포유류의 동면만 생각해보자. 포유류의 동면은 크게 두 가지로 나뉘는데 곰의 동면 유형과 다람쥐 같은 소형 포유류의 동면 유형이다. 곰은 동면 기간 동안 체온이 5~6도 정도 떨어져 30도 수준이고 대사량이 평소 쉬고 있을 때의 4분의 1로 떨어진다. 반면 북극땅다람쥐arctic ground squirrel는 체온이 영하 3도까지 떨어지고(혈당수치를 높게 해 피가 얼지는 않는다) 대사량은 2%에 불과하다. 맥박도 1분에 1회 꼴로 뛴다. 사실상 거의 죽은 상태인 셈이다.

안타깝게도 사람은 북극땅다람쥐는 고사하고 곰의 동면도 흉내낼 수 없다. 우리 뇌속의 온도조절장치는 체온을 5~6도 조절할 수 있는 융통성이 없다. 인류의 진화 역사에서 이런 능력을 얻지 못한 건 우리의 고

• 북극땅다람쥐는 동면에 들어가면 몸의 생리가 극적으로 바뀐다. 즉 체온이 영하 3도까지 떨어지고 대사량도 2% 수준이 된다. 그 결과 에너지 소모를 최소화하면서 혹독한 극지방의 겨울을 날 수 있다. (제공 위키피디아)

향이 아프리카 열대지역인데다 100만여 년 전부터 불을 이용할 줄 알게 되면서 온대나 냉대지방으로 진출해서도 난방으로 겨울을 날 수 있었기 때문이다. 물론 사냥한 동물가죽이나 털로 옷도 해 입었다.

곰 동면이 골다공증치료제 개발에 영감 줘

그럼에도 최근 과학자들은 동면하는 동물을 연구해 인류 건강 증진에 이용하는 연구를 진행하고 있다. 예를 들어 곰은 최대 일곱 달을 동면하는데 그럼에도 근육이나 골밀도에 큰 변화가 없다. 사람이라면 이렇게 오랫동안 활동하지 않으면 근육이 쪽 빠지고 골다공증이 생긴다. 사용하지 않으므로 우리 몸이 쓸모가 없다고 판단해 근육과 뼈의 조직을 분해해 재활용하기 때문이다. 그런데 동면하는 곰에서는 이런 재활용 메커니즘이 억제돼 있다는 사실이 밝혀졌다. 미국 콜로라도대 연구진들은 도대체 어떤 호르몬이 작용해 이런 효과를 내는지 밝히는 연구를 진행하고 있다. 만일 이 과정이 밝혀진다면 전혀 새로운 골다공증치료제가 나올지도 모른다.

한편 당뇨병치료제 개발에 영감을 얻기 위해 곰의 동면을 연구하는 사람들도 있다. 자연다큐멘터리에서 동면에 들어가기 전 가을 곰들이 강물을 거슬러 올라오는 연어들을 포식하는 장면을 본 적이 있을 것이다. 이처럼 곰들은 동면을 앞두고 엄청난 양을 먹어 지방을 비축한다. 2014년 8월 학술지 〈셀 대사〉에는 곰이 동면을 할 때는 인슐린에 대한 민감도가 떨어진 상태, 즉 당뇨병에 걸려있다는 사실을 밝힌 연구가 실렸다. 그 결과 신체는 혈당이 부족하다고 판단해 비축한 지방을 분해해 에너지원으로 이용한다. 이렇게 동면 기간 동안 서서히 체지방을 소모하기 때문에 굴에 들어갈 땐 뚱뚱했던 곰이 이듬해 봄에 나올 때는 날씬한 상태가 된다. 게다가 인슐린 민감성도 감쪽같이 회복된다고 한다. 연구를 진행한 미국의 바이오벤처 암젠의 과학자들은 인슐린에 대한 반응도를 알아서 조절하는 곰의 메커니즘을 밝힌다면 획기적인 당뇨병치료제가 나올 수 있을 것으로 예상했다.

초저체온 수술 임상시험 진행 중

동면 중에 극단적인 생리의 변화를 보이는 북극땅다람쥐도 의학연구에 영감을 주고 있다. 이 녀석이 동면할 때는 뇌에 공급되는 산소의 양도 깨어있을 때의 10분의 1 수준으로 떨어진다. 사람에서 이런 일이 일어나면 수분 내에 뇌가 치명적인 손상을 입지만 북극땅다람쥐는 몇 달을 이 상태로 지내도 멀쩡하게 깨어난다. 동면 중엔 대사량이 평소 2% 수준으로 떨어지기 때문에 그만큼 필요한 산소의 양도 적기 때문이다.

미국 듀크대와 알래스카페어뱅크스대 연구자들은 사람에서도 이렇게 대사율을 떨어뜨릴 수 있는 방법을 찾는다면 뇌졸중으로 쓰러진 사람들이 영구적인 뇌손상을 입는 일을 크게 줄일 수 있을 것으로 전망하고 있다. 따라서 활동하는 다람쥐와 동면하는 다람쥐의 여러 신체조직에서 유전자 발현의 차이를 밝히는 연구를 진행하고 있다.

동면 동물을 연구해 대사율을 낮추는 메커니즘을 밝혀 약물을 찾는 노력과는 별개로 임상적으로 초저체온 응급수술을 시도하는 곳도 있다. 미국 피츠버그대 연구자들은 2014년 4월부터 엽기적인 임상시험에 들어갔다. 총기사고가 잦은 미국에서는 응급실에 총에 맞아 피를 철철 흘리며 실려 오는 사람들이 많은데 출혈이 심할 경우 산소부족으로 장기가 손상돼 죽게 된다.

그런데 이곳 의사들은 역발상으로 아예 피를 다 빼고 대신 차가운 식염수를 넣어 체온을 10도까지 낮춘다. 그 결과 환자의 심장은 멎지만 체온이 뚝 떨어지다 보니 대사율이 낮아져 장기 손상 속도가 극적으로 늦춰진다. 보통은 심장이 멈추고 5분이 지나면 뇌가 손상되기 시작하지만 초저체온이 되면 한 시간 이상 벌 수 있다. 이 시간 동안 수술을 마친 뒤 식염수를 따뜻한 피로 서서히 바꿔주는데 체온이 29~32도가 되면 심장이 다시 뛰기 시작한다고 한다.

글자 그대로 사람을 죽였다 살리는 수술법이기 때문에 대학측은 임상이 끝날 때까지 결과를 공개하지 않기로 했다. 따라서 현재 몇 명이 이 치료를 받았는지는 모르는 상태다. 물론 이들이 무작정 시작한 건 아니고 이미 개나 돼지를 대상으로 동물실험을 해 90% 이상의 생존율을 확인했다고 한다.

참고문헌

Heldmaier, G. *Science* 331, 866 (2011)

Toien, O. et al., *Science* 331, 906 (2011)

Nordrum, A. *Scientific American* 312(1), 16 (2015)

part

3

식품과학

3-1

커피는 정말 피부의 적일까?

• 심리학자 에드윈 보링은 만화가 윌리엄 힐이 1915년 잡지에 발표한 그림(오른쪽)을 지각의 애매모호함을 보여주는 예로 논문에 소개했다. 사실 이 그림은 힐의 창작이 아니라 1888년 인쇄된 한 엽서에 나오는 그림으로 작가미상이다.

영국의 만화가 윌리엄 힐William Hill은 1915년 미국 유머 주간지 〈퍽Puck〉에 '내 아내와 장모'라는 이름의 재미있는 삽화를 발표했다. 얼굴을 그린 건데 이게 보는 사람에 따라 고개 돌린 젊은 여자의 모습이기도 하고 고개를 약간 숙인 채 침울한 표정을 짓고 있는 노파이기도 하기 때문이다. 그런데 둘 중 하나를 본 뒤에는 남이 얘기해 주지 않으면 다른 얼굴이 보이지 않는다.

그의 삽화(맨 오른쪽 그림)는 이제 사람들이 '아, 이 그림!' 할 정도로 널리 알려졌다. 그런데 이 그림은 '보링의 인물Boring figure'로도 불린다. 미국 하버드대의 저명한 실험심리학자 에드윈 보링Edwin Boring이 1930

년, 애매모호한 지각현상의 예로 이 그림을 다룬 논문을 발표하면서 이 그림이 유명해졌기 때문이다.

그렇다고 힐이 억울해할 것도 없는 게, 그 자신도 1888년 독일에서 인쇄된 엽서의 그림(맨 왼쪽 그림)을 베낀 것이기 때문이다. 익명의 작가가 그린 이 그림은 1890년 한 기업체에서 써먹기도 했다(가운데 그림). 오히려 지금도 이 그림의 원작자를 힐로 소개하는 문헌이 많다.

아무튼 보링은 감각과 지각에 대한 심리학 연구로 명성을 쌓았는데, 그가 1942년 펴낸 책『실험심리학 역사에서의 감각과 지각』은 이 분야의 명저로 알려져 있다. 그런데 이 책에는 대중들이 친숙한 또 다른 그림이 실려 있다. 바로 '혀지도'로 네 가지 기본맛이 각각 혀의 특정 영역에서만 감지된다는 걸 보여주는 그림이다. 단맛은 혀끝, 신맛은 혀양쪽, 쓴맛은 혀뒤, 짠맛은 혀가장자리에서 느껴짐을 묘사한 혀지도는 필자가 중고교 시절 생물교과서에도 소개됐다.

보링은 책에서 다비트 해니그David Hänig라는 독일 과학자가 1901년 발표한 논문을 소개하면서 직접 혀지도까지 만든 것이다. 그런데 이 과정에 문제가 있었다. 즉 원 논문은 혀의 영역에 따라 네 가지 맛을 느끼는 민감도에 약간 차이가 있다는 내용인데 그림으로 영역을 나누다 보니 혀의 위치에 따라 다른 맛을 느낀다고 해석된 것. 저명한 실험심리학자의 책에 실린 그림은 별다른 의심 없이 받아들여졌고 그 뒤 혀지도는 과학상식으로 굳어졌다. 1974년 버지니아 콜링스Virginia Collings라는 과학자가 실험을 통해 혀지도가 사실이 아니라는 결과를 밝히기도 했지만 믿음을 뒤집기는 역부족이었다.

2000년대 들어 기본맛을 감지하는 미각수용체가 속속 발견되고 혀에서 맛이 어떻게 지각되는지 분자차원에서 규명되면서 마침내 혀지도의 허상이 밝혀졌다.[9] 설탕이나 소금 알갱이를 조금 집어 혀 부위별로 떨어뜨려보면 누구나 반증할 수 있는 명백한 오류가 60여 년 동안이나 살아남아 과학교과서에까지 버젓이 실렸다는 건 지금 생각해봐도 미스터리한 일이다.

커피 탈수 실험 논문 딱 두 편

학술지 〈플로스 원〉 2014년 1월호에 혀지도까지는 아니지만 그래도 우리가 과학상식 내지는 건강상식으로 알고 있던 내용이 알고 보니 별 근거가 없는 것이었다는 연구결과가 실렸다. 바로 커피와 탈수에 관한 이야기다.

날씨가 건조해져 피부가 푸석푸석해지는 계절이 오면(사실상 여름을 제외한 모든 시기), 신문이나 방송에는 피부를 촉촉하게 유지하기 위한 전문가들의 조언이 나온다. 그런데 여기에서 물을 많이 마시라는 처방과 함께 거의 빠지지 않는 내용이 탈수를 촉진하는 커피 같은 카페인 음료를 피하고 대신 카모마일 같은 허브차를 마시라는 조언이다. 커피를 좋아하는 사람들로서는 참 아쉬운 대목이다. 실제 필자 주변에도 피부를 위해 좋아하는 커피를 거의 안 마신다는 여성이 있다(그래서인지 피부가 촉촉해 보이기는 한다!).

커피가 피부의 적이라는 이 오래된 믿음은 카페인의 이뇨 작용에서 비롯한다. 이뇨 작용은 한마디로 들어온 수분보다 빠져 나가는 수분이 더 많게 하는 작용이다. 그냥 물을 마셔도 체액이 희석되기 때문에 이온 농도를 유지하기 위해 여분의 수분이 신장에서 걸러져 소변으로 배출된다. 그런데 카페인이 들어있는 음료일 경우 이 밸런스에 영향을 미

9 미각수용체에 대한 자세한 내용은 『과학 한잔 하실래요?』 251쪽 '판다는 유전자 고장으로 고기 맛을 몰라~' 참조.

쳐 신장이 과도하게 작용해 체액이 부족해진다는 것. 물론 이런 효과가 누적되는 건 아니지만(그랬다가는 며칠 안 가 미라가 될 것이므로), 커피를 마시는 사람들의 몸은 수분 밸런스가 깨져 늘 체액이 부족한 상태이고 따라서 피부가 촉촉해지기는 어렵다는 것.

참고로 미국 텍사스대의 디 언그로브 실버톤Dee Unglaub Silverthorn 교수가 쓴 대학교재『생리학Human Physiology』을 보면 우리 몸에서 수분이 차지하는 비율이 여성 50%, 남성 60%로 나온다. 다소 뜻밖인데 여성은 체지방 비율이 높기 때문이다. 수분의 분포를 보면 세포내액이 3분의 2, 세포외액이 3분의 1이다. 세포외액, 즉 세포 밖에 있는 물 가운데 4분의 3이 간질액(세포 사이 공간을 채우는 체액)이고 4분의 1이 혈장(혈액에서 혈구를 뺀 부분)이다. 즉 몸무게 60킬로그램인 남성(또는 72킬로그램인 여성)은 수분이 36리터로 이 가운데 3리터가 혈장이다.

신장의 가장 중요한 기능은 혈액 내 물과 이온 농도의 항상성을 조절하는 것으로, 매일 180리터의 혈장이 신장에서 걸러진다. 이 가운데 99% 이상이 혈관으로 재흡수되고 1.5리터가 오줌으로 배출된다. 전체 혈장이 3리터이므로 하루에 60회나 순환하는 셈이다. 만일 재흡수가 일어나지 않는다면 혈장은 24분 만에 바닥이 날 것이다.

신장에서 여과된 액의 재흡수에 중요한 역할을 하는 게 나트륨 이온 Na^+의 재흡수다. 즉 용질인 나트륨 이온이 신장의 세뇨관 상피세포를 통해 다시 세포외액으로 들어오면서 삼투압의 작용으로 물도 딸려 들어오는 것. 그런데 카페인은 나트륨 이온의 재흡수를 억제하기 때문에 결과적으로 물의 재흡수

(제공 shutterstock)

도 막게 되고 따라서 오줌의 양이 많아지면서 체액은 줄어들게 된다는 것. 실제로 커피를 안 먹던 사람이 커피를 마시거나 평소보다 과도하게 마실 경우 일시적으로 탈수 작용이 나타난다.

이처럼 커피와 탈수의 관계가 인과적으로 명확해 보이는데 어떻게 커피가 탈수를 일으키지 않는다는 연구결과가 나오게 된 것일까. 사실 필자는 이번 논문의 결과 자체보다는 커피가 탈수를 일으킨다는 주장이 어떻게 시작됐는지가 더 궁금했다. 카페인의 이뇨 작용에 대한 첫 논문은 1928년으로 거슬러 올라간다.

당시 저자들은 카페인 섭취가 급성 이뇨를 일으키지만 규칙적으로 섭취할 경우 내성이 생겨 이뇨 효과가 없어진다고 보고했다. 그리고 카페인 섭취를 끊고 4일이 지나면 내성도 사라진다고 보고했다. 그 뒤 10여 건의 관련 연구가 보고됐지만 결과는 비슷했다. 흥미로운 건 실제 커피의 이뇨 작용에 대한 논문은 두 건 밖에 없었고 대부분은 카페인을 알약이나 캡슐의 형태로 복용했을 때 결과를 분석한 것이다.

1997년 발표된 논문은 5일간 커피를 마시지 않은 피험자에게 커피 여섯 잔(카페인 624밀리그램)을 마시게 한 뒤 24시간 동안 오줌의 양과 몸 수분의 양 변화를 측정한 결과 오줌의 양이 41% 늘었고 수분의 양이 2.7% 줄었다는 내용이다. 커피가 탈수를 일으킴을 '입증'한 결과다. 2000년 발표된 논문은 하루 커피를 두 잔 마신 피험자와 물을 마신 피험자를 비교했을 때 차이가 없었다는 내용이지만 데이터가 좀 부실했다.

영국 버밍엄대의 연구자들은 커피와 체내 수분 유지의 관계에 대한 대중의 관심이 높음에도 이처럼 실제 연구된 사례가 거의 없다는 뜻밖의 사실에 놀라 하루 커피 두세 잔을 마시는 게 정말 탈수를 일으키는가에 대한 정밀한 실험을 진행했다. 연구자들은 평소 하루에 커피 3~6잔을 마시는 비흡연자 남성(여성은 생리주기가 미치는 영향 때문에 배제) 52

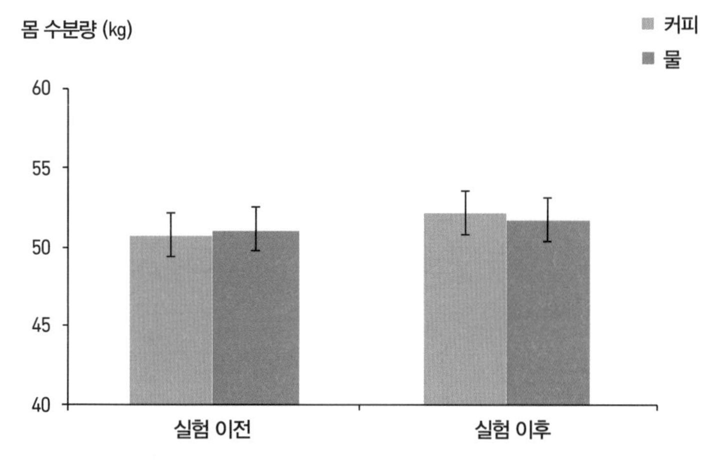

• 3일 동안 커피 또는 물을 섭취하는 실험을 전후한 몸의 전체 수분의 양 데이터다. 커피를 마셨을 때(짙은 회색)와 물을 마셨을 때(옅은 회색) 차이가 없음을 알 수 있다. (제공 <플로스원>)

명을 대상으로 실험에 들어갔다. 즉 두 차례에 걸쳐 한 번은 3일 동안 하루에 몸무게 1킬로그램당 카페인 4밀리그램이 되게 함량을 조절한 커피(몸무게 70kg일 경우 아메리카노 세 잔 분량) 원액을 네 차례에 나눠 각각 200밀리리터가 되게 물에 타 마시게 했다. 비교 실험으로는 역시 3일 동안 커피 대신 같은 양의 물을 마시게 했다. 이 차이를 제외한 다른 영양분의 섭취량은 같게 유지했다.

오줌의 양이나 몸 수분의 양 변화 등 거의 모든 지표에서 두 실험의 차이는 없었다. 즉 하루 커피 두세 잔은 우리 몸의 수분 밸런스 유지에 아무런 영향을 미치지 않았던 것. 다만 오줌에 포함된 나트륨 이온의 양은 커피를 마셨을 때가 10% 정도 더 높았다. 그럼에도 배출된 오줌의 양에는 영향을 주지 못했다. 인체의 수분 밸런스는 다양한 메커니즘을 통해 유지되므로 이 정도는 다른 쪽에서 충분히 상쇄할 수 있었기 때문으로 보인다.

참고로 어떤 의사는 커피 한 잔을 마시면 물 두 잔을 마셔 수분을 보충해야 한다고 조언하기도 한다(그렇다면 에스프레소를 마실 경우 물 세 잔을 들이켜야 할까?). 설사 며칠 만에 커피를 마셨거나 너무 많이 마셔 이뇨 효과가 나타나는 경우라 하더라도 이 조언은 별로 도움이 안 된다. 어차피 체내에 카페인이 있을 동안에는 이뇨 작용이 일어나므로 괜히 화장실만 자주 들락거리게 될 것이 때문이다. 카페인의 반감기가 5시간 내외이므로 그냥 기다리는 게 현명할 것이다. 물론 목이 마르면 물을 마셔야겠지만.

참고문헌

Killer, S. C. et al. *PLOS ONE* 9, e84154 (2014)

3-2

글루텐을 위한 변명

• 19세기 프랑스 화가 에밀 프리앙의 유화 <뫼르트강에서 뱃놀이를 하는 사람들>(1888). 오른쪽에 커다란 빵을 자르는 남자의 모습이 인상적이다. (제공 위키피디아)

에이커당 더 많은 칼로리를 생산하고(옥수수, 쌀) 재배가 더 쉬우며(옥수수, 보리, 호밀) 영양소가 더 많은(퀴노아) 곡물들이 있다는 점을 고려하면 밀의 세계정복은 믿기 어렵고 그래서 더욱 인상적이다. 성공 비결이 뭘까? 바로 글루텐이다.

— 마이클 폴란, 『요리를 욕망하다』

학술지 〈사이언스〉 2014년 5월 9일자에는 서구인과 동아시아인 사이에 나타나는 심리적, 문화적 차이를 설명할 수 있는 새로운 가설을 제안하는 흥미로운 논문이 한 편 실렸다. 소위 '벼농사 이론rice theory'

으로 불리는 이 가설에 따르면, 동아시아인들이 관계지향적이고 통합적 사고를 하는 이유가 벼농사를 지었기 때문이다. 반면 개인주의이고 분석적 사고를 하는 서구인은 밀농사를 지었기 때문이라고 한다. 밥을 먹건 빵을 먹건 어차피 주성분은 탄수화물인데 이게 어떤 경로로 마음에 영향을 줄 수 있었을까.

물론 뭘 먹었느냐가 영향을 준 것은 아니다. 핵심은 농사짓는 방법의 차이다. 즉 벼농사는 물이 많이 필요하기 때문에 대규모 관개시설이 있어야 하고 농사를 지을 때도 이웃 간에 물을 잘 나눠 써야 한다. 또 피(잡초)를 뽑는 작업 등 밀농사에 비해 두 배 이상 손이 많이 간다. 결국 벼농사는 개인(부부) 차원에서 할 수 있는 일이 아니라고. 그 결과 벼농사권에서는 상부상조하는 관습이 이어져왔고 '나보다는 우리'를 앞에 둘 수밖에 없었다.

반면 밀농사는 자연 강우에만 의존하면 되고 일이 고되기는 해도 나 혼자 힘으로 내가 먹을 걸 얻는 데 큰 어려움이 없기 때문에 농사의 독립성이 컸고 그만큼 다른 사람 신경을 쓰지 않아도 됐다. 이런 생활패턴이 수천 년 이어져오면서 동아시아인과 서구인의 사고방식에 근본적인 차이가 생겼다는 것.[10] 그런데 왜 우리 동아시아 사람들은 쉬운 밀을 놔두고 고생고생하면서도 굳이 벼를 재배한 걸까.

답은 쌀이 다른 것들과는 격이 다른 곡물이라는 데 있다. 도정한 쌀로 밥을 하면 '윤기가 자르르 흐르는' 쌀밥이 된다. 즉 도정 외에 아무런 추가 작업 없이 알곡 그대로 익혀도 식감이 뛰어난 유일한 곡식이 바로 쌀이다. 반면 밀은 굳이 이렇게 먹겠다면 못 먹을 거야 없지만 식감은 쌀밥과 비교도 되지 않는다. 꽁보리밥을 생각하면 감이 올 것이다(진화상으로 보리는 벼보다 밀에 가까운 식물이다).

10 벼농사 이론에 대한 자세한 내용은 『늑대는 어떻게 개가 되었나』 271쪽 '쌀의 마음 밀의 마음' 참조.

그럼에도 밀은 벼, 옥수수와 함께 세계 3대 작물로 건재하고 있다(옥수수는 대부분 사료나 시럽, 기름채취용이므로 사실상 밀과 벼 양자구도다). 물론 벼에 비해 일손이 덜 들고 재배조건이 까다롭지 않다는 면도 있지만, 무엇보다도 인류가 알곡을 먹는 대신 가루로 빻아 반죽을 해 면을 뽑거나 빵을 만들어 먹는 방법을 개발했기 때문이다. 그리고 이런 일이 가능하게 된 건, 밀에는 쌀에는 들어있지 않는 '글루텐gluten'이라는 단백질이 들어있기 때문이다.

그런데 최근 글루텐이 인류 건강의 적으로 지목돼 언론의 집중포화를 맞고 있다. 글루텐의 입장에서는 어이가 없는 일일 것이므로, '보들보들한 빵을 사랑하는' 필자가 글루텐의 변호인으로 한 번 나서보겠다.

면과 빵 등장의 일등 공신

사실 글루텐은 특정한 단백질의 이름이 아니라 글리아딘gliadin과 글루테닌glutenin이라는 두 단백질이 만나 형성된 그물구조의 단백질 복합체다. 따라서 정작 밀알 내부에는 글루텐이 없다. 그런데 밀을 가루로 만든 뒤 여기에 물을 부어 개어주면 글리아딘과 글루테닌이 만나면서 그물망을 형성한다. 그 정도는 반죽시간과 강도, 기술 등에 큰 영향을 받는다. 일본 우동 장인들이 반죽을 할 때 집착에 가까운 공을 들이는 이유다.[11]

글루텐 덕분에 면을 쉽게 뽑을 수 있는 게 밀이 널리 퍼진 데 큰 역할을 했지만 밀이 쌀과 어깨를 나란히 하게 된 가장 큰 계기는 효모yeast와의 만남이다. 밀가루 반죽에 효모가 들어감으로써 발효로 나온 이산화탄소와 에탄올이 반죽을 부풀리고 오븐에서 추가로 부풀어 오르면서

11 글루텐의 물성에 대한 상세한 내용은 〈과학동아〉 2009년 9월호 '면발의 힘 글루텐' 참조.

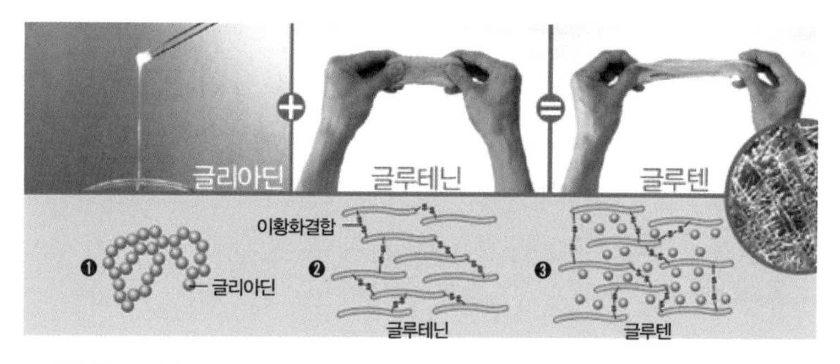

• 밀알에는 글리아딘과 글루테닌이라는 단백질이 있다. 밀가루에 물을 넣고 반죽하면 이 두 단백질이 섞이면서 단백질 네트워크를 형성하는데, 이를 글루텐이라고 부른다. (제공 <과학동아>)

(온도가 높아지면 내부 기체가 팽창한다) 공기 80%인 빵이 만들어진다. 호밀을 제외한 다른 곡물은 이런 혜택을 누리지 못하는데, 바로 글루텐이 없기 때문이다(보리에도 소량 있지만 반죽을 부풀리기에는 역부족이다). 즉 밀반죽의 글루텐 그물망이 내부에서 생긴 기체(이산화탄소와 에탄올)가 빠져나가지 못하게 잡아주면서 이런 놀라운 변신이 일어나는 것이다.

면과 빵이라는 식품 유형을 가능하게 한 글루텐이 요즘 집중포화를 받는 이유는 소위 '글루텐 민감성gluten sensitivity'으로 불리는 증상을 보이는 사람들이 점점 늘고 있기 때문이다. 즉 이런 사람들은 밀가루 음식을 먹으면 소화기질환을 비롯해 자가면역질환, 천식, 비염, 두통 등 각종 증상이 일어나 고생을 하는데 전체 인구의 10%에 이른다고. 그러다보니 최근 한 신문 건강면에 '글루텐이 장腸 염증 일으켜 온갖 병 원인된다'라는 단정적인 제목의 기사가 실리기도 했다.

그렇다면 글루텐이 왜 문제가 될까. 지금까지 이론에 따르면 밀가루 음식을 먹었을 때 글루텐이 완전히 소화되지 않은 채 소장 점막에 남아 면역계를 자극해 염증을 유발한다고 설명한다. 즉 글루텐의 소화흡수율이 낮은 사람이 밀가루 음식을 많이 또는 장기적으로 먹으면 탈이 난다는 것이다.

필자는 다행히 글루텐 민감성은 아닌 것 같고 따라서 남 얘기라 진지하게 생각하지는 않았지만 그럼에도 글루텐 민감성에 대해서는 늘 찜찜하게 생각했다. 인구의 10%가 민감성을 보인다면 많은 문화권에서 밀이 어떻게 주식이 될 수 있었을까. 젖당 불내증lactose intolerance에서 알 수 있듯이 우유를 주식으로 하는 문화권과 거의 안 먹는 문화권의 경우 불내증은 안 먹는 문화권에 흔히 볼 수 있는 증상이다. 즉 주식으로 먹는 문화권에서는 이미 자연선택으로 불내증인 유전형은 솎아졌다는 말이다. 이 논리를 적용하면 우리나라 사람들에서 글루텐 민감성이 10%라면 이해가 가지만, 예전부터 밀 문화권이었던 곳에서도 마찬가지로 10%라는 건 이상하지 않은가.

글루텐 프리의 함정

미국의 과학월간지 〈사이언티픽 아메리칸〉 2014년 2월호에는 학술지 〈네이처 의학〉의 뉴스 담당 편집자인 록산느 캄시Roxanne Khamsi의 흥미로운 칼럼이 실렸다. 글루텐이 사람들을 아프게 하는 유일한 밀 단백질은 아니라는 내용이다. 예를 들어 심각한 장염증질환인 셀리악병celiac disease도 글루텐에서 원인을 찾고 있지만 꼭 그렇지는 않다고. 즉 글루텐 민감성인 사람들은 소화계의 증상이 덜 심각하고 두통 같은 다른 증상도 보이는 반면 셀리악병처럼 심각한 장 손상이나 염증은 보통 나타나지 않는다고. 그럼에도 사람들은 이런 문제가 생기면 무조건 글루텐 때문이라고 단정한다.

그런데 최근 글루텐 질환으로 알려진 병들이 실제로는 글루텐과 아무 관계가 없다는 사실이 속속 밝혀지고 있다고 한다. 밀에 있는 다른 단백질이나 다른 곡물 때문에 생긴 질환일 수 있다는 것.

밀에 들어있는 글루텐이 문제를 일으키는 것 같다는 주장이 처음 나온 건 1900년대 중반으로 거슬러 올라간다. 그리고 2차 세계대전 중 빵이 부족해지자 셀리악병으로 죽은 어린이 숫자가 급감했다는 사실을 네덜란드의 의사 빌렘-카렐 딕케Willem-Karel Dicke가 발견하면서 글루텐의 어두운 면이 본격 조명됐다. 그 뒤 '글루텐 없는gluten-free' 식이요법이 등장했다.

그러나 최근 셀리악병 환자들에 대한 면밀한 연구결과 이들 가운데 상당수가 글루텐과는 무관하다는 사실이 밝혀지고 있다. 식품 속 다른 단백질이나 심지어 탄수화물이 원인일 수도 있다는 것.

2010년 발표된 한 연구에 따르면 글루텐 민감성으로 알고 있는 사람 32명을 대상으로 글루텐 프리 식이요법을 실시한 결과 불과 12명만이 증상이 개선됐다는 결과가 나왔다. 즉 60%는 글루텐 민감성이 아니고 따라서 효과도 없는 식이요법을 한 셈이다.

미국 〈월스트리트저널〉 2014년 6월 23일자에는 글루텐 프리 식품이 실제로 몸에 좋다는 근거가 희박하다는 뉴스가 실렸다. 오히려 글루텐 프리 식품은 탄수화물과 당분의 함량이 높아 비만 등의 문제를 일으킬 가능성이 더 크다는 것. 현재 미국에서만 글루텐 프리 시장이 233억 달러(약 26조 원) 규모라고 한다. 어쩌면 대형 식품회사들은 진실의 미묘함을 알면서도 건강 염려증이 지나친 현대인들의 불안심리를 이용해 모든 문제를 글루텐으로 몰아 마케팅 컨셉으로 이용하고 있는 것일지도 모른다.

좋은 빵 vs. 나쁜 빵

지난 2006년 『잡식동물의 딜레마』를 출간하며 주목을 받은 저술가 마이클 폴란Michael Pollan의 최신작 『요리를 욕망하다』가 2014년 번역출간됐다(원서는 2013년 출간). 타의 추종을 불허하는 이야기꾼답게 이번

책도 굉장히 재미있는데 구성부터 기발하다. 즉 '불, 물, 공기, 흙'이라는 기원전 5세기 그리스 철학자 엠페도클레스의 '4원소'에 따라 네 파트로 이뤄져 있다. 저자가 굳이 이런 비과학적인 원소 개념을 쓴 이유는 사람들의 실제 생활에서는 '4원소'가 수소, 산소 같은 과학적인 '진짜' 원소보다 직관적으로 다가오기 때문이리라.

1부 불은 바비큐, 즉 불을 이용한 요리를 다루고 있다. 2부 물은 냄비요리, 즉 식재료를 물에 담가 오래 끓이는 요리에 대해 설명한다. 4부 흙은 발효를 이용한 요리로 김치도 꽤 자세히 소개하고 있다. 3부 공기가 바로 빵 얘기다. 필자는 『요리를 욕망하다』 3부를 읽으며 빵에 대한 새로운 사실 두 가지를 알게 됐다.

먼저 '발효종starter'에 대한 것으로 사실 이전까지만 해도 필자는 발효종이나 과립 형태의 이스트나 어차피 효모이므로 별 차이는 없는 거라고 생각하고 있었다. 즉 빵을 만들 때마다 배양하고 있는 천연효모를

• 물리학의 관점에서 빵은 고체거품으로 80%가 공기로 이뤄져 있다. 빵은 글루텐과 효모의 위대한 공동작품이다. (제공 위키피디아)

넣어주는 게 발효종을 이용한 빵이고 과립을 물에 풀어 넣어주는 게 소위 이스트를 쓰는 빵이므로, 전자가 좀 낫기는 해도(효모가 활성 상태이므로) 본질적으로 별 차이는 없다고 생각하고 있었다.

그런데 책을 보니 발효종은 단순히 천연효모가 아니라 효모와 수십 가지 세균이 섞여있는 상태라는 것. 그 결과 발효종으로 발효한 빵과 이스트로 발효한 빵은 풍미와 식감이 완전히 다르다고 한다. 과학자들이 이런 사실을 깨달은 건 1970년으로 이듬해 학술지 〈응용 미생물학〉에 논문을 발표하면서 알려지기 시작했다(따라서 포스트정보화 시대에 사는 필자는 무려 44년이 지나 그 사실을 알게 된 셈이다!).

『요리를 욕망하다』는 저자가 각 유형의 요리를 직접 배우면서 체험하는 과정을 기록하며 이론이라는 살을 붙이는 형식인데, 3부에서도 제빵을 배우는 과정이 실감나게 묘사돼 있다. 발효종 얘기도 이스트를 쓰는 요즘 빵이 아닌 빵의 원형을 탐구하는 과정에서 나왔다. 즉 빵 반죽에서 일어나는 발효의 실체를 몰랐던 사람들은 19세기 미생물학이 등장하면서 효모가 주역이라는 걸 알게 됐고, '시간이 돈'이라는 자본주의 관념에 휩쓸리면서 전통적이지만 번거롭고 시간이 많이 걸리는 발효종 발효를 포기하고 이스트 발효로 넘어왔다는 것. 이 과정에서 '경제성'을 더 높이기 위해, 즉 시간을 더 단축하기 위해 팽창제, 감미료, 방부제, 반죽 개량제 등 소위 '식품 첨가물'을 이삼십 가지나 넣기에 이르렀다는 것이다.

그러나 발효종을 쓰는 오리지널 제빵 과정은 발효에만 오랜 시간이 걸리고 반죽도 굉장히 묽게 해야 한다고 한다. 그 결과 생산성은 떨어지지만 오븐에서 나오는 빵은 풍미가 깊고 촉촉하다는 것. 그리고 무엇보다도 오랜 발효를 거쳐 밀의 소화흡수율이 훨씬 높아진다고 한다. 폴란은 책에서 "발효종 발효는 부분적으로 글루텐을 분해하여 소화를 돕기도 한다"며 "어떤 연구자들은 글루텐 불내증(민감성)과 셀리악병의 증가 원인이 현대의 빵들이 긴 발효 시간을 거치지 않기 때문이라고 생각한다"고 쓰고 있다.

책에는 발효종을 쓰는 프랑스식 전통 제빵을 재현하려는 제빵사들이 몇 명 소개돼 있는데, 특히 어느 날 저자가 파티에서 우연히 시골빵을 먹어보고 감동해 추적 끝에 알아낸 빵집 '타르틴Tartine'과 제빵사 채드 로버트슨Chad Robertson의 이야기가 흥미롭다. 샌프란시스코 교외 한적한 곳에 위치한 빵집 타르틴에서는 오후 늦게야 빵이 나오는데 하루에 250덩이만 굽는다고. 그래서 오후가 되면 가게 앞에 긴 줄이 선다고 한다.

그런데 책에 로버트슨이 『Tartine Bread타르틴 빵』이라는 책을 펴냈다는 내용이 있다. 결국 필자는 이 책을 사고야 말았는데, 받아보니 너무나 멋진 책이었다! 하드커버이면서도 속에 쿠션을 넣어 마치 빵처럼 폭신폭신한 이 책은 요리학교를 다니던 한 청년이 우연히 현장실습을 간 천연발효종 빵집 주인의 강의에 깊은 감명을 받아 그의 제자가 되고 마침내는 자신만의 빵집을 만들어 오랫동안 추구해온 '진정한' 빵을 만드

• 진정한 빵을 만들기 위한 제빵사 채드 로버트슨의 삶의 여정이 감동적으로 기록된 자서전 『Tartine Bread』(2010 국내 미번역). (제공 강석기)

는 삶의 여정이 많은 멋진 사진들과 함께 아름답게 그려져 있다.

로버트슨은 책에서 "이스트 빵은 오리지널에서 우리가 사랑했던 모든 것이 결핍돼 있다"며 "편리함이 우선되면 풍미가 희생된다"고 쓰고 있다. 책 9쪽에는 19세기 프랑스 화가 에밀 프리앙Emile Friant의 유화 〈뫼르트강에서 뱃놀이를 하는 사람들〉(1888)이 실려 있는데, 그림 오른쪽에 보면 한 남자가 커다란 빵 덩어리를 껴안고서 칼로 떼어내고 있다. 로버트슨은 그림 속 빵이 지녔을 풍미를 '상상'하며 이를 재현하기 위해 수년 동안 각고의 노력을 했다고 한다.

오늘날 빵을 먹고 탈이 난 많은 사람들이 글루텐을 원망하고 있지만, 어쩌면 이들 가운데 상당수는 글루텐이 아니라 제대로 만들지 않은 빵을 먹었기 때문에 문제가 생긴 건 아닐까. 수십 가지 첨가물을 잔뜩 집어넣어 속성으로 대량생산한 빵을 먹으면서, 깊은 풍미를 잃고 대신 글루텐 민감성을 얻게 된 건 아닐까. 다음은 20세기 초 '사기 억제를 위한 국제회의International Congress for the Suppression of Fraud'가 소집한 전문가 집단이 제시한 빵의 법적 정의다. 이에 따르면 오늘날 우리가 먹고 있는 대부분의 빵은 빵이 아니다!

"어떤 수식어도 붙지 않은 빵이라는 단어는 오로지 밀가루, 사워도우sour dough배양액(발효종) 혹은 맥주나 곡물로 만든 효모, 식수, 소금을 섞은 반죽에서 나온 산출물에만 사용된다."

참고문헌

Khamsi, R. *Scientific American* 310(2), 17 (2014)
마이클 폴란, 김현정. *요리를 욕망하다* (에코리브르, 2014)
Robertson, Chad. *Tartine Bread* (Chronicle Books, 2010)

3-3

사카린은 설탕을 대신할 수 있을까?

• (제공 shutterstock)

수개월 전 TV에서 황당한 뉴스를 봤다. 필름까지 씌워진 최신 스마트폰 박스를 열었더니 스마트폰 대신 찰흙이 들어있다는 내용으로, 찰흙 무게까지 스마트폰에 맞춰 감쪽같이 속였다고 한다. 정품이 들어있는 몇 박스만 열어보고 수백 개를 주문한 수출업자는 억대를 날려 회사가 망할 지경이라고 한다.

사기사건이야 뉴스 단골소재지만 이 사기는 남의 얘기 같지가 않았다. 십수 년 전 그날이 떠올라 헛웃음이 났다.

업무를 같이 하다 친해진 옛 직장 상사가 낚시광이었는데, 오래 전에 낚시를 끊은(중독성이 있다!) 필자가 지나가는 말로 언제 낚시 갈 때 같이 가자고 했는데 정말 같이 낚시를 가게 됐다. 자동차로 한참을 달려 중부 내륙 지방의 한 호수에 도착해 낚싯대를 펴는데 날씨가 영 불안하다. 아니나 다를까 바람이 점점 심하게 불더니 빗방울이 떨어지기 시작한다. 나무 아래에서 비를 피하며 한참을 기다려도 그칠 기미가 보이지 않는다.

"어떡하죠?"

"철수하자."

얼마 만에 와본 낚시터인데 손맛 한 번 보지 못하고 낚싯대를 접었다. 오는 길에 고속도로 휴게실에 들렀다. 매점에서 마실 것을 사갖고 오다 보니 웬 청년 두 사람과 얘기를 하고 있다. 가까이 가니 경상도 사투리가 억세다(이 분이 부산 사람이다). 서울에 생선 납품하러 왔다가 무슨 문제가 생겨 도로 갖고 내려가는 길인데 고향 사람(물론 초면이다)을 만난 김에 이것도 인연이라 싼 값에 주기로 했단다. 청년들이 옆에 세워둔 냉동트럭에서 스티로폼 박스를 하나 꺼내 열어 보여주는데 도미가 꽉 찼다. 이걸 3만 원에 준단다.

"너도 하나 사라. 3만 원이면 거저야."

이미 이 양반은 처지가 딱한 동향 후배들을 챙기고 있었다.

"글쎄요. 이걸 들고 갈 수도 없고…"

"걱정 마. 내가 집까지 바래다줄게."

결국 필자도 한 박스 샀다. 꽤 묵직했다.

"그게 다 뭐냐?"

"낚시 간다고 했잖아요."

커다란 스티로폼박스를 들고 현관을 들어서는 필자를 보고 어머니가 깜짝 놀라신다. "사실은요…" 자초지종을 얘기하고 나서 박스를 둘러싼 테이프를 벗기고 뚜껑을 열었다. 빈 공간이 없이 얼음이 꽉 차 있다.

'잘도 채워 놨네….'

필자는 아직 진상을 파악하지 못하고 있었다. 그런데 손으로 얼음을 치워도 생선이 안 보인다. 필자는 당황한 채 얼음을 파헤쳤지만 건진 건 고작 손바닥만한 도미 두 마리가 전부였다.

"넌 생긴 건 안 그런데 왜 그렇게 멍청하냐! 근데 싱싱하긴 하다."

어머니에게 한 소리를 듣고 싱크대에 얼음을 쏟아 붓는데 여전히 얼떨떨했다. 얼마 뒤 전 직장 상사에게서 전화가 왔다.

"세 마리라고요? 전 두 마린데…."

"그래? 아무튼 미안하다…."

"뭘요. 어머니가 그러시는데 상태는 좋데요."

지금 생각해봐도 그 친구들이 왜 박스에 생선 두세 마리를 넣어놨는지 잘 모르겠다. 전부 얼음으로 채우나 두세 마리 있으나 어차피 열어보면 사기인데 말이다. 그런데 그때 만일 전부 얼음이었다면, 돈은 얼마 안 되지만 꽤 불쾌한 기억으로 남았을 거라는 생각도 든다. 보물찾기처럼 얼음 속에 박혀 있던 새끼 도미 두 마리가 짜증날 사건을 한 편의 코미디로 승화시킨 것일까.

뇌는 감각의 정보를 얼마나 신뢰할까

박스의 무게를 가늠하는 게 안에 어떤 내용물이 있다는 정보를 얻는 한 방법이듯이 우리의 다양한 감각은 외부 대상에 대한 정보를 알려주는 창이다. 물론 앞에 든 예들처럼 감각을 통한 정보는 속임수의 대상이 되기 쉽다. 사실 화장도 시각 정보를 속이는 방법이라고 볼 수 있다. 신혼여행을 가서 다음날 아침 옆에 누워있는 '낯선' 여인을 보고 "누구세요?"라고 말했다는 썰렁한 농담도 있다. 오죽하면 '쌩얼(민낯)도 예쁜' 연예인들이 화제가 될까.

일상생활에서 감각을 속이는 일이 가장 빈번하게 일어난 건 아마도 식품이 아닐까. 정작 바나나는 1%도 들어있지 않고 우유에 설탕과 바나나향, 황색색소를 탄 '바나나맛 우유'가 대표적인 예다. 게맛살에도 진짜 게살은 없다(잡어와 게향). 이런 예들은 식품업계에 만연해 있는데 주로 미각 자체가 아니라 후각이나 시각을 교란해 우리의 입맛을 속인다(물론 합법적으로).

물론 대놓고 미각을 속이는 경우도 있는데, 대표적인 예가 MSG 첨가다. 아미노산인 글루탐산의 염인 MSG는 감칠맛이 난다. 감칠맛은 음식물에 단백질이 풍부하다는 정보인데 맹물에 MSG만 타도 고깃국물같다. 유명한 냉면집들이 뼈와 고기를 우린 게 아닌 MSG를 넣은 엉터리 육수를 사용해오다 적발됐다는 뉴스를 보면 착잡해지는 이유다.

인공감미료도 미각을 속이기는 마찬가지이지만 MSG와는 위상이 좀 다른 것 같다. '칼로리 제로' 콜라에서 보듯이 식품의 핵심 컨셉을 제공하며 당당하게 사기를 친다. 살찔까봐 단 게 먹고 싶어도 참고 있는 사람들에게 칼로리는 없이 단맛만 느끼게 해주니 얼마나 고마운 사기인가. 술자리 때마다 "오늘은 소주가 다네 달아!"라며 연신 소주잔을 들이키는 사람들 역시 그럴 수밖에. 소주에는 인공감미료가 들어있기 때문이다(천연감미료를 쓴 제품도 있다).

현재 콜라나 소주 같은 식품에 즐겨 쓰이는 인공감미료는 아스파탐aspartame이다. 아스파탐은 1981년부터 쓰인 아미노산 계열의 화합물로 같은 무게의 설탕보다 무려 200배나 더 달다. 보통 콜라 한 캔(200ml)에는 설탕 22그램이 들어있어 88칼로리나 되는데, 아스파탐 0.11그램만 넣으면 같은 효과를 내면서 칼로리는 제로이니 이보다 좋은 일이 또 있을까. 다만 아스파탐은 열안정성이 떨어져 가공이 많이 되는 식품에는 쓰기 어렵다.

최근 식품당국은 인공감미료의 대명사인 사카린saccharin에 대한 규제를 완화해 다양한 식품에 쓸 수 있게 허용한다고 발표했다. 1878년 합성된 사카린은 설탕보다 300배나 달아 많은 식품에 쓰이다가 1970년대 들어 동물실험(쥐)에서 방광암을 일으킨다는 결과가 알려지면서 퇴출됐다가 사람에서는 그렇지 않다는 사실이 밝혀지면서 다시 사용되기 시작했다.

우리나라의 경우도 1992년부터 젓갈, 김치, 절임식품을 제외하고는 사카린을 쓸 수 없게 규제를 해오다 2012년 소주와 막걸리, 껌 등 8개 식품에 쓸 수 있게 족쇄가 일부 풀렸고 이번에 더 넓은 범위로 확대된 것이다. 이제 사카린을 마음대로 쓸 수 있으니 그동안 건강 때문에 설탕을 피해야 해 음식의 단맛을 마음껏 즐기지 못했던 사람들에게 희소식이 아닐 수 없다.

그러나 아쉽게도 최근 수년 사이의 연구에 따르면 지속적으로 인공감미료로 단맛을 낸 음식을 먹을 때는 설탕으로 단맛을 내는 음식을 먹을 때 느껴지는 만족감(쾌감)에 결코 도달할 수 없다고 한다. 맛의 정보를 제공하는 미각을 멋지게 속였는데 왜 이런 일이 일어날까. 미각은 당했지만 뇌는 미각이 보내오는 정보가 가짜라는 사실을 알아차린 것일까. 놀랍게도 답은 "그렇다"이다. 도대체 뇌는 어떻게 인공감미료의 달콤함이 칼로리가 풍부한 음식이라는 정보가 아니라는 걸 알까.

단맛 못 느껴도 설탕물에서 보상회로 활성화돼

맛이 음식에 대한 정보의 전부가 아님을 보여주는 최초의 분명한 실험결과는 2008년 학술지 〈뉴런〉에 발표됐다. 미국 듀크대 연구자들은 단맛수용체 유전자가 고장나 단맛을 느끼지 못하는 생쥐를 대상으로 흥미로운 행동실험을 했다. 이런 쥐들은 정상 쥐들과는 달리 설탕물을 그냥 물보다 선호하지 않는다.

그러나 한쪽에는 그냥 물이 들어있는 병을, 다른 쪽에는 설탕물이 들어있는 병을 둔 뒤 며칠이 지나자 단맛을 느끼지 못하는 쥐도 설탕물을 더 많이 찾았다. 연구자들은 이 결과에 대해 장내에서 흡수된 설탕물의 설탕, 즉 영양분이 어떤 식으로든 뇌에 작용해 쥐의 행동에 영향을 줬다고 해석했다.

이 가설을 입증하기 위해 연구자들은 인공감미료 수크랄로스sucralose가 들어있는 가짜 설탕물을 준비해 같은 실험을 했다. 그 결과 며칠이 지나도 앞의 실험과 같은 선호도의 변화가 나타나지 않았다. 그렇다면 설탕은 어떻게 단맛을 느끼지 못하는 쥐의 행동에도 영향을 미칠까.

연구자들은 뇌의 보상회로를 이루고 있는 측좌핵nucleus accumbens의 도파민dopamine 분비량을 비교했다. 신경전달물질인 도파민은 우리가 쾌락을 느끼는데 중요한 역할을 한다. 무슨 심각한 일이 있지 않는 이상 한여름에 시원달콤한 팥빙수를 먹으면 기분이 좋기 마련인데, 이때 측좌핵에서 도파민이 왕창 나오기 때문이다.

도파민 수치를 분석한 결과 단맛을 느끼지 못하는 생쥐에서는 수크랄로스물이 도파민 분비를 유도하지 못했다. 그러나 설탕물은 도파민 수치를 크게 높였다. 그 결과 똑같은 맛의 물임에도 왠지 한쪽 병에 있는 물(설탕물)에 더 끌렸을 것이다. 이 결과가 사람에서도 적용된다면 우리는 맛뿐 아니라 영양을 통해서도 설탕의 정보를 얻을 수 있다는 말이다.

하지만 실험에서 정상 생쥐는 설탕물이나 수크랄로스물 모두에서 도파민 수치가 올라갔다. 수크랄로스는 칼로리는 없지만 달콤하기 때문에 도파민이 분비된 것. 이는 음식에 대한 쾌락반응에서 맛의 정보나 영양정보 둘 중에 하나만 있어도 된다는 얘기가 아닐까.

2012년 학술지 〈시냅스〉에는 보다 정교한 실험으로 이런 의문에 대한 답을 제시한 논문이 실렸다. 미국 일리노이대의 연구자들은 설탕을 배합한 사료와 인공감미료인 사카린을 배합한 사료를 준비했다. 각각 은 서로 다른 향(포도와 바나나)이 나 쥐가 구분할 수 있다. 처음에는 두 사료에 대한 선호도 차이가 없었지만 며칠이 지나자 쥐들은 설탕이 들어있는 사료를 선호했다(20알 대 7.5알). 측좌핵의 도파민 수치를 측정한 결과 역시 설탕이 들어있는 사료를 먹었을 때 더 높았다. 즉 장기적으로 가짜 설탕에 노출될 경우에는 정상 쥐도 도파민 분비가 떨어지면서 덜 찾게 된다는 것.

그러나 이런 결과는 다른 식으로 해석할 수도 있다. 즉 인공감미료는 설탕보다 맛이 떨어지기 때문에 선호도가 상대적으로 낮다는 것. 실제로 사카린은 단맛뿐 아니라 약간 쓴맛도 느껴지기 때문에 많이 쓰기가 어렵다. 그러나 같은 해 학술지 〈커런트 바이올로지〉에는 이런 해석을 정면으로 반박하는 연구결과가 실렸다.

맛있지만 영양없는 먹이 vs. 맛없지만 영양있는 먹이

연구자들은 초파리를 대상으로 교묘한 실험을 구상했다. 즉 한쪽은 단맛이 나지만 소화가 되지 않아 칼로리는 없는 당인 아라비노스arabinose가 들어있는 먹이가, 다른 쪽은 단맛은 없지만 소화가 돼 칼로리가 있는 당알코올인 소르비톨sorbitol이 들어있는 먹이를 준비했다. 예상대로 초파리는 아라비노스가 있는 먹이를 선호했다. 그러나 이 먹이만 먹고는 살 수가 없다. 놀랍게도 얼마 지나지 않아 초파리들은 소르비톨이 들어있는, 아무 맛도 없는 먹이를 먹기 시작했다. 비록 맛은 없지만 먹으면 '힘이 난다'는 걸 몸이 깨닫고 행동을 변화시킨 셈이다.

한편 각 먹이에 특정 냄새를 연결지은 뒤 기억력 테스트를 한 결과 초파리들은 소르비톨이 들어있는 먹이의 냄새를 훨씬 빨리, 오래 기억했다. 즉 영양분이 있다는 피드백을 받아야만 먹이의 냄새에 대한 기억

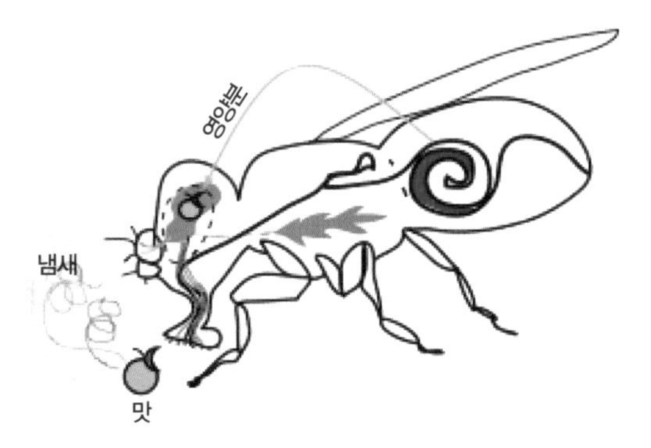

• 음식에 대한 선호도를 갖게 되는 데는 맛이나 냄새 같은 감각정보만으로는 부족하고 영양정보도 있어야 한다는 연구결과들이 최근 수년 사이 발표됐다. 초파리 실험 결과 먹이의 냄새에 대한 기억력은 먹이에 칼로리가 있는가 여부에 따라 큰 차이가 난다는 사실이 밝혀졌다. (제공 <커런트 바이올로지>)

도 공고해지는 것이다. 연구자들은 칼로리가 있는 진짜 당분을 섭취할 때만 혈당수치가 올라가고(당연한 결과이겠지만) 뇌가 이를 감지해 쾌락반응을 일으키고 기억력도 높인다고 해석했다.

위의 동물실험 같은 엄격한 상황을 사람들의 일상생활에 적용할 수 없기 때문에 사카린 같은 인공감미료가 설탕을 결코 대신할 수 없다는 결론을 내리기는 아직 섣부르다고 봐야 할까. 놀랍게도 식품회사들은 이미 인공감미료로는 역부족이라는 사실을 알고 있는 듯하다. 인공감미료가 들어있는 식품은 단기간은 소비자에게 '먹힐지' 모르지만 장기적으로는 외면을 받게 될 거라는 말이다.

실제로 다이어트에 대한 대중의 관심이 굉장히 높음에도 불구하고 인공감미료를 써서 칼로리를 낮춘 제품이 그렇게 많지 않은 게 현실이다. 다만 '칼로리 제로'를 컨셉으로 하는 다이어트 콜라 같은 제품은 나름 입지를 구축하고 있다. 그러나 2012년 학술지 〈유럽신경과학저널〉에 실린 한 논문에 따르면 이런 제품의 성공비결은 따로 있는 듯하다. 즉 대체로 이런 음료에는 카페인이 진짜 설탕이 들어있는 음료보다 더 많이 들어있다고 한다. 즉 음료를 마셨을 때 보상회로를 활성화하는, 즉 쾌락반응을 일으키는 역할을 보통 음료에서는 설탕이 한다면 이런 음료에서는 카페인이 대신하는 셈이다.

• 설탕 대신 인공감미료를 써 달콤하면서도 칼로리는 제로인 다이어트 음료가 시중에 나와있다. 맛 정보와 영양 정보의 괴리에도 불구하고 소비자들이 지속적으로 찾게 되는 건 이런 제품에서는 설탕 대신 카페인이 보상회로를 활성화하기 때문이다. (제공 강석기)

비만과 당뇨 등 성인질환이 만연한 상태에서 칼로리는 낮고 당도는 높은 '건강한 단맛'을 주는 스테비아stevia 같은 천연대체감미료를 쓰면 좋겠지만 워낙 비싸기 때문에 사카린 같은 인공감미료가 꽤 유용할 것이다. 그러나 인공감미료 자체의 유해성 여부는 둘째 치고라도, 우리 몸이 섭취한 음식에 대한 정보를 어떻게 얻는가에 대한 메커니즘이 아직 제대로 밝혀지지 않은 상황에서 인공감미료를 지나치게 써 감각 정보와 영양 정보의 괴리를 만성화시킨다면 뜻하지 않은 부작용이 생길 수도 있지 않을까. 사기도 적당히 쳐야 당하는 입장에서 충격이 덜하기 때문이다.

참고문헌

Andrews, Z. B. & Horvath, T. L. *Neuron* 57, 806 (2008)
McCutcheon, J. E. et al. *Synapse* 66, 346 (2012)
Wright, G. A. *Current Biology* 21, R301 (2012)
Beeler, J. A. et al. *European Journal of Neuroscience* 36, 2533 (2012)

3-4

사과 다이어트 효과는 프리바이오틱스 작용 때문

• 사과의 다이어트 효과는 장내미생물 조성에 영향을 준 결과임을 시사하는 연구결과가 나왔다. 반들반들한 껍질과 특유의 신맛과 향을 지닌 '홍옥'은 일제시대부터 1970년대까지 국내 사과시장을 대표하는 품종이었다. 지금은 명맥만 남아 가을철 잠깐 볼 수 있다. (제공 강석기)

며칠 전 길을 가다 과일가게에서 반가운 과일을 만났다. 머리숱이 없는 필자의 앞머리처럼 껍질이 반들반들한 사과 '홍옥紅玉'이다. 젊은 사람들은 홍옥이라는 이름을 처음 들어봤을 수도 있겠지만 필자가 어렸을 때만 해도 홍옥과 국광이 대표적인 사과였다. 그런데 후지(부사)라는 품종이 등장하면서 사과 시장을 석권했다. 지금은 홍로 같은 다른 품종도 나와 접전을 벌이고 있다. 물이 많던 국광은 자취를 감췄지만 그래도 홍옥은 구월 중하순에 등장해 한 달 남짓 시장에서 볼 수 있다.

새빨갛다 못해 검은 기운까지 느껴지는 반들반들한 껍질이 먹음직스러운 홍옥이지만 막상 한 입 베어 물면 굉장히 시고(향기조차 새콤하다) 상대적으로 단맛이 덜 하다. 따라서 후지나 홍로처럼 시지 않고 단 사과에 익숙한 요즘 사람들에게는 홍옥이 인기가 없는 것 같다. 필자 집에서도 필자만 홍옥을 먹는다. 그렇다고 필자가 유별난 사람은 아닐 것이다. 소수이기는 하지만 찾는 사람이 있으니 매년 가을 잠깐이나마 홍옥을 시장에서 볼 수 있는 것 아닐까.

'하루 사과 하나면 의사를 멀리 한다'는 영국 속담도 있듯이 사과는 건강을 상징하는 과일이다. 유기산과 비타민C, 폴리페놀, 펙틴을 비롯한 식이섬유까지 몸에 좋다는 성분이 조금씩 다 들어있다. 사과의 여러 이점 가운데 하나로 다이어트 효과도 있다. 사과는 물이 85% 정도인데다 소화가 안 되는 식이섬유가 많아 같은 무게의 다른 식품보다 칼로리가 낮다. 따라서 포만감은 주면서도 살이 안 찐다는 것. 아울러 식이섬유가 변비를 완화하는 부수적인 효과도 있단다.

이런 장점에도 불구하고 우리나라 사람들의 1인당 사과 소비량은 감소추세라고 한다. 사람들이 먹고살 만해지면서 과일소비량이 늘어 사과도 1995년 1인당 연간 15.9킬로그램으로 정점을 찍었지만, 그 뒤 시장개방으로 다양한 과일을 접하게 되면서 7.6킬로그램(2012년)까지 줄어들었다고 한다. 사과 하나를 200그램이라고 치면 우리나라 사람들은 하루 하나는 고사하고 일주일에 하나도 안 먹는 셈이다.

식이섬유 풍부해 장 건강에 좋아

학술지 〈식품화학〉 2014년 10월 15일자에는 사과의 다이어트 효과를 다른 관점에서 조명한 논문이 실렸다. 즉 포만감 대비 칼로리가 낮은 게 이유라는 기존 열역학적 관점이 아니라 장내미생물의 조성에 영향을 주는 프리바이오틱스prebiotics 역할에 주목한 것. 프리바이오틱스는 장내유익균의 먹이가 되는 성분을 말한다.

필자는 몰랐지만 사실 사과가 프리바이오틱스로 작용한다는 연구결과는 이미 2010년 학술지 〈혐기성미생물Anaerobe〉에 발표됐다. 즉 2주 동안 매일 사과 두 알씩 먹게 했을 때 비피도박테리아와 락토바실러스 등 유익균이 늘어났다는 것. 또 대변 속의 암모니아와 황화합물의 농도는 줄어들었다. 즉 똥냄새가 순해졌다는 말이다. 당시 연구자들은 사과 식이섬유의 하나인 펙틴pectin이 이런 변화에 중요한 역할을 했을 거라고 주장했다.

이번 연구에서 미국 워싱턴주립대 지울리아나 노라토Giuliana Noratto 교수팀은 위의 관점을 확대한 실험을 진행했다. 즉 사과가 대장에 있는 장내미생물에 영향을 미친다면 이는 위나 소장에서 소화가 되지 않아 대장까지 온전하게 도달한 성분이 역할을 할 가능성이 크기 때문이다. 즉 식이섬유와 함께 항산화 기능으로 잘 알려진 페놀류(발암물질 페놀이 아니라 폴리페놀 같은 성분)를 포함해 알아보기로 했다.

연구자들은 본격적인 실험에 앞서 먼저 사과 품종별로 성분 함량을 조사했다. 즉 미국 태평양 연안 시장에 나와 있는 일곱 가지 품종을 분석해 그 가운데 소화가 안 되는 성분을 가장 많이 함유한 사과를 대상

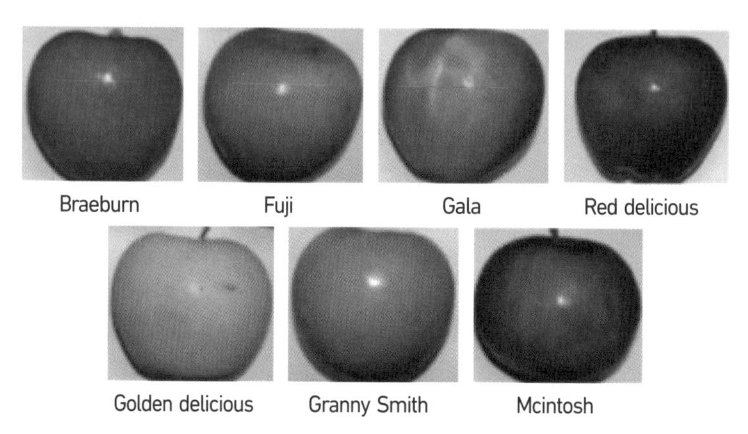

• 본격적인 실험에 앞서 성분 분석을 한 일곱 가지 품종. 연구자들은 이 가운데 식이섬유 등의 함유량이 가장 높은 그래니 스미스를 선택했다. (제공 <Food Chemistry>)

으로 다음 실험을 진행했다. 후지 말고는 다들 낯선 이름이지만 아무튼 분석 결과 '그래니 스미스Granny Smith'라는 품종이 1등으로 나왔다.

연구자들은 간접적인 방식으로 사과에서 소화가 안 되는 성분의 프리바이오틱스 기능을 알아봤다. 즉 날씬한 쥐와 뚱뚱한 쥐의 대변을 얻은 뒤 이를 배양해서 장내미생물의 조성을 분석한 것. 쥐는 물론 사람에서도 살찐 정도와 장내미생물 조성 사이에 상관관계가 있다는 것은 이미 알려져 있는 사실이다.

따라서 연구자들은 날씬한 쥐와 뚱뚱한 쥐의 대변을 배양했을 때 장내미생물 조성이 다를 것으로 추측했다. 그리고 소화 처리를 한 사과 추출물(위와 소장을 통과한 상태에 해당)이 장내미생물 조성에 미치는 영향을 보기 위해 뚱뚱한 쥐 대변을 배양할 때 사과 추출물을 각각 1%와 2%를 첨가하고 24시간 뒤 여러 미생물의 게놈을 한꺼번에 분석해 장내미생물의 조성을 비교했다.

실험 결과 뚱뚱한 쥐 대변 배양액과 날씬한 쥐 대변 배양액의 장내미생물 조성은 차이가 있었다. 한편 뚱뚱한 쥐 대변을 사과 추출물을 포함한 배양액에 배양했을 때 장내미생물 조성이 날씬한 쥐 대변 배양액에 더 가까운 것으로 나타났다. 즉 배양액에 사과추출물을 더할 경우 어떤 미생물은 더 잘 자라게 하고 어떤 미생물은 생장을 억제하는데 그 결과가 날씬한 쥐 대변의 미생물 조성과 비슷해지는 것.

예를 들어 날씬한 쥐나 사람에서 많이 존재하는 것으로 알려진 비피도박테리아나 엔테로코쿠스, 대장균(무해한 균주)의 비율이 늘어났다. 연구자들은 "위와 소장에서 소화되지 않은 사과의 식이섬유와 페놀화합물이 비만으로 교란된 장내미생물의 균형을 찾게 해 대사질환을 예방하는 데 도움이 될 것"이라고 주장했다.

일곱 가지 품종 가운데 식이섬유가 가장 적은(물론 큰 차이는 아니지만) 후지가 주류인 우리나라에서도 품종별로 성분을 조사해 위와 같은 실험을 해본다면 재미있을 거라는 생각이 들었다. 왠지 신맛이 강하고 단맛이 덜한 홍옥이 후지보다 수치가 더 양호할 것 같다. 문득 '일본 품종(후지)이 우리나라 사과들(홍옥, 국광)을 몰아낸 것 아닌가' 하는 생각이 들었다. 그런데 홍옥이나 국광國光이라는 이름이 일본풍인 것 같기도 하다. 그렇다면 일본 품종끼리의 경쟁이었나?

동네 도서관에 가보니 경북대 농업경제학과 이호철 교수의 『한국 능금의 역사, 그 기원과 발전』이라는 책이 있어 읽어보니 꽤 흥미로웠다. 필자의 추측에 대해 결론부터 말하면 둘 다 아니었다. 다만 홍옥과 국광이 일본 이름인 건 맞다. 즉 후지의 한자(富士)를 우리말로 음역해 부사라고 부르는 것과 마찬가지다.

홍옥과 국광 모두 일본이 아니라 서구에서 개발된 품종이다. 홍옥의 원래 이름은 '조나단Jonathan'으로 그 기원에 대해서는 다음의 설이 유력하다. 즉 레이첼 히글리Rachel Higley라는 여성이 미국 코네티컷주의 한 지역에서 사과씨를 모았는데 1804년 이를 심어 자란 나무에서 열린 사과가 독특한 풍미를 지녀 남편의 이름을 붙여 조나단이라고 불렀다는 것. 즉 홍옥은 자연적으로 나온 품종인 셈이다. 19세기 조나단이 일본으로 건너가 홍옥이라는 이름을 얻었고 20세기 초 한반도로 넘어온 것.

한편 국광 역시 원래 이름은 '랠스 제넷Ralls Genet'이고 역시 미국이 기원으로 18세기 후반으로 거슬러 올라간다. 프랑스인 에드몽 제넷Edmund Genet이 토머스 제퍼슨에게 묘목을 줬고 제퍼슨이 다시 버지니아주의 묘목업자 캘렙 랠스Caleb Ralls에게 건네 이를 심은 게 시초라는 것. 그리고 이 품종에 두 사람의 성을 따 랠스 제넷이라고 이름을 지었다.

흥미롭게도 후지는 국광과 레드 딜리셔스Red Delicious라는 품종을

• 능금으로 알려진 토종 사과(말루스 아시아티카, 사진)는 중국문헌에도 발해와 한반도가 원산지라고 나와 있다. 19세기 말 선교사를 통해 서양 품종(말루스 푸밀라)이 소개되고 20세기 들어 일본인들이 본격적으로 사과재배에 뛰어들면서 토종 사과는 시장에서 자취를 감추었다. 2014년 가을 필자는 제주도에 갔다가 한 집 마당에 있는 능금나무를 발견했다. (제공 강석기)

교배해 얻어진 품종이다. 1930년대 말 일본 아오모리현 후지사키의 농림수산성 과수시험장에서 만든 후지는 1962년 시장에 나왔고 그 뒤 승승장구해 현재 사과의 왕이 됐다. 레드 딜리셔스를 먹어보지는 않았지만 아마도 국광과 레드 딜리셔스의 장점만이 발현된 품종이 후지인 것 같다.

책을 보다 소위 '능금'이라고 부르는 토종 사과에 대한 부분을 읽고 좀 놀랐다. 책 제목에 우리가 익숙한 사과 대신 능금을 쓴 건 저자의 의도였다. 즉 원래 능금이 널리 쓰이는 용어였는데 1960년대를 지나며 역전이 돼 사과라는 이름이 쓰이고 능금은 우리 재래종을 지칭하는 말로 축소돼 굳어졌다는 것.

오늘날 우리가 먹고 있는 다양한 품종의 사과는 모두 '말루스 푸밀라*Malus pumilla*'라는 종이다. 이 식물의 원산지는 중앙아시아 카자흐스탄으로 추정되는데, 수천 년에 걸쳐 서쪽으로는 유럽, 동쪽으로는 중국과 한반도까지 퍼졌다. 그런데 동북아시아, 즉 만주지방과 한반도를 원산지로 하는 또 다른 사과 종이 있었으니 바로 '말루스 아시아티카*Malus asiatica*'다.

책에 따르면 중국인들은 말루스 아시아티카를 '林檎림금 → 능금'이라고 불렀고 말루스 푸밀라를 '柰내'라고 불렀다. 이렇게 한반도에는 두 가지 종의 사과가 있었지만 토종인 말루스 아시아티카가 더 흔했다. 그러다 중국에서 개량된, 빈과蘋果로 불리는 사과(말루스 푸밀라로 보임)가 17세기 후반 한반도에 소개되면서 숙종이 북악산 뒤 자하문 밖 일대에 심게 했고 다른 곳에서도 재배되기 시작했다. 구한말 자하문 밖 과수원에 봄이 오면 빈과나무 20만 그루에서 핀 사과꽃으로 장관을 이뤘다고 한다.

그런데 19세기 후반 서양선교사들이 서구의 개량 품종을 하나둘 들여오고 1905년 을사조약 이후 일본 농민들이 한반도에 본격적으로 진출하면서 서구에서 개량된 사과를 도입했다(홍옥과 국광이 대표적인 품종이다!). 그 결과 빈과와 토종 능금(말루스 아시아티카) 재배는 몰락의 길을 걷고 마침내 사라졌다고 한다. 필자가 추억에 잠겨 매년 가을이 오면 기다리던 홍옥, 아니 조나단이 한반도에 진출한 일본 제국주의의 선봉대로 토종 사과들이 사라지는데 일조했다니 아이러니가 아닐 수 없다.

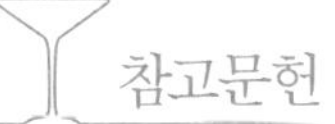

참고문헌

Condezo-Hoyos, L. et al. *Food Chemistry* 161, 208 (2014)
이호철. *한국 능금의 역사, 그 기원과 발전* (2002, 문학과지성사)

3-5

맥주에서 '소독약 냄새'가 난다고?

• (제공 shutterstock)

2014년 여름은 열대야도 며칠 안 됐고 예년에 비해 별로 덥지 않았다는데, 필자는 그래도 힘들었는지 이제 아침저녁으로 선선해지니 좀 살 것 같다. 물론 하나가 좋아지면 다른 하나는 희생해야 하는 법. 한 여름 밖에서 고생하다 집에 들어와 샤워를 하고 한 잔 들이키는 맥주의 맛을 가을이나 겨울에는 결코 느낄 수 없을 것이다.

필자는 지난 여름 에일 맥주를 즐겨 마셨다(저녁 반주로 반 캔 정도지만). 초여름 가게에 캔맥주를 사러갔다가 못 보던 맥주가 보여 호기심에 한 캔 챙겼는데 맛, 좀 더 엄밀히 말하면 향이 상당히 괜찮았다. 도대체 에일 맥주가 뭔가 호기심이 생겨 찾아보니 우리가 익숙한 맥주와는 효모의 종류가 다른 맥주였다.

우리가 흔히 먹는 맥주는 라거lager 계열로 독일에서 비롯됐는데, 효모가 뭉쳐 밑에 가라앉고 저온을 선호한다고 한다. 라거 맥주는 깨끗한 느낌의 맛이다. 반면 에일ale 계열은 영국 맥주인데, 효모가 위에 뜨고 약간 높은 온도가 발효의 최적 조건이라고 한다. 라거 맥주에 비해 시원한 맛은 덜하지만 향과 색이 짙어 풍미가 강한 편이다. 아무튼 필자는 라거보다는 에일이 입맛에 더 맞았다.

지질 산화돼 휘발성 지방알데히드 생성

그런데 2014년 여름 맥주와 관련해 특이한 뉴스가 있었다. 한 맥주에서 '소독약 냄새'가 난다는 소비자 불만이 나왔고 식품의약품안전처(이하 식약처)에서 제품을 수거해 조사한 결과 정말 문제가 있다는 사실이 드러난 것. 식약처는 8월 26일 발표에서 "소비자 신고 제품 23건과 유통 중인 제품 37건을 조사한 결과 일부 제품에서 T2N(트랜스-2-노네날)의 농도가 높았다"고 밝혔다.

T2N은 볼펜 잉크나 가죽 또는 마분지가 연상되는 냄새가 나는데, 110ppt(1ppt는 1조분의 1)가 넘을 경우 민감한 사람은 냄새를 감지한다고. 소비자 불만이 들어온 이 제품은 평균 수치가 134ppt였다. 반면 비교를 위해 함께 분석한 다른 제품들은 다 100ppt 미만이었다. 다행히

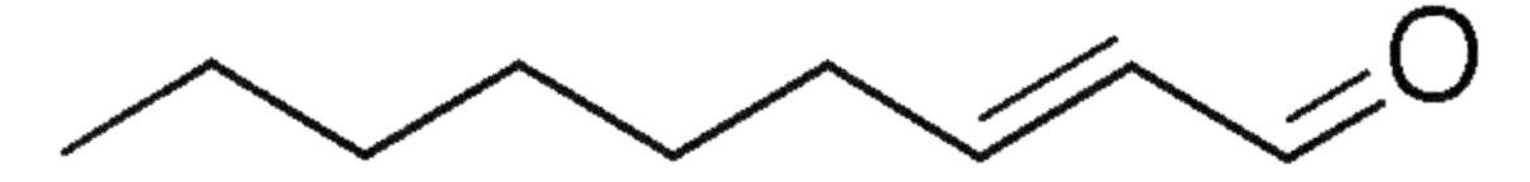

• 2014년 여름 화제가 된 '소독약 냄새' 맥주의 원인 물질 T2N의 분자 구조. 맥아액의 지질이 산화돼 만들어진다.

이 성분은 코가 민감한 사람들에게 다소 불쾌한 냄새를 느끼게 할 뿐 인체에는 무해하다고 한다. 식약처는 여름철 고온으로 맥주의 산화반응이 촉진돼 T2N이 많이 만들어진 것으로 추측했다.

사실 많은 사람들이 자신의 후각이 별로일 거라고 생각하지만 의외로 음식에서 나는 이취異臭에는 비염으로 코가 막힌 경우가 아닌 다음에야 다들 민감하다. 음식에서 이상한 냄새가 난다는 건 그 음식을 먹었을 때 문제가 생길 수 있음을 알려주는 정보이기 때문이다. 또 하나 흥미로운 현상은 미미한 냄새를 모르고 있다가도 어떤 계기로 한 번 맡게 되면 그 뒤로는 금방 감지한다는 것. 마치 숨은그림찾기에서 그림을 찾지 못했을 때는 전혀 눈치 채지 못했다가 한 번 보면 그 다음부터는 저절로 보이는 것과 비슷하다. 따라서 일단 맥주에서 이취를 느낀 사람은 아무리 무해하다는 걸 알고 있더라도 그 맥주를 즐기기는 어려울 것이다.

술 가운데는 맥주나 와인처럼 발효를 한 뒤 먹는 발효주 계열이 있고 소주나 위스키처럼 발효한 뒤 다시 증류하는 과정을 거친 증류주가 있다. 인류가 굳이 번거롭게 증류주를 만들게 된 건 그만큼 발효주가 보관성이 떨어지기 때문이다. 즉 한여름 더위나 미생물 감염 등 외부요인으로 아까운 술을 못 먹게 되는 일이 반복되다보니 해결책을 찾게 된 것이다. 증류를 통해 물 반 알코올 반인 술을 얻게 되면서 인류의 술 문화는 새로운 전기를 맞게 됐다.

맥주는 다른 술에 비해 단백질과 지방 등 영양 성분이 풍부하게 들어있는 상태이기 때문에 빛이나 산화 같은 외부변수에 취약하다. 맥아즙에 들어있는 지질이 산화되며 분자 중간이 끊어져 만들어지는 T2N의 경우 장기간 저장해도 냄새를 맡는 역치인 110ppt를 넘지는 않는다고 알려져 있는데 이번 사건의 경우 어떤 연유에서인지 평소 때보다 좀 더 만들어진 것 같다. T2N 이외에도 3-메틸부타날이나 메티오날 등의 냄새성분이 늘어나면 들쩍지근한 냄새가 난다고 한다. 이런 현상을 막기 위해서는 병 안으로 산소가 들어가지 않게 하는 게 중요한데, 산소농도가 1ppm(100만분의 1)이 넘지 않아야 한다.

와인을 돌리기 전에 시음을 하는 이유

레스토랑에서 와인 한 병을 시키면 종업원이 잔에 약간 따른 뒤 손님 가운데 한 사람이 시음을 해보게 한다. 그리고 "괜찮다"는 동의를 얻고 나서야 본격적으로 잔에 따르기 시작한다. 이런 모습이 어색하게 느껴지는 사람들은 종업원에게 그냥 따르라고 하기도 하지만 사실 이런 관행은 문제가 있는 와인이 꽤 있기 때문에 생긴 게 아닐까.

보졸레누보 같은 와인을 빼면 보통 와인은 병입한 뒤에도 1~2년은 지나야 식탁에 오르고 고가일수록 숙성 기간은 더 길어지는 경향이 있다. 그러다보니 오히려 고가 와인에서 변질 문제가 생길 가능성이 더 높다. 이처럼 맛이 간 와인의 상태를 보통 '코르키corky'라고 부르는데, 꼭 그런 건 아니지만 대부분 와인병을 막는 코르크에서 문제가 비롯되기 때문이다.

즉 코르크에 묻어있는 곰팡이 포자가 활동하면서 2,4,6-트리클로로아니솔(TCA)이라는 휘발성 분자를 만들어내는데 이게 포도주를 오염시키면 특유의 냄새가 난다. 사람에 따라 '곰팡이가 핀 신문'이나 '비 맞은 개', '젖은 천'이 연상된다고 묘사한다고 한다. '장미꽃과 산딸기 향기'

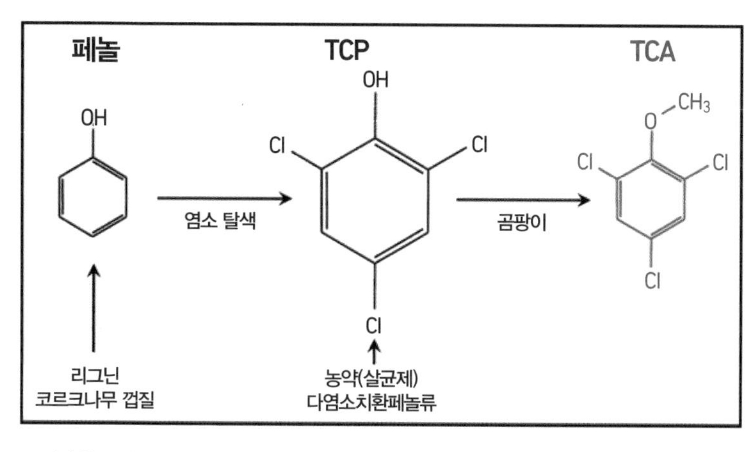

• 장마철 곰팡이가 핀 신문지 냄새가 연상되는 코르키 와인의 원인 물질인 TCA의 분자 구조(오른쪽). 코르크 마개를 염소 표백할 때 만들어지거나 살균제에 있는 TCP(가운데)를 곰팡이가 변형하면서 만들어진다.

를 기대하고 와인잔에 코를 갖다 댔는데 이런 냄새가 나면 그날 식사는 엉망이 될 것이다. TCA의 역치는 4~6ppt로 극소량만으로도 냄새가 감지된다. 다행히 T2N과 마찬가지로 몸에는 무해하다.

그렇다면 코르키 와인의 비율은 얼마나 될까. 조사에 따라 결과가 들쑥날쑥한데 2% 미만에서 많게는 5%가 넘게 나온 적도 있다. 흥미롭게도 코르키 와인의 비율이 가장 높은 시기는 1980년대였고 지금은 많이 줄어들었다고 한다. 이런 현상은 TCA가 만들어지는 과정을 보면 수긍이 간다.

즉 TCA는 곰팡이가 주로 2,4,6-트리클로로페놀(TCP)에서 만드는데, TCP는 살균제다. 즉 곰팡이는 몸에 들어온 독소 TCP를 자신에게 무해한 화합물인 TCA로 바꾸는 것이다(TCP의 수산기(−OH)가 메톡시기(−OCH_3)로 바뀐 것이 TCA다). 따라서 살균제의 사용이 늘어나면서 코르키 와인의 비율도 늘어났던 것. 한편 코르크나무 껍질을 채취해 코르크 마개를 만들기 전 염소로 탈색을 하는데, 이 과정도 TCA가 만들어지는 원인 가운데 하나로 밝혀졌다. 즉 염소가 코르크의 세포벽 성분인 리그닌의 페놀과 반응해 TCP가 만들어지고 곰팡이가 이를 해독하는 과정에서 TCA가 만들어지는 것.

이런 현상을 알게 된 와인 업계는 물론 대책을 강구했다. 즉 코르크를 탈색할 때 염소계 화합물 대신 과산화수소 표백을 이용하고 있다. 그리고 코르크 마개를 철저히 살균하고 있다. 최근에는 아예 코르크를 쓰지 않는 와인도 늘고 있다. 즉 플라스틱제 마개로 막거나 소주병처럼 금속으로 된 병뚜껑을 돌려 따는 형태다.

필자도 수년 전 한 자리에서 코르키 와인을 맛본 경험이 있는데(물론 눈치 채지 못하고 지나친 경우도 있었을지 모른다), 상태가 좀 심해서 와인에 문제가 있다는 걸 금방 알아차릴 수 있었다. 그럼에도 와인은 코르크 마개가 있는 병에 담겨 있어야 제 맛이라는 생각이다. 어쩌다 한 번(1% 내외) 코르키 와인이 걸려도 이게 또 얘깃거리가 될 수 있을 테니까.

참고문헌

Robinson, J. *The Oxford Companion to Wine* (Oxford University Press, 1994) p a r t

4

인류학/고생물학

4-1

고古게놈학 30년, 인류의 역사를 다시 쓰다

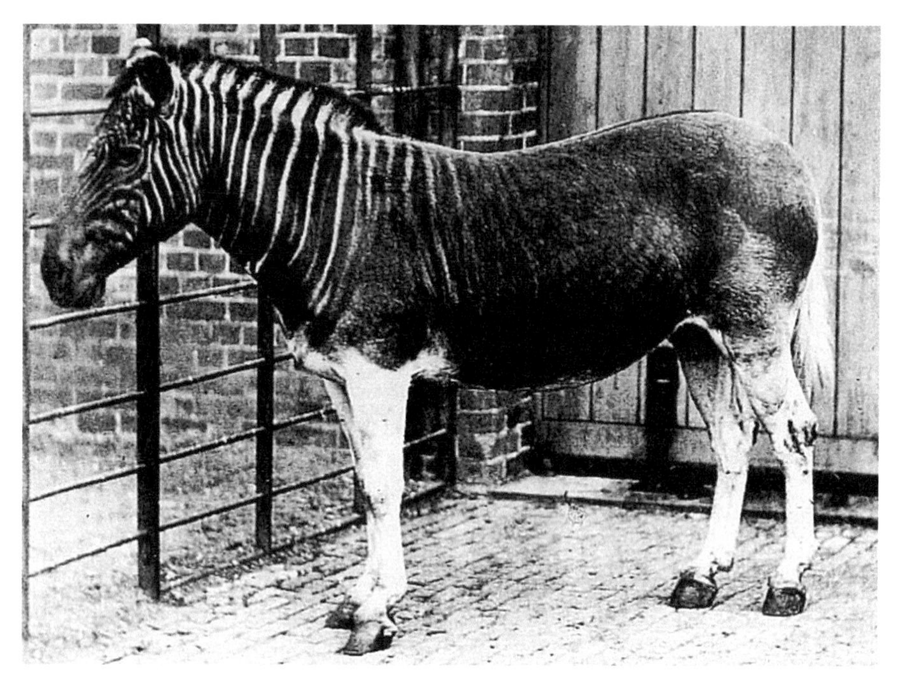

• 1883년 멸종한 콰가는 얼룩말과 말을 섞은 듯한 모습을 하고 있다. 1984년 콰가의 미토콘드리아 게놈 일부가 해독돼 이 동물이 얼룩말에 더 가깝다는 사실이 밝혀졌다. 이 논문은 고게놈학 시대를 연 것으로 평가되고 있다. 1870년 런던동물원에 있던 암콰가. (제공 위키피디아)

지난 2012년 8월호 〈과학동아〉에 말馬을 주제로 한 기획기사를 준비하면서 아주 흥미로운 동물을 알게 됐다. 콰가quagga라는 멸종된 말인데, 생긴 게 정말 특이하다. 머리에서 어깨까지는 얼룩말이고 그 뒤는 말 또는 당나귀처럼 보이기 때문이다. 옆의 사진은 1870년 런던동물원에 있던 암콰가로 절대 합성사진이 아니다! 한때 남아프리카 일대를 누비던 콰가는 그러나 아쉽게도 1883년 마지막 개체가 죽으면서 지구상에서 완전히 사라졌다.

1984년 11월 15일자 학술지 〈네이처〉에는 당시로서는 정말 놀라운 연구결과가 실렸다. 미국 버클리 캘리포니아대 생화학과의 앨런 윌슨 Allan Wilson 교수팀이 박물관에 전시돼 있는 콰가 박제의 말라비틀어진 근육조직 일부를 떼어낸 뒤 DNA를 추출해 미토콘드리아 게놈 일부의 염기서열을 분석하는데 성공한 것. 이들은 불과 229개 염기를 알아냈지만 이를 토대로 콰가가 말보다 얼룩말에 가깝다는 결론을 얻었다. 같은 부분의 염기서열을 비교한 결과였다. DNA염기서열분석법이 개발된 게 1970년대 중반이니 10년도 안 된 기술을 멸종된 생물에 적용해 얻은 쾌거였다. 2014년은 고게놈학palaeogenomics 탄생 30주년이 되는 해다.

2010년은 고인류학 기적의 해

학술지 〈네이처〉 2014년 3월 27일자에는 이를 계기로 기사가 한 편 실렸는데 제목이 '우리 가족 안의 네안데르탈인The Neanderthal in the family'이다. 지난 30년 고게놈학 역사에서 가장 큰 성과를 거둔 분야가 고인류학이고 그 가운데서도 네안데르탈인과 현생인류의 관계를 밝힌 것임을 짐작할 수 있다.

물리학 분야에서는 1905년을 '기적의 해'라고 부른다. 스위스 특허국 말단직원인 26세 청년 알베르트 아인슈타인은 이 한해 동안 광전효과와 브라운운동, 특수상대성이론에 대한 논문 세 편을 연달아 발표했다. 모두 현대물리학의 정립에 결정적인 역할을 한 논문들이다.

같은 맥락에서 2010년은 '고인류학 기적의 해'가 아닐까. 물론 1997년 네안데르탈인의 미토콘드리아 게놈이 해독되면서 센세이션이 있었지만 2010년은 차원이 달랐다. 즉 이해 4월 8일자 〈네이처〉에는 시베리아 데니소바 동굴에서 발굴한 약 4만 년 전 손가락 뼈 하나에서 추출한 DNA에서 미토콘드리아 게놈을 해독한 결과, 이 뼈가 현생인류도 네안데르탈인도 아닌 새로운 인류의 화석이라는 사실을 보고한 논문이 실렸다.

5월 7일자 〈사이언스〉에는 네안데르탈인의 핵 게놈을 해독했다는 쇼킹한 논문이 실렸다. 불과 1만 6,000여 염기쌍인 미토콘드리아 게놈과는 차원이 다른 얘기다. 데이터 품질은 좋지 않았지만 30억 염기쌍에서 상당 부분(약 60%)을 해독한 데이터를 현생인류의 게놈과 비교한 결과 아프리카를 제외한 지역에 사는 사람들의 경우 네안데르탈인의 피가 섞였다는 놀라운 사실이 밝혀졌다.

12월 23일자 〈네이처〉에는 데니소바인의 핵 게놈을 해독했다는 연구결과가 발표되면서 이해 끝까지 사람들을 놀라게 했다. 게놈 비교 결과 데니소바인은 현생인류보다는 네안데르탈인에 더 가까운 것으로 나왔다. 그런데 누구도 예상하지 못한 결과가 있었으니 바로 오세아니아 원주민들에게서 데니소바인의 피가 5% 정도 흐른다는 사실이 밝혀진 것.

그 뒤 2012년 고품질의 데니소바인 게놈이 해독됐고 2014년 1월 2일자 〈네이처〉에는 고품질의 네안데르탈인 게놈을 해독했다는 논문이 실렸다. 또 1월 16일자 〈네이처〉에는 스페인 시마 데 로스 우에소스에서 발굴한 40만 년 전 인류의 뼈에서 추출한 DNA에서 미토콘드리아 게놈을 해독했다는 논문이 실렸다. 비교 결과 네안데르탈인보다는 데니소바인에 더 가까운 미지의 인류라는 사실이 밝혀져 놀라움을 안겨줬다. 현재 연구자들은 이 인류의 핵 게놈을 해독하기 위해 노력하고

• 네안데르탈인과 데니소바인 게놈 해독을 이끈 독일 막스플랑크진화인류학연구소의 스반테 패보 박사. (제공 막스플랑크연구소)

있다고 한다.

놀랍게도 이 모든 성과를 독일 막스플랑크진화인류학연구소가 주도해 이뤄냈다. 그리고 이 연구를 이끄는 사람이 바로 이 연구소의 진화인류학부장인 스반테 패보Svante Pääbo 박사다. 패보 박사는 고인류학분야의 아인슈타인이라고 할 만하다.

얼마 전 〈네이처〉 서평란을 보다가 『Neanderthal Man』이라는 신간을 발견했다. 2010년 게놈 해독 이후 이런 책이 곧 나오리라고 생각하고 있었는데 예상보다 1, 2년 늦은 감이 있다. 무심코 저자를 보니 바로 스반테 패보 박사다. '이건 무조건 사야지!'

지난 주초 책이 와서 좀 읽다보니 생각보다 훨씬 재미있다. 마침 〈네이처〉에 고게놈학 30주년 기사도 나와 '명분'(과학카페에 소재로 쓸)도 생겨 금토 이틀간 완독했다. 250쪽 분량의 영어책을 이렇게 짧은 기간에 읽은 건 2013년 『The Philadelphia Chromosome』 이후 오랜만이다.[12] 『Neanderthal Man』의 내용을 토대로 스반테 패보 박사의 삶과 업적을 요약해본다.

지도교수 몰래 한 취미 연구에서 출발

패보 박사는 1955년 스웨덴 스톡홀름에서 에스토니아의 화학자 카린 패보Karin Pääbo가 낳았다. 그의 아버지는 놀랍게도 1982년 노벨생리의학상 수상자인 저명한 생화학자 수네 베리스트룀Sune Bergström. 그럼에도 그의 성이 모계를 따른 건 부모 두 사람이 결혼을 한 사이가 아니었기 때문이다. 베리스트룀은 독신으로 살다가 2004년 88세에 사망했다.

흥미로운 사실은 베리스트룀의 또 다른 사생아 역시도 1955년 태어

• 패보 박사는 2014년 출간한 저서 『Neanderthal Man』에서 멸종 인류의 게놈 해독에 성공한 30여 년에 걸친 연구여정을 드라마틱하게 서술했다. (제공 강석기)

12 이 책에 대해서는 『과학을 취하다 과학에 취하다』 43쪽 '필라델피아 염색체를 아십니까?' 참조.

났다는 것(물론 엄마가 다르다). 그 전 해에 그의 피가 꽤 뜨거웠나보다. 패보 박사는 유명한 아버지를 거의 보지 못했고 그래서 부정父情의 결핍이 평생 상처로 남았다고 쓰고 있다. 책 군데군데 나오는 그의 상상을 초월한(적어도 한국인의 정서로는) 사생활은 이런 출생의 배경도 한몫한 것으로 보인다.[13]

패보 박사는 열세 살 때 어머니와 이집트 여행을 다녀온 뒤 고대사에 매료됐다. 혼자 이집트 상형문자를 공부할 정도였다고. 훗날 그의 이집트학 취미는 연구에 큰 보탬이 된다. 웁살라대 의대에 들어간 패보는 아픈 사람을 고쳐주는 의사라는 직업에 무척 매력을 느꼈지만 학문에도 미련이 남아 당시 막 꽃피던 분야인 분자생물학을 연구하는 대학원 실험실의 문을 두드린다.

그는 핀란드인 이집트학 학자인 로스티슬라브 홀터Rostislav Holthoer와 친했는데, 하루는 그에게 자신의 연구 분야를 설명하다가 문득 '미라에서도 DNA를 추출해 분석할 수 있지 않을까?' 라는 생각이 떠오른다. 그는 당연히 그런 아이디어를 실현한 논문이 있을 거라고 생각했지만 문헌을 뒤져봐도 찾을 수 없었다. 결국 자신이 그 일을 해보기로 결심하고 1981년 여름 예비실험으로 지도교수 몰래 정육점에서 사온 소의 간을 오븐에 넣고 고온에서 건조시켜 '속성 미라'를 만든 뒤 DNA를 추출하는 실험을 했지만 DNA를 얻는 데는 실패했다. 건조 과정에서 파괴됐기 때문이다.

그럼에도 패보는 포기하지 않고 홀터의 소개를 통해 1983년 독일(당시 동독) 베를린국립미술관에 2주간 머무르며 마침내 2,400년 된 미라에서 시료를 얻었다. 그는 미라의 연골에서 DNA를 염색하는데 성공했다. 그는 이 연구결과를 1984년 동독에서 발행되는 독일어 학술지

13 265쪽에서 구체적인 사례를 볼 수 있다.

〈Das Alterrum고대〉에 발표했다. 패보는 미라 근육에서 DNA를 추출한 뒤 이 조각을 박테리아의 플라스미드(원형 DNA)에 집어넣는데 성공했다(이 과정을 '클로닝'이라고 부른다). 그리고 DNA염기서열을 일부 분석했다. 이렇게 한창 외도하고 있을 때 버클리대 앨런 윌슨 교수팀의 콰가 미토콘드리아 DNA 분석 논문(1984년 11월 15일자 〈네이처〉)이 발표된 것이다.

이 논문에 용기를 얻은 패보는 자신의 연구결과를 〈네이처〉에 보냈고(지도 교수는 자신은 금시초문인 제자의 연구에 대해 화를 내기는커녕 너그러이 패보 단독 저자로 보내라고 제안했다!), 논문은 이듬해 실렸다. 패보는 학위를 받은 뒤 박사후연구원으로 그에게는 반신demigod 같은 존재인 앨런 윌슨의 실험실에 가려고 시도하려던 차에 윌슨 교수의 서신을 받는다.

"패보 교수님께"로 시작하는 서신에서 윌슨은 안식년을 맞아 패보의 실험실에서 보내도 되겠느냐고 의향을 물어본 것. 패보 단독 저자 논문을 보고 그를 교수로 생각한 것. 깜짝 놀란 패보는 사실을 알리고 자신이 박사후연구원으로 가고 싶다고 썼다. 물론 윌슨은 흔쾌히 수락했고 패보는 윌슨 교수의 실험실에 수년간 머물며 많은 것을 배운다. 그 가운데 하나가 당시 막 개발된 중합효소연쇄반응PCR을 접한 것. PCR을 발명한 캐리 멀리스Kary Mullis가 윌슨 교수의 제자였기 때문이다.

외치의 미토콘드리아 게놈 해독

1990년 패보는 독일 뮌헨대의 동물학연구소에 자리를 잡았다. 이곳에서 그는 본격적으로 고생물의 게놈을 해독하는 연구를 시작한다. 동굴곰과 땅늘보, 매머드 같은 멸종동물의 미토콘드리아 게놈을 분석해 현생 유사 동물과의 계통분류학적인 관계를 규명한 연구결과를 내놓은 패보 교수팀은 이 과정에서 화석의 DNA를 추출하는 방법을 확립했다. 이제 패보 박사의 꿈인 고인류의 게놈을 분석할 토대가 구축된 것이다.

1993년 뜻하지 않은 곳에서 기회가 찾아왔다. 1991년 9월 등산객 두 사람이 스위스와 이탈리아 국경 만년설 지역에서 얼음에 박혀 있는 남자의 사체를 발견했다. 훗날 '외치Oetzi'라고 명명된 이 남자는 5,300년 전 청동기 시대 사람이었다. 패보 교수팀은 외치의 DNA분석을 의뢰받고 미토콘드리아 게놈을 해독했다. 외치의 게놈은 오늘날 유럽인과 별 차이가 없었다. 5,300년이면 불과 250세대 정도이므로 예상했던 결과였다.

이제 패보 박사의 관심은 네안데르탈인으로 넘어간다. 1996년 패보 박사는 운 좋게 독일 본박물관에서 네안데르Neander 계곡에서 발굴한 약 4만 년 전 네안데르탈인 뼈 화석의 일부를 건네받았다. 패보 박사팀은 여러 기술적 난관을 극복하고 마침내 미토콘드리아 게놈을 해독하

• 러시아 알타이산맥 데니소바 동굴에서 발굴한 인류(여자아이)의 손가락 뼈. 이 작은 뼈에서 얻은 불과 30밀리그램의 시료에서 추출한 DNA로 게놈을 해독했다. (제공 막스플랑크연구소)

는데 성공했다. 그 결과 네안데르탈인과 현생인류는 약 50만 년 전에 갈라졌고 그 뒤 다시 만났을 때는 이미 서로 다른 종이 돼 피가 섞이지 않았다는 결론에 이르렀다. 이는 당시 고인류학계의 주류가설인, 현생인류의 '아프리카 단일 기원설'에 부합하는 결과였다. 이 연구는 1997년 학술지 〈셀〉에 실렸다.

1998년 막스플랑크학회가 새로 만드는 진화인류학연구소에 스카웃된 패보는 네안데르탈인의 게놈을 해독하는 장대한 프로젝트를 구상한다. 미토콘드리아 게놈 해독과 핵 게놈 해독은 차원이 다른 얘기다. 미토콘드리아 게놈은 크기도 작을 뿐 아니라 세포 하나에 수백 카피가 존재하는 반면 핵 게놈은 엄청난 크기에 달랑 두 카피(한 쌍)이기 때문이다. 패보 교수는 운좋게 크로아티아에서 출토된 고품질의 네안데르탈인 뼈를 얻는데 성공했고 2003년 454라이프사이언시스가 개발한 차세대 염기서열분석기를 이용할 수 있었다. 당시 이 회사는 네안데르탈인의 게놈을 해독하는 비용으로 500만 달러(약 55억 원)를 제시했고 패보는 큰 기대를 안 하고 이를 막스플랑크학회에 알렸는데(500만이 든다고), 500만 유로(약 70억 원)로 승인이 났다고.

이런 전폭적인 지원을 바탕으로 2006년 '네안데르탈게놈프로젝트'가 시작됐고, 분석장비를 효율이 더 높은 일루미나의 새로운 컨셉의 게놈서열분석기로 바꾸는 해프닝 등 숱한 난관을 극복하고 마침내 2010년 네안데르탈인 게놈 해독에 성공한 것이다. 그리고 그 결과는 1997년 미토콘드리아 게놈의 결과와는 달리 네안데르탈인의 피가 현생인류에 섞여 있다는 내용이었다(유럽인과 아시아인에서 2% 내외).

시료 30밀리그램에서 게놈 정보 얻어

네안데르탈게놈프로젝트가 한창일 때 패보 박사는 러시아과학아

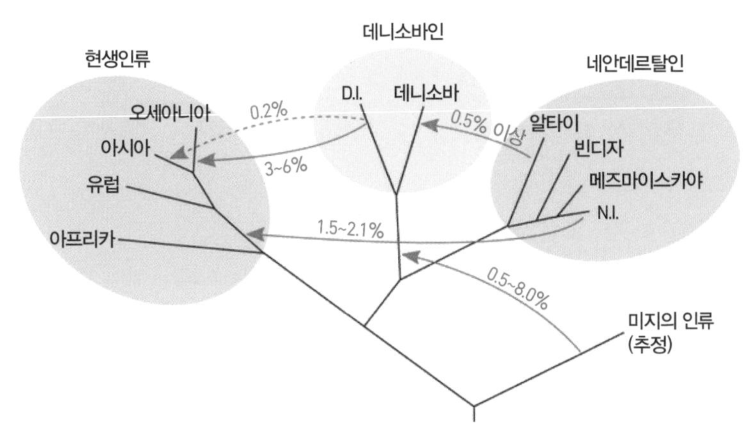

• 지난 수년간의 게놈 해독 결과를 바탕으로 구성한 인류의 관계도. 아프리카를 벗어난 현생인류에게 네안데르탈인의 피(N.I.)가 약간 섞였고(1.5~2.1%), 오세아니아 원주민들에게 데니소바인의 피(D.I.)가 3~6% 섞였다는 사실이 밝혀졌다. 또 데니소바인에게는 미지의 인류의 피가 0.5~8% 섞인 것으로 추정된다. 고게놈학이 없었다면 상상할 수도 없는 연구결과들이다. (제공 <네이처>)

카데미의 시베리아지회 회장인 저명한 고고학자 아나톨리 데레비안코Anatoly Derevianko로부터 쌀알 두 개 크기인 작은 뼈조각을 하나 받았다. 알타이산맥의 데니소바Denisova 동굴에서 발굴한 인류의 뼈(아마도 어린아이)였다. 2009년 12월 3일 미국의 한 학회에 참석 중인 패보 박사는 실험실 연구원의 전화를 받고 깜짝 놀랐다. 시료(불과 30밀리그램!)에서 DNA를 추출해 미토콘드리아의 게놈을 분석한 결과 현생인류도 네안데르탈인도 아닌 게놈서열이 나왔다는 연락을 받은 것.

패보 박사는 이 사실을 데레비안코에게 알렸고 러시아를 방문한다. 그리고 여기서 데니소바 동굴에서 발굴한 어금니를 건네받았다. 현생인류의 어금니보다 1.5배나 더 큰 이 어금니는 네안데르탈인의 어금니보다도 컸고 훗날 미토콘드리아 게놈을 분석한 결과 앞의 손가락 뼈와 불과 염기 두 개만 달라 같은 인류임이 확인됐다.

데니소바인 손가락 뼈에서 추출한 DNA는 패보 박사도 이해하지 못할 정도로 순도가 너무나 높아 바로 핵의 게놈을 분석하는 연구에 착수했고 2010년 〈네이처〉 마지막호에 그 결과를 발표할 수 있었다. 책의 본문은 이 지점에서 끝나고 세 쪽 분량의 추신에서 그 뒤 연구결과를 살짝 소개했다.

1981년 지도교수 몰래 정육점에서 사온 소 간으로 시작한 연구가 2000년 멸종한 인류의 게놈 해독으로 결실을 맺은 패보 박사의 스토리는 웬만한 소설보다 더 극적이었다. 패보 박사가 기초연구로 방향을 돌리지 않고 임상의로 남았다면 아직까지도 네안데르탈인의 게놈은 해독되지 않았을 거라는 생각이 문득 든다. 아래는 패보 박사가 책 말미에 쓴 소회다.

"내가 조국 스웨덴에서 대학원에 다닐 때 비밀 취미로 시작했던 연구가 30년 만에 과학소설 같은 프로젝트에서 결실을 맺었다."

참고문헌

Callaway, E. *Nature* 507, 414 (2014)
Gibbons, A. *Science* 328, 680 (2010)
Prüfer, K. et al. *Nature* 505, 43 (2014)
Pääbo, Svante. *Neanderthal Man* (Basic Books, 2014)

4-2

호모 하빌리스, 당신은 누구인가?

전통적으로 직립보행은 호미니드hominid를 말해주는 보증서였던 반면, 두뇌의 크기는 호모속屬 성원을 가려내는 표지였다. 그러다가 1964년 루이스 리키와 영국의 해부학자 존 네이피어, 남아프리카의 고인류학자 필립 토비어스, 이 세 사람이 1960년 올두바이에서 발견한 작은 두뇌의 화석에 호모 하빌리스라는 이름을 붙이면서 그 전통은 깨졌다.

— 앤 기번스, 『최초의 인류』

에티오피아, 케냐, 탄자니아

요즘 필자가 '인연'을 갖게 된 동아프리카의 세 나라다. 이 지역 사람들과 교류하는 건 아니고 커피 원두를 통해서다. 예전에는 커피하면 콜롬비아나 브라질 같은 중남미 나라들을 떠올렸지만, 핸드드립 카페를 좀 다니다보니 어느 순간 필자가 아프리카 원두를 좋아한다는 걸 알게 됐다. 중남미 원두는 균형은 잘 맞지만 왠지 싱겁다고 할까. 향이 풍부하고 맛도 강렬한 동아프리카 원두로 내린 커피라야 한 잔 제대로 마신 것 같다.

그런데 지난 주말을 지나며 이들 동아프리카 나라에 대한 관심이 불꽃처럼 확 달아올랐다. 말라리아가 무서워 아프리카 여행은 생각도 안 하고 있었는데, 이제는 가보는 걸 진지하게 고민하고 있다. 물론 며칠

사이 커피에 대한 흥미가 급증해 커피나무(코페아 아라비카)의 원산지(에티오피아)를 방문할 마음이 생긴 건 아니다. 토요일 아침 모처럼 직접 내린 커피를 홀짝이며 가벼운 마음으로 학술지 〈네이처〉 2014년 4월 3일자에 실린 한 기고문을 읽다가 '꽂힌' 것이다.

호모 에렉투스의 그늘에 가려

'손을 쓰는 사람'이라는 뜻의 고인류 호모 하빌리스*Homo habilis* 발표(〈네이처〉 1964년 4월 4일자에 실린 논문) 50주년을 맞아 미국 조지워싱턴대의 고인류학자 버나드 우드Bernard Wood 교수가 쓴 논평이다. 요즘 학생들은 어떻게 배우는지 모르겠지만, 필자가 중고교를 다니던 한 세대 전만 해도 호모 하빌리스, 호모 에렉투스*Homo erectus*, 호모 사피엔스*Homo sapiens*의 순서대로 호모속 인류의 진화를 배웠다.

그런데 지난 10여 년 동안 호모 하빌리스 얘기는 거의 들어보지 못했

• 두개골 화석을 바탕으로 만든 호모 하빌리스 상상도. 오스트랄로피테쿠스와 호모 에렉투스의 과도기적 형태를 보인다. 아직 호모 하빌리스의 몸통 화석이 발견되지 않았기 때문에 그 실체는 여전히 논란 중이다. (제공 위키피디아)

다. 대신 호모 에렉투스는 뜨거운 관심을 받았는데, 필자 역시 〈과학동아〉에 기사를 몇 편 쓰기도 했다. 먼저 2004년 〈네이처〉에 발표된 호모 플로레시엔시스*Homo florensiensis*로, 연구자들은 섬에 고립돼 극단적인 왜소화가 일어난 호모 에렉투스의 일족이라고 주장했다. 이 말이 사실이라면 현생인류와 100만 년도 더 이전에 갈라진 것으로 추정되는 인류가 불과 1만 3,000년 전에 살고 있었다는 이야기가 된다.[14]

다음으로 호모 에렉투스가 주목을 받은 건 미국 하버드대 영장류학자 리처드 랭엄Richard Wrangham 교수의 '요리 가설' 때문이다. 랭엄 교수는 요리가 없었다면 현생인류, 즉 호모 사피엔스는 존재하지 않았을 거라며, 최초로 '불을 제어하고 요리를 발명한' 인류인 호모 에렉투스를 한껏 치켜세웠다. 이에 깊은 감명을 받은 필자는 〈과학동아〉 2007년 12월호에 '인류 진화의 원동력, 요리'라는 제목의 특집을 기획했고, 라틴어를 아는 지인의 도움을 받아 '요리하는 인간'이라는 뜻의 호모 코쿠엔스*Homo coquens*라는, 학명 형식의 별칭을 짓기까지 했다. 여담이지만 2011년 EBS의 한 다큐에서 '요리하는 인류, 호모 코쿠엔스의 비극'이라는 제목을 쓰는 걸 보고 약간 놀란 기억이 난다. (우연의 일치일까 아니면 필자의 기사를 보고 원래 있는 용어라고 생각하고 쓴 걸까?)

한편 랭엄 교수는 2009년 저서 『Catching Fire』(2011년 『요리 본능』이란 제목으로 한글판이 나왔다)를 발간하며 언론의 집중조명을 받았고, 2010년 영국의 BBC는 이 책의 내용을 토대로 '요리가 우리를 인간으로 만들었는가'라는 제목의 다큐를 제작했다. 최근 KBS에서 방영한 다큐 '요리인류'도 이 책의 영향을 받았을 것이다.

아무튼 이런 상황이었기 때문에 우드 교수가 쓴 호모 하빌리스 50주년 이야기는 별 기대 없이 무심코 읽었는데 뜻밖에도 무척 흥미로웠다.

14 호모 플로레시엔시스에 대한 자세한 내용은 『과학을 취하다 과학에 취하다』 326쪽 '마이클 모우드, 호모 플로레시엔시스를 발견한 인류학자' 참조.

호모 하빌리스가 보고되고 2년이 지난 1966부터 현재까지 무려 48년 동안 호모 하빌리스를 연구했다는 우드 교수는 논평에서 지난 반세기의 역사를 명쾌하게 서술하면서 최근 발표된 두 가지 중요한 연구결과도 비중있게 소개했다. 그리고 끝에 조심스럽게 자신의 의견을 덧붙였는데, 놀랍게도 호모 하빌리스에서 호모라는 속명을 떼버려야 한다는 것. 이게 호모 하빌리스에 한 평생을 바친 사람이 할 소린가!

1960년 탄자니아에서 첫 화석 발견

글 맨 앞의 인용구처럼 호모 하빌리스는 태생부터 논란의 한 가운데 있었다. 1959년 아내 메리 리키Mary Leakey와 함께 탄자니아 올두바이에서 동아프리카 최초의 호미니드 화석을 발견해 일약 스타덤에 오른 케냐 태생의 영국 고생물학자 루이스 리키Louis Leakey는 여세를 몰아 깜짝 놀랄 발견을 이어갔다. 참고로 호미니드hominid는 인간과 침팬지의 공통조상에서 인간 쪽으로 갈라진 계열에 나타난 인류를 통칭하는 용어다. '진지Zinji'라는 애칭으로 불린 이 두개골은 180만 년 전 화석으로 밝혀졌는데, 훗날 파란트로푸스 보이세이*Paranthropus boisei*라는 학명을 얻게 되고 현생인류의 직계조상은 아닌 것으로 결론났다(당시 이미 호모속 인류가 살고 있었으므로).

루이스 리키는 고인류학계의 마피아라고 할 수 있는 리키 가문Leakey family의 시조로 집념과 추진력에서 타의 추종을 불허하는 인물이다. 153쪽의 표는 고인류학에 기여한 리키가 사람들의 관계도로 아내, 아들, 며느리, 손녀가 망라돼 있다. 1903년 케냐에서 태어난 루이스 리키는(부모가 선교사) 16살 때 영국으로 건너가 기숙학교 생활을 '버틴 뒤' 케임브리지대에 입학해 인류학과 고고학을 공부했다.

인류가 아시아에서 기원했고(1891년 외젠 뒤부아의 자바원인[호모 에렉

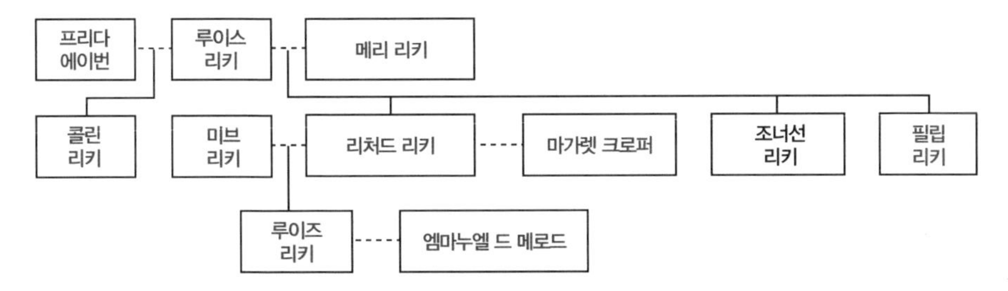

• <사이언스>의 고인류학 담당 기자 앤 기번스가 저서 『최초의 인류』에서 '리키와 호미니드 갱단'이라고 부를 정도로 고인류학 분야에서 리키 집안 사람들은 큰 기여를 했다. 호모 하빌리스와 관련해서도 1960년 조너선 리키가 첫 화석을 발견했고 1964년 아버지 루이스가 논문을 쓰며 호모 하빌리스라는 이름을 지었다. 1972년 리처드와 미브 부부는 호모 루돌펜시스를 발견했고, 2012년 미브와 딸 루이즈는 추가 화석 발굴을 통해 호모 루돌펜시스가 호모 하빌리스와 구별되는 종이라는 연구결과를 발표했다. (제공 위키피디아)

투스] 발견), 인류의 문화는 유럽에서 시작했다는 당시 주류 학설에 의문을 제기한 리키는 자신이 자랐던 동아프리카가 '인류의 요람'이라고 확신하고 주변의 만류를 뿌리치고 1926년 케냐로 떠났다. 참고로 1924년 남아프리카에서 레이먼드 다트가 오스트랄로피테쿠스 아프리카누스 두개골 화석('타웅 아이Taung Child'란 애칭으로 불림)을 발견해 이듬해 〈네이처〉에 보고했지만, 대다수 학자들이 어린 유인원으로 치부해 호미니드로 인정받지 못한 상태였다.

1929년 리키 탐사대는 마침내 케냐 카리안두시 협곡에서 주먹도끼를 찾았고(훗날 50만 년 전 것으로 밝혀짐), 이에 확신을 얻은 루이스는 이 석기를 사용한 인류의 흔적을 찾는 집요한 탐사를 계속했다. 그는 1931년부터 탄자니아 올두바이Olduvai 협곡을 집중적으로 뒤졌고, 마침내 1959년 7월 17일 아내 메리 리키가 호미니드의 두개골 화석, 즉 진지를 발견한 것. 이 화석은 석기가 발견된 같은 지층에서 나왔기 때문에 리키 부부는 이들이 석기를 만든 사람들이라고 생각했지만 학명에 차마 호모속을 달지는 못했다. 생긴 게 너무 달랐기 때문이다. 즉 진지는 뇌용량이 침팬지보다 약간 큰 500cc 정도로 현생인류의 3분의 1 수준인 반면 이빨은 무척 컸다(진지의 또 다른 별칭이 '호두 까는 사람 Nutcracker Man'이다).

그런데 이듬해 리키 부부의 장남인 조너선 리키Jonathan Leakey가 호미니드 어린아이의 머리뼈와 턱뼈 화석을 발견했다. 진지와는 다른 부류임을 한 눈에 알아본 리키 부부는 이들이 진짜 석기 제작자일지도 모른다고 직감하고, 진지를 분석하기 위해 체류하고 있던 남아프리카의 고인류학자 필립 토비아스Phillip Tobias에게 두개골 분석을 맡겼고[15], 손 해부 전문가인 존 네이피어Jhon Napier에게 함께 발견된 손목뼈와 손뼈를 조사해달라고 부탁했다.

뒤이어 어른 발뼈가 발굴됐고 3년 뒤 다른 두개골과 턱뼈도 추가로 나왔다. 네이피어는 손뼈의 구조가 현대인과 같다고 결론내렸고 발뼈를 조사한 런던대의 마이클 데이Michael Day도 같은 의견을 내놓았다. 토비아스 역시 상대적으로 큰 뇌와 작은 턱이 남아프리카에서 발견된 오스트랄로피테쿠스와는 확연히 다르다고 결론지었다.

몸통 화석 아직도 못 찾아

이런 결과를 요약하면서 이들을 새로운 호모속 인류, 즉 '호모 하빌리스'라고 명명한 논문이 1964년 4월 4일자 〈네이처〉에 실린 것이다. 리키 부부의 둘째 아들인 저명한 고인류학자 리처드 리키Richard Leakey는 1994년 출간한 저서 『인류의 기원』에서 호모 하빌리스의 특징을 이렇게 요약했다.

"두개골의 비교적 왜소한 모습은 이 개체가 지금까지 알려진 어떤 오

15 필립 토비아스의 삶과 업적에 대해서는 『사이언스 소믈리에』 287쪽 '필립 토비아스, 인종차별에 반대한 고인류학자' 참조.

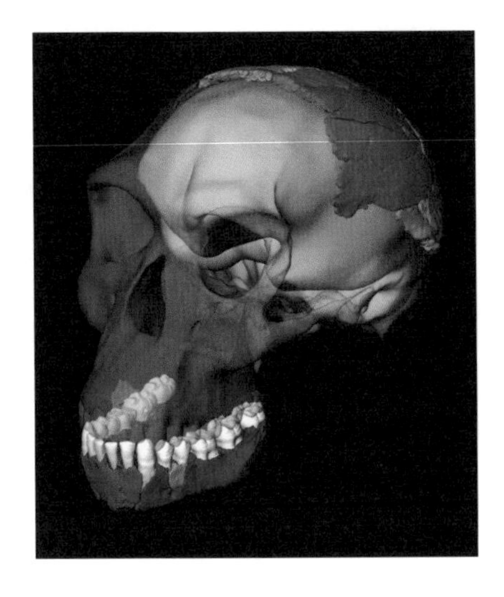

학술지 <네이처> 2015년 3월 5일자에는 1964년 <네이처>에 실린 논문에서 다룬 180만 년 전 호모 하빌리스의 머리뼈와 턱뼈 화석을 정밀하게 재조사한 연구결과가 실렸다. 그 결과 뇌용량은 더 커져 호모 에렉투스에 가까웠지만 턱은 더 좁고 튀어나와 오스트랄로피테쿠스에 가깝다는 사실이 밝혀졌다. (제공 Philipp Gunz et al.)

스트랄로피테쿠스 종보다 가냘픈 체격의 소유자라는 사실을 보여 주었다. 그것은 어금니가 더 작았고, 무엇보다도 가장 중요한 것은 뇌가 거의 50% 정도 더 컸다는 사실이다."

그럼에도 이 호미니드는 영국의 저명한 고인류학자 윌프리드 르 그로 클락Wilfrid Le Gros Clark이 1955년 한 논문에서 제시한 호모속의 자격 조건에서 한 항목이 미달이었다. 즉 직립자세와 이족보행, 자유로운 손 움직임 항목은 통과했지만 뇌용량이 650cc로 750cc 이상이라는 기준에 못 미쳤기 때문이다. 결국 저자들은 논문에서 이 항목을 600cc 이상으로 완화하자고 제안했다.[16]

아무튼 이런저런 이유로 호모 하빌리스는 등장하면서부터 많은 반대에 부딪쳤다. 오스트랄로피테쿠스 권위자인 존 로빈슨John Robinson은 호모 하빌리스를 오스트랄로피테쿠스 아프리카누스*Australopithecus africanus*와 호모 에렉투스의 혼혈이라고 주장하기도 했다. 그 뒤 에티오

16 2015년 3월 5일자 〈네이처〉에 화석을 재조사한 연구결과가 실렸다. 이에 따르면 뇌용량이 729~824cc로 나왔다.

피아에서 남아프리카에 걸쳐 호모 하빌리스일 것으로 추정되는 화석이 몇 점 발굴됐는데, 1972년 리처드 리키와 아내 미브 리키Meave Leakey도 케냐 쿠비포라Koobi Fora에서 두개골과 안면부위, 아래턱, 이빨 등 화석 다수를 발견했다.

〈네이처〉에 호모 하빌리스 발표 50주년 해설을 쓴 버나드 우드는 1966부터 호모 하빌리스를 연구하기 시작했는데, 발목뼈의 구조가 현대인과 꽤 다르다는 사실을 발견했다. 그리고 다른 특징들도 1964년 논문의 주장과는 달리 현생인류와 그다지 가깝지 않다는 걸 알게 된다. 한편 1970년대 중반 리처드 리키는 우드에게 자신이 1972년 쿠비포라에서 발견한 화석들을 호모 하빌리스 한 종으로 보기에는 애매한 면이 있다며 정밀 분석을 의뢰했고, 우드는 15년에 걸쳐 작업을 수행했다. 그리고 1992년 〈네이처〉에 발표한 논문에서 이 화석들이 호모 하빌리스

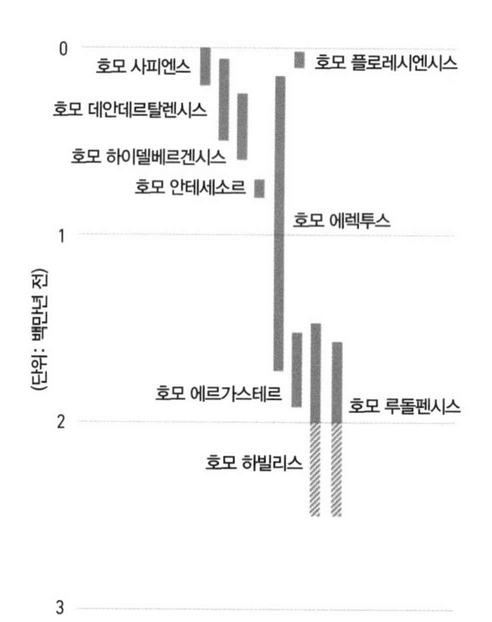

• 추가 화석 발견을 토대로 호모 하빌리스와 호모 루돌펜시스가 별개의 종이라는 주장을 지지하는 연구결과가 2012년 <네이처>에 실렸다. 같은 호에 실린 해설에서 제시된 호모속 인류의 가계도로, 초기 호모속으로 호모 하빌리스와 호모 루돌펜시스가 나란히 배치돼 있다. (제공 <네이처>)

와 함께 다른 종이 섞여 있는 것이라고 해석하고 이를 '호모 루돌펜시스*Homo rudolfensis*'라고 명명했다.

그리고 20년의 세월이 지난 2012년, 역시 〈네이처〉에 쿠피포라에서 추가로 발굴한 화석을 분석한 논문이 실렸다. 리처드의 아내인 미브 리키가 주도한 연구팀의 결과로 그녀의 딸(루이스의 손녀) 루이즈 리키Louise Leakey도 참여했다. 이들은 178만~195만 년 된 화석 세 점을 분석해 20년 전 우드의 주장대로 호모 루돌펜시스로 봐야한다고 결론내렸다. 즉 호모속 초기에도 최소 두 가지, 즉 호모 하빌리스와 호모 루돌펜시스라는 독립적인 계열이 존재했다는 것. 호모 하빌리스가 초기 호모속 인류로 독점권을 잃기는 했어도 여전히 존재는 인정받고 있는 셈이다.

결국은 호모 에렉투스?

그런데 2013년 학술지 〈사이언스〉 10월 18일자에 놀라운 연구결과가 실렸다. 흑해 동부연안에 위치한 작은 나라 조지아의 드마니시Dmanisi에서 발굴된 180만 년 전 두개골 화석을 분석한 논문으로, 그 결론을 한 마디로 말하면 호모 하빌리스나 호모 루롤펜시스는 별도의 종이 아니라 호모 에렉투스의 변이형에 불과하다는 것. 지난 20년 동안 이 일대 177만~185만 년 전 지층에서 두개골 5점을 비롯해 인류 화석이 다수 발굴됐는데 특히 2005년 발굴된 '5번 두개골'은 이 시기의 것으로는 최초로 완벽하게 보존된 어른 호미니드 두개골이다.

논문은 5번 두개골에 대한 상세한 분석결과로 뇌용량이 546cc에 불과하다. 현재까지 아프리카를 벗어난 최초의 인류는 호모 에렉투스로 알려져 있고 체형을 추측하게 하는 뼈들 역시 호모 에렉투스임을 알려주지만(다만 키가 145~166센티미터 정도로 작다), 뇌용량은 터무니없니 작아 호모 하빌리스보다도 작다. 또 생김새도 턱이 많이 튀어나와 오

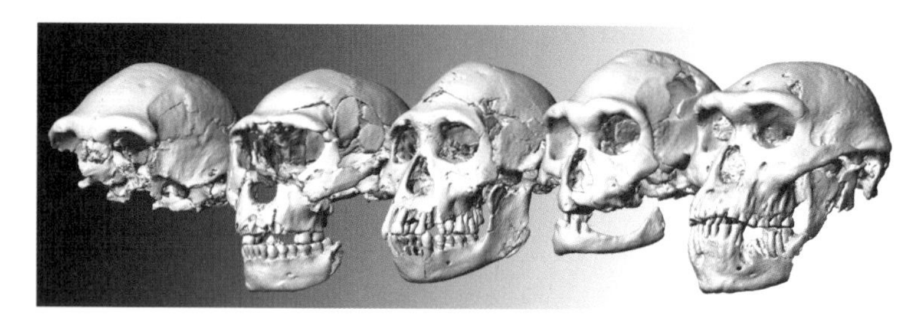

• 서아시아 조지아 드마니스에서 발굴된 두개골 화석 5점. 177만~185만 년 전이라는 짧은 기간에 걸친 화석들로 측정결과 변이가 상당히 심했지만 다른 종이라고 보기는 어렵다. 연구자들은 2013년 <사이언스>에 발표한 논문에서 이들이 모두 호모 에렉투스이며 같은 논리로 호모 하빌리스나 호모 루돌펜시스도 독립 종이 아니라 호모 에렉투스의 변이형일 뿐이라고 주장했다. (제공 <사이언스>)

스트랄로피테쿠스를 보는 것 같다. 한편 두개골 다섯 점을 비교분석해 보면 비슷한 시기임에도 불구하고 편차가 꽤 크다는 사실이 밝혀졌다. 그렇다고 이들을 각자 다른 종이라고 보기는 어렵다. 결국 화석의 외형적 특징만을 보고 별개의 종으로 분류하는 건 위험한 발상일 수 있다는 말이다.

두개골 형태를 분석한 스위스 취리히대 마르시아 폰체 드 레온Marcia Ponce de León은 "드마니시 화석이 아프리카의 별개 지역에서 발견됐다면, 학자들은 각각 다른 학명을 붙여줬을 것"이라고 말했다. 결국 이들을 호모 에렉투스로 볼 경우 아프리카의 여러 호모속 화석들도 호모 에렉투스 하나로 봐야 한다는 뜻이다.

버나드 우드 교수는 호모 하빌리스 50주년 논평에서 드마니시 화석 연구자들의 결론에 반대한다며, 호모 하빌리스와 호모 에렉투스는 두개골 용량 외에도 신체 여러 곳에서 미묘한 차이가 있다고 주장했다. 즉 속귀의 모양과 크기(자세에 중요한 역할을 함), 손과 발의 특징 등이 꽤 다르다는 것. 여기서 더 나아가 우드는 "호모 하빌리스가 호모 에렉투스의 직계 조상이 되기에는 너무 닮지 않았다"며 "이들을 현생인류 진화로 이어지는 계보에 위치시키는 건 너무 단순한 선형 모형"이라고 주장했다. 그러면서 '손을 쓰는 사람'은 오스트랄로피테쿠스도 호모도 아닌 별도의 속을 부여해야 할 것 같다고 덧붙였다. 우드는 2012년 호모 루돌펜시스 화석 추가 발견 보고 논문에 대한 해설을 아래와 같은 글로 마무리했다.

"예측컨대, 리키와 동료들이 호모 하빌리스를 기술한지 100년이 되는 2064년 무렵의 미래 연구자들은 인류 진화에 대한 오늘날의 가설들이 무척 단순화된 것이었다고 평가할 것이다."

참고문헌

Wood, B. *Nature* 508, 31 (2014)
Wood, B. *Nature* 488, 162 (2012)
Leakey, M. G. et al. *Nature* 488, 201 (2012)
Gibbons, A. *Science* 342, 297 (2013)
앤 기번스, 오숙은. *최초의 인류* (뿌리와이파리, 2008)

4-3

존재의 이유, Y염색체의 경우

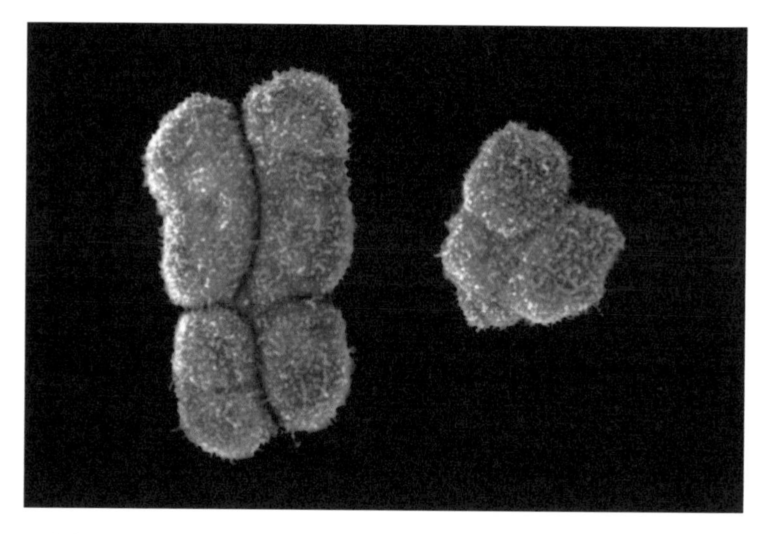

• 인간의 X염색체(왼쪽)와 Y염색체는 큰 차이를 보인다. (제공 SPL)

네가 있다는 것이 나를 존재하게 해~
네가 있어 나는 살 수 있는 거야~

필자가 20대이던 1990년대 중반 유행한 〈존재의 이유〉라는 노래의 가사 일부이다. 당시에는 누가 내 삶의 의미가 되는 '너'일지 곰곰이 생각했지만, 지금은 써놓고 보니 가사가 오히려 낯간지럽게 느껴진다. 나이 사십 넘어서도 타인에게서 내 존재이유를 찾는다는 건 문제가 있는 게 아닐까. 물론 내가 타인에게 존재의 이유가 되는 것도 꽤나 부담스러운 일이다.

이와는 다른 관점에서 필자를 포함해 인류의 절반을 차지하는 남성에게는 자신들의 성정체성을 위해 존재하는 부분이 있다. 바로 Y염색체다. '이 필자 이상한 사람이네. 여성 정체성을 위해 존재하는 X염색체는 왜 얘길 안 하나?' 이렇게 생각하는 독자도 있을지 몰라 덧붙이자면 X염색체의 경우는 얘기가 좀 다르다. 남성도 X염색체가 하나는 있기 때문이다.

우리 몸은 기본적으로 여성이 되도록 설계돼 있다. 즉 여성은 태아발생의 디폴트 모드라는 말이다. 드물게 X염색체 하나만 있는 사람이 있는데, 생식력 등에 문제가 있지만 아무튼 여성이다. 반면 Y염색체만 있는 사람은 없다. 즉 X염색체는 존재의 이유가 성정체성보다는 다른 상염색체와 마찬가지로 개체의 생존 그 자체에 있다는 말이다. 결국 남성은 X염색체의 바탕 위에 Y염색체가 더해지면서 '변주'가 일어나 태아발생 과정에서 여성에서 남성으로 '성전환'이 일어나는 것이다. 그렇다. 모든 남성은 이런 의미에서 성전환자다!

Y염색체 없어도 유전자 두 개면 충분?

학술지 〈사이언스〉 2014년 1월 3일자에는 다른 관점에서 Y염색체의 존재의 이유를 밝힌 논문이 실렸다. 즉 Y염색체는 정세포spermatid를 만드는 데 필요한 유전자 두 개를 담기 위해 존재한다는 것. 바꿔 말하면 세포에 이 두 유전자를 따로 넣어줄 수 있다면 Y염색체가 없어도 생식세포를 만들 수 있다는 얘기다. 실제로 연구자들은 Y염색체가 없는 변이 생쥐(XO)에 두 유전자를 넣어줘 만든 정세포를 난자에 주입해 새끼가 태어나게 하는데 성공했다는 실험결과를 발표했다. 결국 엄밀히 말하면 남성성 발현은 Y염색체가 아니라 이 두 유전자의 '존재의 이유'인 셈이다.

• X염색체불활성화의 대표적인 사례로 털의 얼룩무늬가 꼽힌다. X염색체상에 존재하는 유전자의 변이로 나오는 삼색털얼룩고양이로, 암컷에게만 이런 현상이 나타난다. (제공 위키피디아)

사실 Y염색체의 '퇴화'는 오래 된 주제로 언젠가는 Y염색체가 사라질 거라고 주장하는 사람들도 있다. 실제로 포유류 가운데는 정말 Y염색체가 사라진 종이 있다. 설치류인 두더지들쥐 2종과 일본의 고슴도치 2종이다. 이들이 XY염색체 시스템을 버린 뒤 어떻게 성정체성을 획득했는지는 아직 모르고 있다. 2006년 학술지 〈셀〉에 실린 논문에 따르면 1,000만 년 뒤면 사람의 Y염색체도 소멸한다고 한다. 이제 사람 Y염색체는 사망 날짜까지 받아놓는 신세일까.

이런 추측은 Y염색체의 진화를 분석한 결과 나왔다. 즉 3억 년 전 우리 조상은 오늘날 파충류처럼 성염색체가 따로 없었다. 그런데 어느 시기 한 염색체에 수컷을 결정하는 유전자가 생겼고(SRY유전자), 이 유전자가 있는 염색체(Y염색체의 조상)와 없는 염색체(X염색체의 조상)가 따로 갈 길을 가면서 더 이상 염색체쌍을 이루지 못하게 됐다는 것. 그런데 Y염색체의 조상은 웅성을 결정하는 유전자가 특화되면서 다른 유전자들은 급격히 퇴화해 오늘날 왜소한 상태가 된 것이다. 참고로 사람의 경우 X염색체는 1억 5,500만 염기쌍에 유전자가 2,000여개나 되지만 Y염색체는 5,900만 염기쌍에 유전자도 78개에 불과하다. Y염색체가 지난 3억 년 동안 퇴화한 속도를 반영하면 앞으로 수명이 1,000만 년이라는 것.

X염색체불활성화의 예외

이처럼 점점 더 위축되던 Y염색체가 모처럼 어깨를 펴고 활짝 웃을 연구결과가 〈네이처〉 2014년 4월 24일자에 실렸다. 성전환 역할이 Y염색체 '존재의 이유'의 전부가 아니라는 사실이 밝혀졌기 때문이다. 사실 이건 X염색체가 하나뿐인 여성에게서 나타나는 비정상적인 현상을 보면 짐작할 수 있는 것이었다. 똑같이 X염색체가 하나인 남성에게는 이런 현상이 나타나지 않기 때문이다. 바꿔 말하면 Y염색체가 X염색체의 기능 일부를 수행하고 있다는 뜻이다. 무슨 말인지 약간 헷갈릴 텐데, 이를 이해하려면 먼저 'X염색체불활성화X-inactivation'부터 살펴봐야 한다.

여성은 XX, 남성은 XY다. 그리고 X염색체에는 전체 유전자의 10%에 해당하는 2,000여 개의 유전자가 있다. 자 이제 유전자의 발현을 생각해보자. 쌍으로 존재하는 다른 염색체에 있는 유전자의 발현량은 남녀 차이가 없다. 둘 다 한 쌍씩 있기 때문이다. 그런데 X염색체에 있는 유전자의 경우 여성은 쌍으로 있으므로 발현량이 하나뿐인 남성의 두 배다. 유전자 산물(대부분 단백질)에 따라 양이 큰 상관이 없는 경우도 있지만 민감한 경우도 있다. 따라서 무려 2,000가지 유전자에서 여성이 남성보다 발현량이 두 배일 경우 문제가 생기지 않을 수 없다.

1961년 영국의 유전학자 메리 라이언Mary Lyon은 이런 딜레마를 깨닫고 X염색체불활성화라는 해결책을 제시했다.[17] 즉 암컷의 경우 X염색체 두 개 가운데 하나는 불활성화돼 작동을 하지 않는다는 것. 따라서 X염색체가 쌍으로 있어도 유전자 발현량은 X염색체가 하나뿐인 수컷과 별 차이가 없다. 그뒤 라이언의 가설이 맞다는 실험결과가 나왔다. 포유류는 성염색체 진화(Y염색체 퇴화) 과정에서 놀라운 장치를 개발해

17 메리 라이언의 삶과 업적에 대해서는 382쪽 참조.

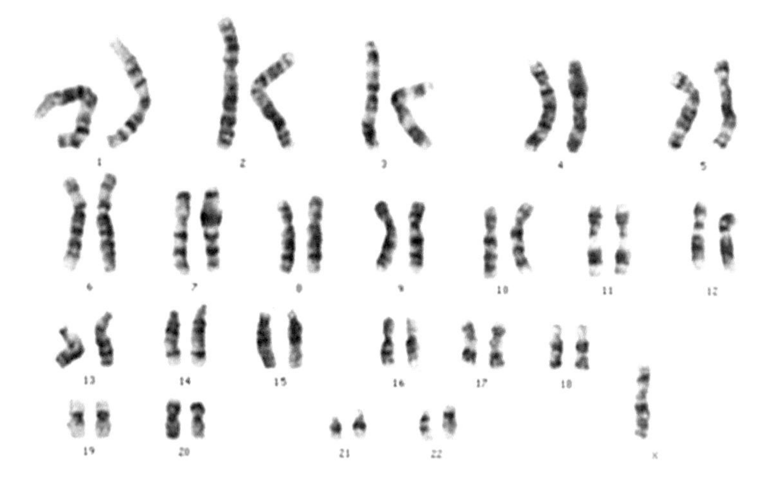

• X염색체가 하나뿐인 결과 나타나는 터너증후군은 X염색체불활성화로 설명할 수 없다. 실제 불활성화된 X염색체에서도 일부 유전자가 발현되고 있기 때문이다. 터너증후군인 사람의 염색체. (제공 위키피디아)

이 딜레마를 해결한 것이다.

X염색체불활성화는 배아발생과정에서 일어난다. 그리고 어떤 X염색체(즉 모계냐 부계냐)가 불활성화가 될지는 임의로 정해진다. 일단 정해지면 그 세포가 분열한 딸세포는 불활성화 계열을 유지한다. 바꿔 말하면 포유류 암컷은 사실상 모두 모자이크 개체인 셈이다. 즉 어떤 세포는 부계의 X염색체가 활동하고 어떤 세포는 모계의 X염색체가 활동한다. 이를 잘 보여주는 예가 삼색털얼룩고양이로 털색을 결정하는 유전자가 X염색체에 있는데, 모계와 부계의 유형이 다른 결과다.

그런데 X염색체불활성화가 설명하지 못하는 현상이 있다. 바로 X염색체가 하나뿐인 여성이 보이는 비정상적인 상태다. X염색체불활성화에 따르면 어차피 X염색체 하나면 충분하므로 X염색체가 하나뿐이라도 정상이어야 한다. 그러나 실제로는 이런 수정란은 대부분 발생과정에서 죽고 드물게 생존해 태어나도 발육부진, 성기능상실 등 특유의 증상이 나타난다. 바로 터너증후군Turner syndrome이다.

지난 수년 사이 과학자들은 터너증후군이 일어나는 이유를 설명할 수 있는 현상을 발견했다. 즉 X염색체불활성화가 X염색체상의 모든 유전자에 작용하는 건 아니라는 사실이다. 즉 사람의 경우 X염색체 유전자의 15~25%는 불활성화된 염색체에서도 발현된다는 것이다.

2500만 년 전부터 퇴화 멈춰

이번에 〈네이처〉에 실린 논문을 보면 Y염색체에 있는 유전자 가운데 36개가 바로 X염색체에서 불활성화의 예외인 유전자라고 한다. 즉 이들 유전자는 여성의 경우 X염색체 두 쌍에서 모두 발현하고 남성의 경우 X염색체와 Y염색체에서 발현한다. 그 결과 남녀에서 발현량이 비슷하다. 반면 터너증후군인 여성의 경우 X염색체 하나뿐이므로 이런 유전자의 발현량이 절반이고 따라서 문제가 생겼다고 볼 수 있다. 즉 Y염색체는 단지 수컷이라는 성정체성 확립에 필요할 뿐 아니라 성염색체로 진화하기 이전의 상염색체로의 기능 일부도 여전히 수행하고 있다는 것. 그렇다면 지금까지의 퇴화속도를 근거로 1,000만 년 뒤에는 사라질 거라는 주장은 바뀌어야 할까.

이번에 〈네이처〉에 실린 논문을 보면 답은 '그렇다'이다. 스위스 로잔대 헨릭 케스먼Henrik Kaessmann 교수팀은 포유류 15종의 Y염색체 염기서열을 비교분석한 결과를 실었는데 무척 흥미롭다. 포유류는 알을 낳는 원수아강原獸亞綱(오리너구리 같은 단공류)과 새끼를 낳는 수아강으로 나뉘고 수아강은 다시 태반포유류와 유대류로 나뉜다. 그런데 게놈을 면밀히 조사한 결과 오늘날 인간으로 이어온 Y염색체 진화는 수아강에서부터 일어났다는 사실이 밝혀졌다. 즉 Y염색체의 기원은 기존의 3억 년(포유류와 조류가 갈라진 이후)이 아니라 약 1억 8,100만 년 전(약 2억 년

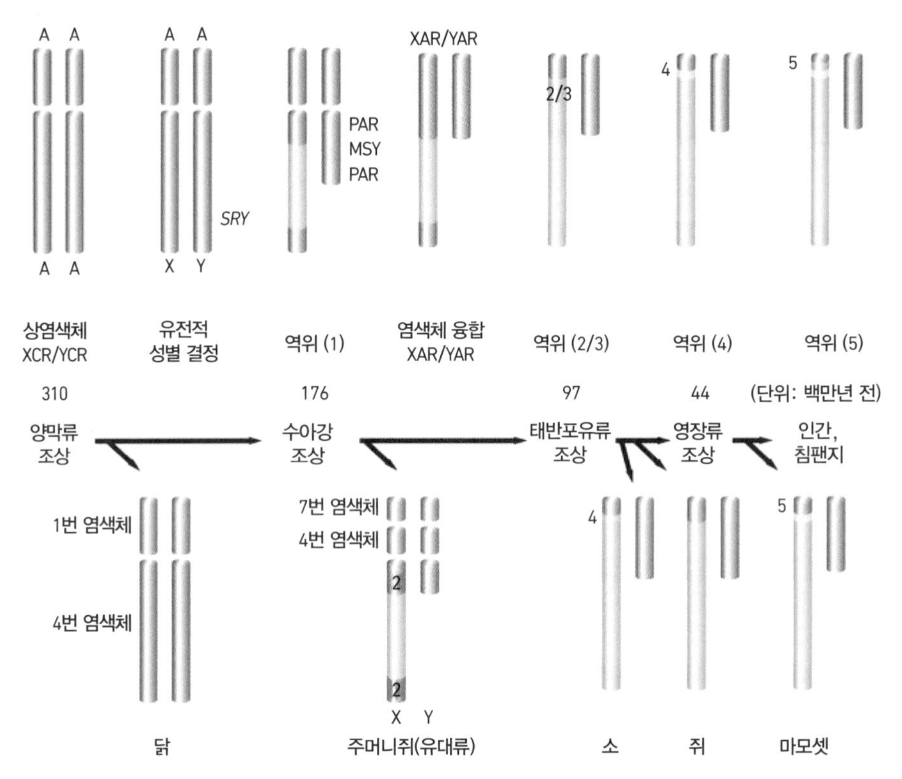

• 포유류 성염색체의 진화. 원래 상염색체 한 쌍(위 맨 왼쪽)에서 웅성을 결정하는 유전자(SRY)가 한 쪽에 생기면서 Y염색체가 되고 이게 퇴화하면서 현재 인간의 Y염색체(위 맨 오른쪽)가 나왔다. 아래는 이 과정에서 갈라진 조류와 포유류의 염색체 상태를 보여주고 있다. (제공 <네이처>)

전 원수아강과 수아강이 갈라지고 한참 뒤)으로 바꿔야 한다는 것. Y염색체의 역사가 3분의 1 이상 짧아진 것이다.

SRY유전자를 지닌 초기 Y염색체가 등장한 직후인 약 1억 8,000만 년 전 태반포유류와 유대류가 갈라졌고 그 뒤 Y염색체의 급격한 진화(퇴화)가 일어났다. 그런데 약 9,000만 년 전 설치류와 영장류가 갈라진 뒤 특히 영장류에서 Y염색체의 퇴화가 급격히 느려졌다. 특히 약 2,500

만 년 전 갈라진 인류와 붉은털원숭이는 공통조상이 갖고 있던 Y염색체의 유전자를 온전하게 보존하고 있는 것으로 나타났다. 즉 Y염색체의 퇴화가 멈춘 상태라는 말이다.

앞으로 인류의 진화가 어떻게 전개될지는 누구도 예측할 수 없겠지만 Y염색체가 그렇게 쉽게 사라지지는 않을 것 같다는 예감이 든다.

참고문헌

Capel, B. *Science* 343, 32 (2014)

Clark, A. G. *Nature* 508, 463 (2014)

Cortez, D. et al. *Nature* 508, 488 (2014)

Bellott, D. W. et al. *Nature* 508, 494 (2014)

4-4

요즘 아이들은 왜 이렇게 클까?

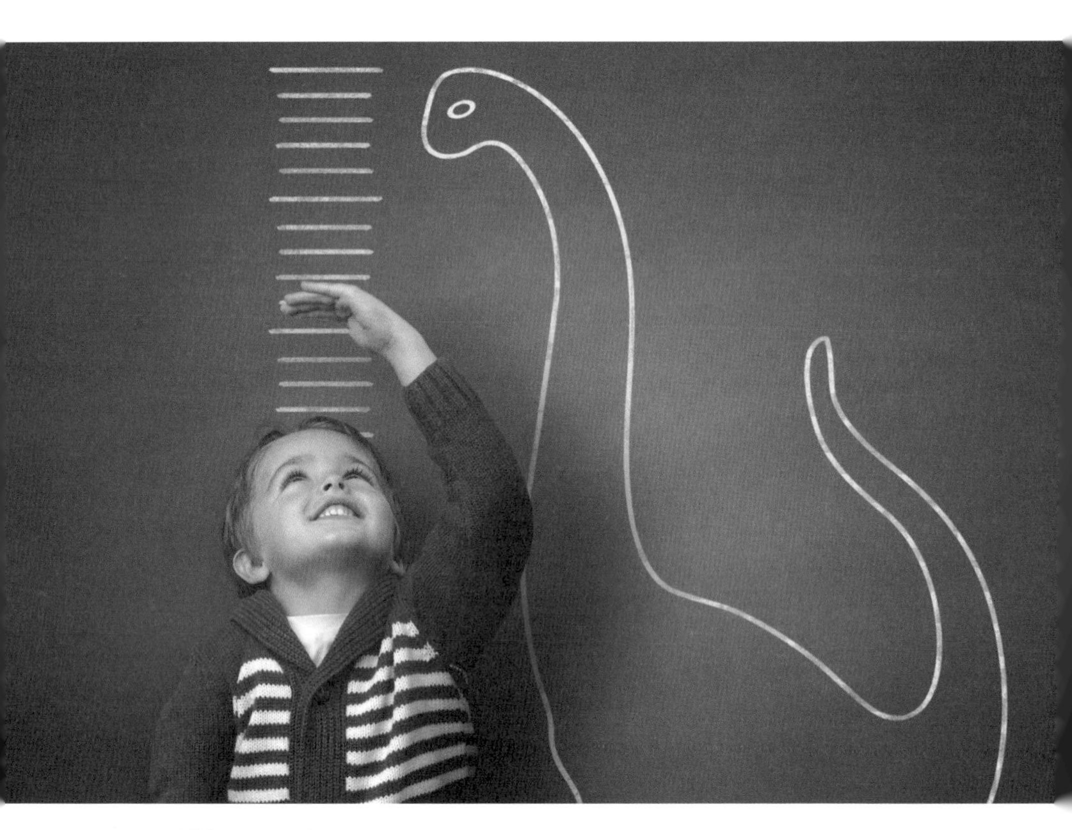

• (제공 shutterstock)

초등학교 오 년 내내 여자 담임선생님이었다가 6학년이 돼서야 남자 선생님을 만나 무척 기뻤다. 필자는 반에서 키가 제일 작아 맨 앞줄에 앉았는데, 하루는 선생님이 불쑥 키가 얼마냐고 물으셨다.

"12×인데요."

"그렇구나. 커서 160은 돼야 할 텐데…."

필자 머리를 쓰다듬으시며 혼잣말처럼 얘기하실 때 안쓰러워하시던 표정이 지금도 눈에 선 하다. 선생님이 잡아주신 '목표치'가 워낙 낮아서였는지 보통 남자들이었으면 불만일 지금의 키도 필자는 고맙게 받아들이고 있다(선생님, 160은 넘었습니다!).

외모를 따지는 게 천박한 짓이라지만 사실 키와 얼굴은 그 사람 인생에 결정적인 변수가 될 수 있을 정도로 중요한 게 현실 아닐까(남자에게는 키가 여자에게는 얼굴이 더 큰 비중으로). 정작 남자들은 여자들이 남자 키를 중요시한다는 걸 막연하게 느낄 뿐이지만('설마 내가 정말 키 때문에 차인 것 아니겠지'라면서), 수년 전 '루저' 발언(한 TV프로그램에 출연한 여대생이 키가 작은 남자는 패배자라고 말해 큰 파문이 일었고 결국 프로그램 제작진이 다 바뀌었다)을 떠올리면 심각성을 절감할 수 있다.

사실 키가 얼굴보다 더 엄격한 잣대라고 볼 수도 있는데, 얼굴이야 주관적인 면도 있고(제 눈에 안경) 성형이라는 개선 수단도 있지만 수치로 표시되는 객관적 실체인 키는 어떻게 해볼 도리가 없기 때문이다.

키와 관련된 변이 수 백 개 찾아

얼굴도 그렇지만 키 역시 대체로 유전을 따르는 것으로 보인다. 엄마 아빠가 다 큰데 아이 키가 작은 경우는 드물다. 따라서 오래전부터 과학자들은 키 유전자 사냥에 뛰어들었고 실제 유전자들을 여럿 발견했다. 아쉽게도 '이게 바로 키 유전자'라고 할 만큼 결정적인 역할을 하는 유전자가 있는 건 아니고 기껏해야 몇 퍼센트 기여하는 정도였다(통계기법을 통한 추측). 즉 키에는 수많은 유전자가 관여한다는 말이다.

필자는 수년 전 취재를 핑계로 게놈(정확히는 SNP(단일염기다형성) 자리 수십만 곳)을 분석한 적이 있는데, 2009년 학술지 〈네이처 유전학〉에 실린 한국인 SNP 분석 연구에 나온 키 유전자를 조사해봤다. 그 결과 기여도가 가장 큰 HMGA1 유전자(다른 유전자들의 발현을 조절하는 역할을 한다)의 경우 AA형이었다. SNP 자리에 부모 양쪽에서 아데닌(A)이 있는 유전자를 물려받았다는 얘기다. 논문을 보면 AA형은 부모 양쪽에서 구아닌(G)이 있는 유전자를 받은 GG형보다 키가 평균 2.1센티미터 작은 걸로 나온다. 필자로서는 씁쓸한 진실을 확인한 셈이다.

〈네이처 유전학〉 2014년 11월호에는 키와 관련된 유전자 변이 수백 개를 찾았다는 논문이 실렸다. 지금까지 발표된 키 유전자 관련 연구의 데이터를 모아 재분석한 결과(이를 메타분석이라고 부른다) 이런 결과를 얻었다고. 논문을 보면 유전자가 키에 미치는 영향을 80% 정도로 추측하고 있다. 정자와 난자 유전자 조합이 정해지면 변화의 여지가 별로 없다는 말이다.

영양이 개선돼 키가 커졌다?

이처럼 키에 미치는 유전자의 영향이 큼에도 불구하고 우리 주변을 보면 키와 관련해서 유전자만으로는 설명하기 어려운 현상이 일어나고 있다. 즉 갈수록 사람들의 키가 커지고 있다는 것. 키가 작은 사람들이 짝짓기 상대로 선택을 받지 못해 유전자를 물려줄 확률이 떨어져 그렇다고 설명하기에는 너무 가파른 증가세다(불과 한 세대 만에 평균이 5, 6센티미터 정도 커졌으므로). 실제 주변을 보면 대체로 아들이 아빠보다, 딸이 엄마보다 키가 더 크다. 참고로 2013년 병무청 신체검사에서 평균 키는 173.6센티미터였다.

따라서 가장 널리 받아들여지는 설명은 영양상태가 개선된 결과라는 것. 지금 40대 50대는 어릴 때 하루 밥 세끼 먹는 것도 감지덕지였지만 자식 세대인 10대 20대들은 영양과잉을 걱정하며 어린 시절을 보냈다는 것이다. 그런데 과연 영양개선이라는 요인만으로 이토록 가파른 키 증가 추세를 설명할 수 있는 것일까.

최근 번역출간된 미국 뉴욕대 마틴 블레이저Martin Blaser 교수의 책 『인간은 왜 세균과 공존해야 하는가』에는 지난 수십 년 사이 인류에게 나타난 현상인 급속한 키 증가 추세(그렇다. 우리나라만의 현상이 아니다!)에 대한 예상치 못한 설명이 실려 있다. 즉 20세기 후반부터 시작된 항생제 남용이 장내미생물 균형을 무너뜨려 인체에 다양한 영향을 미쳤고 그 가운데 하나가 키가 커지는 현상이라는 것. 참고로 이 책의 부제는 '왜 항생제는 모든 현대병의 근원인가?'이다.

블레이저 교수는 '점점 커 가는 키'라는 제목의 12장에서 이 문제를 거론하고 있다. 흥미롭게도 이런 현상이 두드러진 지역이 바로 동아시아로, 중국의 경우 2005년 6살 남아의 평균키는 한 세대 전인 1975년

• 최근 번역출간된 책 『인간은 왜 세균과 공존해야 하는가』에서 미국 뉴욕대 마틴 블레이저 교수는 지난 수십 년 사이 인류에게 나타난 현상인 급속한 키 증가 추세를 영양상태 개선만으로 설명하기 어렵다고 주장했다. (제공 교보문고)

보다 6.5센티미터나 더 커졌다고 한다. 여아의 경우도 6.2센티미터 더 커졌다. 평균이 표준편차만큼 이동한 셈이니 엄청난 변화다.

블레이저 교수가 이런 변화의 원인으로 항생제를 지목하는 건 이런 현상이 축산업계에서 오래 전부터 알려져 있기 때문이다. 즉 항생제가 개발된 뒤 농민들은 전염병을 예방할 목적으로 가축이나 가금의 사료에 항생제를 소량 섞었는데 뜻밖에도 동물들이 빨리 자라는 현상을 발견한 것. 한 메타분석 결과를 보면 돼지를 키울 때 항생제를 먹이면 그렇지 않은 경우보다 체중이 평균 16.4% 더 나가고 사료 효율도 6.9% 더 높았다.

요즘은 장내미생물의 장점이 집중적으로 부각되고 있지만 모든 일이 그렇듯이 공짜는 없다. 즉 몸속의 유익균은 침입한 병균을 무찌르고 숙주가 만들지 못하는 생체물질을 합성해 공급하기도 하지만 기본적으로 숙주와 파이를 나눠먹는 존재다. 즉 우리가 섭취한 영양분의 6% 정도는 장내미생물의 몫이다. 따라서 지속적인 저용량 항생제 복용으로 장내미생물 숫자를 억제할 경우 그 에너지가 숙주의 성장에 쓰인다는 것. 또 장내미생물은 숙주의 호르몬 역할을 하는 다양한 생체분자를 만들어내 숙주의 생리반응을 조절하기도 하는데 항생제는 여기에도 영향을 미친다.

헬리코박터 때문에 못 컸다?

블레이저 교수는 이와 관련해 흥미로운 연구결과 하나를 소개했다. 즉 위에 헬리코박터 파일로리*Helicobacter pylori*가 있는 사람들은 없는 사람들에 비해 평균 키가 작다고. 헬리코박터는 위궤양과 관련된 박테리아로 유명하지만 사실 이는 특정 균주에 한정된 현상이고 이 박테리아가 사람의 위에서 무슨 역할을 하는지는 아직도 확실히 밝혀지지 않은 상태다.[18] 다만 식욕을 비롯해 대사조절에 관여하는 호르몬인 렙틴leptin과 그렐린ghrelin 분비에 영향을 준다는 사실은 밝혀져 있다. 흥미롭게도 옛날에는 사람들 대다수가 헬리코박터에 감염돼 있었지만 요즘 아이들은 대부분 헬리코박터 음성이다.

2014년 4월 학술지 〈영국의학저널〉에는 항생제와 키 사이의 관계를 좀 더 직접적으로 보여주는 연구결과가 실렸다. 후진국 어린이(생후 한 달에서 12살 사이)를 대상으로 한 연구 10건을 분석한(이번에도 메타분석연구다) 결과 항생제를 먹일 경우 한 달에 평균 0.04센티미터 키가 더 크는 것으로 나왔다고. 미미한 수치지만 일 년이면 0.5센티미터다. 참고로 몸무게에 미치는 영향은 좀 더 커서 한 달에 평균 23.8그램 더 살이 붙는다.

블레이저 교수는 책에서 "사람들은 사춘기를 가장 키가 크는 시기로 알고 있지만 그렇지 않다"며 "생후 2년 6개월까지가 그 사람의 키를 결정하는 결정적인 시기"라며 쓰고 있다. 즉 이 시기에 항생제에 노출될 경우 그 영향이 키에 반영될 수 있다는 것. 사람의 경우 평소에는 항생제를 접하지 않다가 감염질환에 걸렸을 때 간헐적으로 고농도의 항생제에 노출되므로 사육기간 내내 저농도의 항생제에 노출되는 가축과는 패턴이 다르지만, 항생제가 어떤 식으로든 키에 영향을 미칠 것이라는 게 블레이저 교수의 생각이다. 바이러스 질환인 감기에도 툭하면 항생제를 처방하는(혹시 모를 2차 감염을 막기 위해) 우리나라 관행이 요즘 아이들의 놀라운 발육속도에 영향을 준 건 아닐까.

이처럼 영양상태에서 항생제까지 키에 미치는 환경의 영향이 유전자를 능가하는 것 같지만 한편으로 생각해보면 꼭 그렇지도 않을 것이다. 즉 환경 차이가 큰 남한 아이들과 북한 아이들을 비교할 경우 환경의

18 헬리코박터 파일로리에 대한 자세한 내용은 『과학을 취하다 과학에 취하다』 58쪽 '헬리코박터의 두 얼굴' 참조.

영향이 유전의 영향보다 더 클 수도 있지만(북한 사람들 다수는 심각한 만성영양결핍으로 키가 꽤 작다) 어차피 환경이 비슷비슷할 경우 결국은 평균이 바뀔 뿐 상대적인 분포는 유지되는 것 같기 때문이다. 즉 필자가 한 세대 뒤에 태어났더라도 키가 지금보다 5센티미터 더 커질 뿐 평균과의 차이는 비슷할 거라는 얘기다.

참고문헌

Wood, A. R. et al. *Nature Genetics* 46, 1173 (2014)
마틴 블레이저, 서자영. *인간은 왜 세균과 공존해야 하는가* (처음북스, 2014)
Gough, E. K. et al. *BMJ* 348, g2267 (2014)

4-5

50년 미스터리 공룡 데이노케이루스 실체 드러났다

석사를 마치고 기업체 연구원에서 병역특례요원으로 5년간 일하다 1998년 여름 퇴사한 필자는 30년 동안 쉼 없이 살아온 자신에게 장기휴가를 준다는 명분으로 집에서 좀 쉬기로 했다. 그렇게 한두 달 놀다 보니 어머니가 눈치를 주는 것 같아 석사를 하던 대학원 실험실에 가서 진로를 모색했다. 즉 국내에서 박사과정을 할까 유학을 갈까 하는 갈림길이었다.

그러다가 우연히 한겨레신문사에서 5개월 동안 객원기자로 일하게 됐다. 언제 이런 일을 해보겠냐 싶어 재미삼아 발을 들인 게 결국 과학자가 아닌 과학기자가 되는 엄청난 진로변경의 계기가 될 줄은 그때는 정말 몰랐다! 아무튼 객원기자로 일하던 시절 하루는 팀장이 부르더니 공룡화석 취재를 다녀오라고 했다. 안동대의 모 교수가 전화를 해 공룡뼈를 발견한 것 같다는 제보를 한 것. 이 분은 고생물학자이지만 전공이 공룡이 아니라서 공룡 전문가가 동행하기를 요청했다.

결국 필자는 당시 연세대에서 박사후연구원으로 있던 이융남 박사와 함께 1박2일 공룡취재를 떠났다. 안동대의 모 교수는 이 박사와 필자를 반갑게 맞이하면서 저녁을 대접했고 다음날 현장답사를 위해 아쉬워하며 일찌감치 자리를 파했다. 대학원생 한 명을 포함해 네 사람

• 화석을 토대로 한 데이노케이루스 상상도. 키가 5미터에 이르는 거대한 타조공룡이다. (제공 <네이처>)

은 다음날 아침 산을 한참 올라 현장에 도착했다. 교수가 가리킨 바위를 보자 주변과는 색이 좀 다른, 커다란 방망이처럼 생긴 형태가 박혀 있었다. 가까이 다가간 이 박사의 표정에서 미묘한 변화를 읽은 필자는 순간 '아닌가보다'라는 느낌이 왔다.

"글쎄요. 일단 시료를 채취해 현미경으로 봅시다…"

교수의 지시에 따라 대학원생이 챙겨온 정과 망치로 암석 조각을 떼어냈다. 이 과정에서 당황했는지(지도교수와 서울에서 온 공룡전문가에 기자까지 지켜보고 있으니) 그만 실수로 손가락을 망치로 내리쳤고 피가 철철 흘렀다.

"괜찮습니다. 괜찮습니다…"

손수건으로 피가 흐르는 손가락을 감싼 채 작업을 계속하던 대학원생의 모습이 눈에 선하다. 아무튼 이렇게 가져온 시료를 현미경으로 관찰한 이 박사는 초초한 심정으로 지켜보고 있는 세 사람에게 선고를 내렸다.

"공룡뼈는 아니네요. 스트로마톨라이트[19] 같습니다."

교수는 민망한지 머리를 긁적거렸고 이 박사는 어떻게 구분할 수 있는지 묻는 필자에게 "현미경으로 보면 뼈조직은 구멍이 숭숭 뚫려있다"며 직접 한 번 보라고 했다. 구멍은 없었다.

몽골 공룡화석탐사 프로젝트 이끌어

수년 뒤 이 박사는 한국지질자원연구원에 자리를 잡았고 과학기자가 된 필자는 가끔씩 취재나 원고청탁으로 이 박사와 연락을 했다. 이 박사는 2006부터 2010년까지 5년 동안 매년 여름 40여 일 동안 몽골 고비사막에서 공룡화석을 탐사하는 '한국-몽골 국제공룡탐사' 프로젝트를 이끌었다. 공룡학자라면 누구나 꿈꾸는 대규모 탐사를 하게 된 건 우연한 계기에서 비롯됐다.

19 스트로마톨라이트stromatolite는 미생물 군집이 퇴적물의 표면을 덮으며 엉겨 붙은 매트에 고운 입자가 달라붙고 여기에 또 미생물 매트가 형성되는 과정이 반복돼 생긴 화석으로 당시 환경에 따라 기둥, 원뿔, 판 등 다양한 형태를 띤다.

• 이융남 지질박물관 관장은 2006년부터 2010년까지 매년 여름 몽골 고비사막 공룡탐사를 이끌었다. 1970년대 폴란드 탐사대가 알탄울라 III 지역에 남긴 공룡 낙서 앞에서 포즈를 취한 이 관장. (제공 이융남)

경기도 화성 시화지구 간척사업으로 시화방조제를 만들면서 생겨난 간척지에 택지조성을 하는 과정에서 1999년 국내 최대 규모의 공룡알 화석지가 발견됐다. 이듬해 공룡알화석지가 천연기념물로 지정되고 이 일대 483만 평이 보호지역으로 묶이면서 개발계획에 큰 차질이 생겼다. 결국 화성시는 공룡박물관을 짓기로 하고 화석이 공룡알임을 확인한 이 박사에게 조언을 구했다.

이 박사는 공룡알만으로 박물관을 채울 수 없고 그렇다고 북미에서 발굴한 티라노사우루스 같은 공룡의 복제품을 갖다 놓는 것도 큰 의미가 없다며 이참에 몽골에서 공룡화석탐사를 진행하자고 제안했다. 공룡이 살던 중생대에는 몽골과 한반도가 같은 생태권이었을 것이므로 공룡화석 찾기가 하늘에 별 따기인 국내를 대신해 사막에 공룡뼈가 널려있는(상대적으로) 몽골을 탐사하자는 것. 화성시는 이 박사의 제안을 받아들였고 이렇게 해서 역사적인 프로젝트가 출범한 것이다.

2010년 12월 취재차 화성 공룡알화석지에 있는 화석실험실로 이 박사를 찾은 필자는 창고를 가득 채운 엄청난 양의 공룡화석(대부분 석고 자켓 상태)을 보고 깜짝 놀랐다. 조각가 미켈란젤로는 돌을 깎는 작업이 돌 안에 박혀있는 형상(미켈란젤로에게만 보이는)을 꺼내는 일이라는 멋진 말을 남겼는데, 공룡화석을 꺼내는 작업이야말로 미켈란젤로의 표현이 글자 그대로 적용되는 일이다. 당시 이 박사는 작업에 수년이 걸리겠지만 놀라운 결과가 나올 것 같다며 '냄새'를 풍겼다.

도굴된 화석 회수해 맞춰보니…

학술지 〈네이처〉 2014년 11월 13일자에는 공룡학계의 50년 된 미스터리를 해결한 논문과 이를 해설한 글이 실렸다. 이 논문의 주저자가 바로 이융남 관장이다(2011년 지질자원연구원 지질박물관 관장에 취임했다). 탐사대가 2006년과 2009년 발굴한 화석 두 개체가 50년 동안 공룡학자들을 궁금하게 했던 그 공룡이라는 사실을 밝힌 논문이다.

1965년 7월 폴란드-몽골 고생물탐사대는 고비사막에서 보존 상태가 거의 완벽한 어깨뼈와 팔뼈 한 쌍을 발굴했다. 낫처럼 휘어진 거대한 손톱을 바탕으로 수각류 공룡으로 추정했다. 공룡은 골반형태에 따라 용반류와 조반류로 나누는데 용반류는 이족보행을 하는 수각류와 대체로 사족보행을 하는 용각류로 나뉜다. 팔의 길이는 무려 2.4미터로 이족보행 동물 가운데 가장 컸다. 1970년 발표된 논문에서 연구자들은 이 화석 주인공에 데이노케이루스 미리피쿠스*Deinocheirus mirificus*라는 학명을 붙였다. '독특한 무서운 손'이라는 뜻이다.

그 후 연구자들은 가늘고 긴 손의 형태를 바탕으로 데이노케이루스가 타조공룡류ornithomimosaurs(타조와 닮은 공룡이란 뜻)일 거라고 제안했

• 1965년 폴란드-몽골 고생물탐사대는 고비사막 알탄울라에서 보존 상태가 거의 완벽한 어깨뼈와 팔뼈 한 쌍을 발굴했다. 데이노케이루스라고 명명된, 팔 길이가 무려 2.4미터인 이 미스터리한 공룡의 실체를 두고 고생물학자들은 논란을 벌여왔다. (제공 Jordi Payàfrom Barcelona, Catalonia)

지만 팔이 워낙 크고 손톱도 25센티미터나 돼 일부 학자들은 전혀 다른 새로운 육식공룡일 거라고 주장했다. 그러나 다른 부위의 화석이 나오지 않아 데이노케이루스의 실체는 미스터리로 남아있었다.

2006년 몽골남부 고비사막 첫 탐사에 나선 국제공룡탐사대는 훗날 데이노케이루스로 밝혀지게 될 몸통 뒷부분만 남아있는 한 개체의 화석을 알탄울라 IV에서 발굴했다. 그러나 두 번째 개체가 발견될 때까지 이 화석이 데이노케이루스인지는 몰랐다. 팔 화석이 없었기 때문이다. 2008년 탐사대는 데이노케이루스의 흔적이라도 찾고 싶은 마음에 1965년 데이노케이루스가 처음 발견된 곳인 알탄울라 III에서 폴란드 학자들이 남긴 간단한 지도 한 장을 들고 찾아 헤맨 끝에 결국 발굴 장소를 찾았다. 하지만 복늑골 몇 개를 제외하고 남아있는 화석이 없었

• 한국-몽골 국제공룡탐사대는 2006년과 2009년 데이노케이루스 화석을 발굴했다. 왼쪽은 2009년 발굴된 개체로 뼈의 상당 부분이 남아있어 데이노케이루스의 실체를 확인하는데 결정적인 역할을 했다. 가운데는 2006년 발굴한 개체로 등의 구조를 아는데 큰 도움을 줬다. 오른쪽은 두 화석을 토대로 재구성한 데이노케이루스의 골격 복원도이다. 왼쪽 아래 사람을 보면 공룡의 크기를 짐작할 수 있다. 오른쪽 아래 검은 선은 1미터를 가리킨다. (제공 <네이처>)

다. 그리고 마침내 2009년 탐사에서 알탄울라 III 지역으로부터 50km나 떨어진 부긴자프라는 새로운 화석지에서 상태가 훨씬 좋은 데이노케이루스의 화석을 발굴했다. 하지만 이 화석 역시 수년 전 도굴된 흔적이 있었고 두개골과 손뼈, 발뼈가 사라진 상태였다.

데이노케이루스 화석을 꺼내는 작업을 하던 이 박사는 2011년 어느 날 벨기에왕립자연과학연구소 파스칼 고데프로이트Pascal Godefroit 박사로부터 놀라운 얘기를 듣는다. 유럽의 개인소장자가 데이노케이루스의 두개골과 손뼈, 발뼈를 갖고 있는 걸 봤다는 것. 이 박사는 소장자를 만나 화석을 본 순간 탐사대가 2009년 발견한 데이노케이루스 화석의 잃어버린 부분이라는 걸 확신했다. 이 박사는 소장자에게 불법거래된 도굴품임으로 몽골에 반환해야 한다고 설득했고 결국 소장자는 2014년 5월 기증 형식으로 화석들을 몽골에 돌려줬다.

티라노사우루스보다 훨씬 큰 육식공룡?

이 박사팀이 오랜 작업 끝에 짜 맞춘 화석 두 개체는 50년 동안 미스터리였던 데이노케이루스의 실체를 드러내는데 모자람이 없었다. 7,000만 년 전 백악기 후기에 살았던 데이노케이루스는 결론부터 말하면 타조공룡으로 밝혀졌지만 지금까지 알려진 타조공룡류와는 다른 점이 너무도 많았다. 먼저 엄청난 덩치를 들 수 있다. 2009년 발견된 개체(MPC-D 100/127)는 몸길이 11미터, 키 5미터, 몸무게 6.5톤으로 추정돼 티라노사우루스와 비슷하다. 팔 길이도 2.6미터로 1965년 발견된 개체보다 6% 더 길었다. 보통 타조공룡은 덩치도 그렇게 크지 않고 체형도 날씬하다.

2006년 발굴된 개체(MPC-D 100/128)는 크기가 2009년 발굴된 개체의 74% 정도이고 두개골이나 팔뼈도 없지만 대신 척추 위에 커다란 신경배돌기가 남아있어 데이노케이루스의 등이 거대한 아치를 그리며 솟아올라 있었다는 사실을 알려줬다.

데이노케이루스는 워낙 덩치가 크다보니 이를 지탱할 골반과 다리도 꽤 튼실했다. 즉 골반뼈가 잘 발달해 근육인대가 붙을 자리가 많고 발뼈도 넓적해 전형적인 타조공룡보다는 티라노사우루스 같은 거대 육식수각류와 더 비슷했다. 또 발톱 끝이 뭉툭해 물가의 무른 땅을 걸어도 깊숙이 빠지지 않게 하는데 도움을 줬을 것으로 보인다.

다리 길이 역시 덩치에 비해 짧은 편이라 늘씬한 다른 타조공룡들과는 꽤 달랐다. 엄청난 덩치와 짧은 다리를 지닌 데이노케이루스는 빨리 달리지 못했을 것이다. 머리뼈 크기도 엄청나 주둥이 끝에서 뒤통수까지 1미터나 됐다. 기다란 주둥이에 오리처럼 넓적한 부리를 지닌 데이노케이루스는 다른 많은 타조공룡들처럼 이빨이 없지만 아래턱은 특이하게도 매우 깊다. 이는 혀가 잘 발달되었음을 말해준다.

데이노케이루스라는 학명을 부여한, 이족보행을 하는 동물 가운데 가장 큰 팔과 낫 같은 손톱의 존재이유에 대해서 연구팀은 물가에 낮게 자라는 초본 식물을 모으는데 적합한 구조라고 해석했다. 일부 학자들

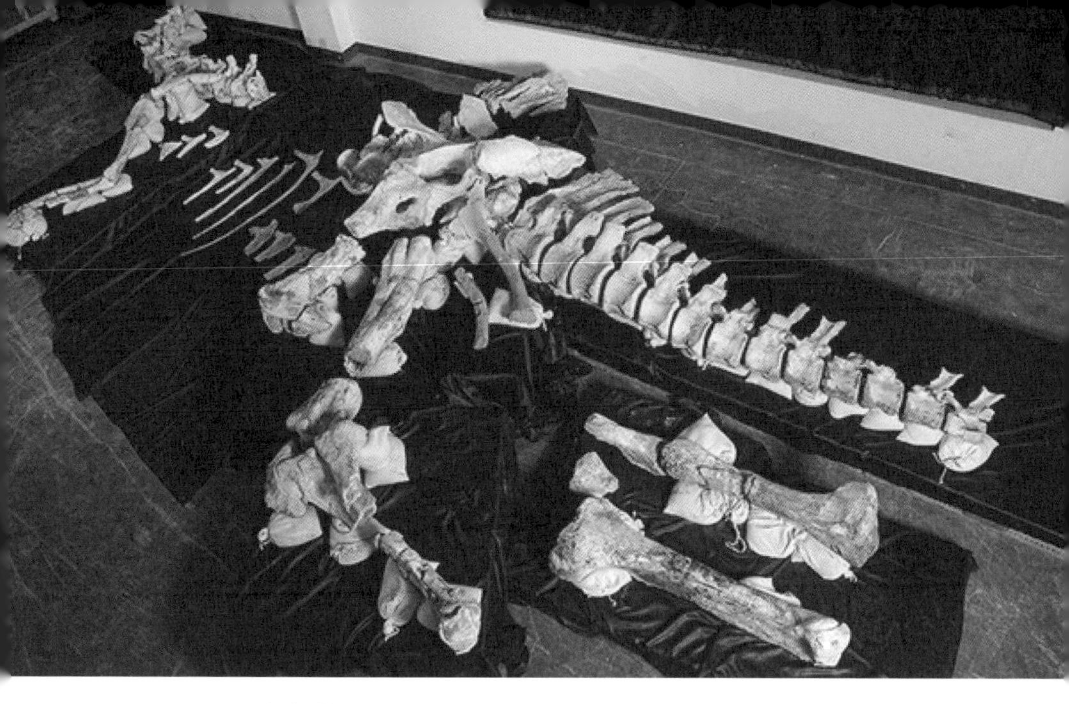

• 2009년 발굴한 데이노케이루스 화석. 전반적인 상태가 좋지만 도굴된 머리뼈와 손뼈, 발뼈가 없다. 다행히 유럽에서 한 개인이 도굴된 부분을 소장하고 있는 게 알려져 2014년 몽골로 반환됐다. (제공 이융남)

이 이 거대한 팔을 토대로 데이노케이루스가 티라노사우루스보다도 훨씬 큰 수각류 육식공룡이라고 해석했던 걸 생각해보면 전체 화석이 나오기 전 추측은 그저 추측일 뿐이라는 걸 다시금 깨닫게 된다.

한편 화석을 분리하는 과정에서 위석이 1,400여 개 발견됐고 데이노케이루스가 잡아먹은 걸로 보이는 물고기 파편 화석도 나왔다. 즉 이 공룡이 잡식성이고 주로 물가에 살았음을 추측하게 한다. 연구자들은 이런 잡식성이 초식에만 전적으로 의존하는 다른 대형 공룡류와의 경쟁에서 유리하게 작용했을 것으로 추정했다.

2014년 12월 1일 한국과학기자협회는 이융남 박사를 '올해의 과학자상' 수상자로 선정했다. 국내 과학자가 주도한 공룡연구가 이처럼 세계의 주목을 받은 유례가 없었기 때문이다. 데이노케이루스 실체 규명은 고생물학계 뿐 아니라 우리나라 과학 전반에 시사하는 바도 크다. 즉 갈수록 프로젝트 주기가 짧아지면서 진정 혁신적인 연구보다는 평가 점수를 따기 위한 논문 양산에 여념이 없는 우리나라 과학계 현실을 반성하는 계기가 됐기 때문이다.

이 관장은 2015년부터 2018년까지 4년 동안 2차 몽골 공룡탐사를 벌인다고 밝혔다. 2023년 무렵 또 어떤 놀라운 공룡이 모습을 드러낼지 벌써부터 궁금해진다.

참고문헌

Holtz, T. *Nature* 515, 203 (2014)

Lee, Y. et al. *Nature* 515, 257 (2014)

part

5

심리학/신경과학

5-1

악몽과 개꿈의 과학

우리는 흔히 누군가가 잠을 자다 죽으면, 특히 나이가 많을 경우, 편안하게 세상을 떴다고 말한다. 필자 역시 잠자다 맞이하는 죽음이 당사자로서는 고통스럽지도 죽음의 공포도 느끼지도 않을 죽음이라고 생각했다. 그런데 어느 날 명상의 과학에 대한 글을 읽다가 그렇지 않을지도 모른다는 생각이 들었다.

명상은 마음의 평정심을 가져다주기 때문에 평소 꿈자리가 사나운 사람이 도움을 받을 수 있다는 얘기였는데, 그 가운데 꿈이 신체에 미치는 영향력이 크다는 내용이 인상적이었다. 즉 악몽을 자주 꾸면 자다가 심장마비나 심혈관질환을 일으킬 가능성도 높아진다는 것이다. 우리는 평화스럽게 세상을 떴다고 생각하지만 정작 당사자는 악몽 속에서 극도로 흥분된 상태에서 죽음을 맞이한 것일 수도 있다는 말이다.

평소 악몽을 자주 꾸는 편인 필자로서는 기분이 안 좋은 정보였다. 그 뒤로 악몽을 꾸다가 깨면 그 구절이 생각나 '이러다 큰일 나는 거 아닌가' 하는 걱정에 누워도 좀처럼 다시 잠들지 못하곤 했다. 필자의 지인인 한의사의 말에 따르면 악몽을 자주 꾸는 건 몸이 허해졌기 때문으로 몸을 보해줘야 한다. 필자도 한두 번 겸사겸사 보약을 먹은 적도 있고 효과를 본 것 같기도 하다.

• 스위스에서 태어나 주로 영국에서 활동한 화가 헨리 푸젤리Heinrich Fuseli의 1781년 작품 <악몽>. 이 작품이 발표되자 영국 미술계가 발칵 뒤집혔고 푸젤리는 단숨에 유명해졌다고 한다.

남자는 천재지변, 여자는 인간관계문제 비중 높아

학술지 〈수면Sleep〉 2014년 2월호에는 악몽과 개꿈의 주제와 내용을 비교분석한 논문이 실렸다. 참고로 필자는 여기서 논문의 'bad dream'을 '개꿈'으로 번역했다. 사전에는 '악몽' 또는 '흉몽'으로 번역돼 있지만, 이 경우 악몽으로 번역한 'nightmare'와 혼동이 되기 때문이다. 참고로 사전에서는 'silly dream'이 개꿈으로 번역돼 있다.

그렇다면 악몽과 개꿈bad dream의 차이는 무엇일까. 한 마디로 나쁜 꿈을 꾸다 깨면 악몽이고 안 깨면 개꿈이다. 즉 악몽은 잠을 중단시킬 정도로 격한 정서반응을 유발하는 꿈이다. 캐나다 몬트리올대 심리학과 안토니오 자드라Antonio Zadra 교수팀은 사람들에게 꿈을 꾸면 최대한 빨리 그 내용을 기록해달라고 부탁했다. 꿈은 특성상 잠에서 깨어난 뒤 시간이 조금만 지나도 구체적인 내용이 기억에서 사라지기 때문이다.

2~5주에 걸쳐 331명이 보고한 9,796건의 꿈 가운데 악몽은 253건, 개꿈은 431건이었다. 악몽을 주제별로 분석한 결과 신체적인 위협을 당한 경우가 49%로 가장 높았고 다른 사람과의 갈등이 21%, 실패나 속수무책인 상황이 16%, 누군가에게 쫓기는 상황이 11%로 뒤를 이었다. 필자가 꾼 잡다한 악몽도 대충 이런 범주에 들어가는 것 같다. 반면 개꿈은 다른 사람과의 갈등이 35%, 신체적인 위협이 21%, 실패나 속수무책인 상황이 18%, 건강 염려나 죽음이 14%로 약간 차이를 보였다.

한편 꿈이 불러일으킨 감정은 악몽의 경우 두려움이 65%로 압도적으로 높았고 슬픔이 7%, 분노가 5%, 긍정적인 감정이 4.5%인 반면 개꿈은 두려움이 45%, 슬픔이 12%, 혼란스러움이 7%, 분노가 6.7%였다. 남녀 사이에도 차이가 있었는데, 남자는 천재지변의 비율이 높은 반면 여자는 인간관계의 비중이 두 배 이상 더 높았다. 즉 남성은 돌아다니다 위기를 겪는 꿈을 더 자주 꾸는 반면 여성은 타인과의 갈등이라는 심리적인 문제에 더 격렬히 반응한다는 말이다. 그런데 왜 우리는 악몽을 꾸는 걸까.

악몽은 정서네트워크의 기능장애?

악몽 같은 수면장애를 20년째 연구하고 있는 자드라 교수는 이에 대해 "여전히 모른다"며 "아울러 꿈을 왜 꾸는지도 모르는 건 마찬가지"라는 실망스러운 대답을 한다. 지그문트 프로이트가 『꿈의 해석』을 펴낸 지 100년도 넘는 세월이 흘렀지만 꿈은 여전히 미스터리한 현상이라는 말이다. 다만 꿈에 대한 여러 가설이 있고 이를 토대로 악몽도 그럴듯하게 설명하고 있다.

그 가운데 필자가 공감한 가설인 정서네트워크 기능장애 모형affect network dysfunction model을 잠깐 소개한다. 몬트리올대 수면연구센터 토레 닐센Tore Nielsen 교수와 미국 예시바대 로스 레빈Ross Levin 교수는 지난 2007년 학술지 〈수면의학리뷰〉에 발표한 논문에서 먼저 개꿈을 정서네트워크가 작동해 나쁜 기억을 없애는 과정이라고 설명한다. 즉 안 좋은 기억을 개꿈으로 재구성해 경험하면서 마음이 이를 극복해 잊게 된다는 말이다. 그런데 정서네트워크에 문제가 생기면 이런 과정이 제대로 진행되지 못하고 악몽이라는 형태로 흘러넘친다는 것.

예를 들어 두려움이라는 감정이 꿈을 통해 나타나는 과정을 정서네트워크의 작용으로 살펴보자. 이 네트워크는 뇌의 네 영역, 즉 편도체와 내측전전두피질, 해마, 전방대상피질로 이뤄져 있다. 먼저 해마에 저장된 기억이 편집, 변형되면서 편도체로 전달된다. 이때 전방대상피질과 내측전전두피질이 편도체의 작업을 조절한다. 한편 편도체의 활동은 뇌간과 시상하부에 영향을 미쳐 심박수나 호흡 같은 신체반응의 변화가 따라올 수 있다. 결국 악몽은 전방대상피질이나 내측전전두피질의 조절기능에 문제가 생겨 편도체가 과잉반응을 한 결과라고 볼 수 있다는 것.

그럼에도 악몽 자체가 병은 아니라고 한다. 조사결과에도 있듯이 악몽이 긍정적인 반응을 불러일으키는 경우도 4.5%나 됐다. 반복되는 꿈을 통해 나쁜 기억이 점차 소멸돼가는 과정이 개꿈의 격렬한 형태인 악몽에서도 나타날 수 있다는 말이다. 다만 개인에 따라서 잠드는 게 두려울 정도로 악몽의 빈도와 강도가 높을 경우는 심리치료를 받을 필요가 있다고 한다.

여러 조사결과를 토대로 분석해보면 인구의 2~6%가 매주 악몽을 꾼다고 한다. 나이대로 보면 청소년 시기에 가장 많이 꾸고 나이가 들수록 점차 빈도수가 떨어진다. 또 쌍둥이 연구를 보면 유전적으로 악몽을 잘 꾸는 체질이 있는 것 같다.

독일의 정신분석학자 에른스트 하트만Ernst Hartmann에 따르면 '경계투과성boundary permeability'이 큰 사람들이 악몽을 더 잘 꾼다고 한다. 경계투과성은 성격의 한 측면을 나타내는 용어로, 경계투과성이 큰, 즉 벽이 얇은 사람은 감수성이 예민하고 예술가적 기질과 창조적 소양을 갖고 있지만 상처받기 쉬운 성격이기도 하다. 반면 경계투과성이 낮은, 즉 벽이 두꺼운 사람은 현실과 환상, 남과 나를 분명하게 구분하는, 좋게 말하면 어른스러운 사람이지만 한편으로는 재미없는 사람이기도 하다. 악몽의 경계투과성 이론에 따르면 악몽을 자주 꾼다는 건 그만큼 감수성이 풍부하다는 말이므로 약간의 위안이 되기도 한다.

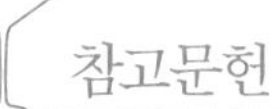

참고문헌

Nielsen, T. & Levin, R. *Sleep Medicine* 11, 295 (2007)
Robert, G. & Zadra, A. *Sleep* 37, 409 (2014)

5-2

샤넬 No.5는 염소 페로몬에서 영감을 받은 향수일까?

향기가 없는 여성은 미래가 없다.

— 폴 발레리

"강상, 간바떼구다사이!(강 선생님, 파이팅!)"

20년 전인 1995년 봄 필자는 일본 도쿄에 있었다. 당시 한 화장품회사 연구소 향료실에서 일하던 필자는 원료(향료)공급업체인 한 일본회사의 연구소에서 6주 동안 조향調香연수를 받았다. 그림을 그리려면 개개 물감의 특성을 알아야 하듯, 향료를 조합해 새로운 향기를 창조하려면 개별 향료의 특성을 숙지해야 한다. 따라서 수많은 천연향료의 향기를 먼저 외워야 했고, 매일 아침이면 연구원이 끝에 향료를 묻힌 폭이 좁고 길쭉한 종이 다섯 개를 갖다 주며 미소와 함께 위의 말을 건넸다. 종이 끝의 향을 맡고 어떤 향료인지 종이 밑에 적는 퀴즈로, 처음에는 한두 개 밖에 못 맞췄지만 연수가 끝날 쯤에는 다 맞춘 날도 있었다.

향수를 만드는데 들어가는 향료는 수백 가지가 있지만, 입문 교육을 받는 사람은 100여 가지로 출발한다. 감귤류 향료 냄새를 맡게 하고 '장미향이냐 오렌지향이냐?'라고 물으면 후맹嗅盲이 아닌 다음에야 쉽게

• 1995년 필자는 일본의 한 향료회사에서 6주 동안 조향 연수를 받았다. 조향실에는 천연 또는 합성 향료가 담겨 있는 병이 수백 개 놓여 있다. 오른쪽은 아침마다 테스트 견본을 갖고 오던 하라原 씨다. (제공 강석기)

답하겠지만, 오렌지, 그레이프푸르트(자몽), 레몬, 베르가못, 만다린, 라임 등 감귤류 향료가 여럿이면 막상 종이 끝에 찍힌 향료의 냄새만으로는 어떤 건지 꽤 헷갈린다. 결국 여러 번 맡으면서 그 향료의 고유한 냄새 프로파일을 스스로 구성해 기억하는 수밖에 없다.

그런데 흥미로운 건 식물에서 얻는 향료는 수백 가지나 되는데 동물에서 얻는 향료는 달랑 네 가지 뿐이라는 사실이다. 생각해보면 당연한데, 식물은 꽃, 잎, 열매, 줄기, 뿌리 등 다양한 부위에서 향기성분이 나오지만 사실 동물에서야 땀 냄새밖에 더 나오겠는가. 따라서 향수에 들어가는 동물성 향료가 있다는 게 오히려 놀라운 사실일지도 모른다. 아무튼 동물 향료를 잠깐 살펴보자.

동물 향료는 4가지뿐

먼저 용연향ambergris이 있다. 이건 향유고래의 위胃에 있는 일종의 결석으로 너무 커져 고래가 토해낸 것이다. 물에 둥둥 떠다니는 토사물 덩어리는 '바다의 로또'로, 수년 전에도 한 어부가 건져 수억 원을 받았다는 외신을 본 적이 있다. 고래가 토한 것이라니 냄새도 역겨울 것 같은데, 막상 맡아보면 의외로 달콤한 수지樹脂 같은 미묘한 향기를 풍긴다. 따라서 향수에 용연향을 살짝 첨가하면 향이 훨씬 고급스러워지고 풍부해진다.

다음으로 영묘향civet이 있다. 사향고양이의 향낭에 모인 분비물을 채취해 얻는데, 짙은 갈색의 연고 같은 형태다. 처음 냄새를 맡아보고 역겨워서 깜짝 놀란 기억이 난다. '이런 걸 어떻게 향료로 쓰지?'라고 생각했지만 낮은 농도로 희석하면 미묘하면서도 섹시한 향기를 풍긴다는데 잘 모르겠다. 요즘은 사향고양이를 길러 향을 얻는다고 한다.

세 번째는 해리향castoreum으로 비버의 향낭에서 얻는다. 이것 역시 굉장히 고약한 냄새로 필자가 맡은 역대 향료 가운데 가장 역겨웠던 것 같다. 영묘향처럼 향수에 희석액 한 방울만 떨어뜨리면 순식간에 고급스러운 향이 만들어진다고 한다.

끝으로 우리에게 익숙한 사향musk이 있다. 동서를 불문하고 오래전부터 고가에 거래돼온 사향은 사향노루 수컷의 생식샘에 들어있는 분비물로, 역시 그 자체로는 불쾌한 냄새이지만 희석하면 대단히 매력적인 향기를 풍긴다. 오늘날은 사향노루 멸종을 막기 위해 사향을 향료로 쓰지 못하게 막고 있다. 물론 이전에도 너무 고가여서 향료회사들은 사향을 대체할 수 있는 여러 합성 머스크 물질을 개발해왔다.

용연향을 뺀 세 가지 동물성 향료는 모두 생식샘에서 얻는다. 따라서 이들 향료에는 동물의 번식행동과 관련한 물질, 즉 페로몬이 들어있을 가능성이 높다. 물론 페로몬은 정의상 같은 종의 이성을 유혹하는 물질이므로, 사람이 이들 동물의 페로몬을 향수로 쓴다고 해서 그런 효과를 낸다고 볼 수는 없다. 그럼에도 여기에는 뭔가가 있기에 고가임에도 향수의 향기를 완성시키기 위해 넣어온 게 아닐까.

숫염소가 분비하는 감귤향 물질

학술지 〈커런트 바이올로지〉 2014년 3월 17일자에는 염소의 페로몬 성분을 발견했다는 논문이 실렸다. 페로몬은 작용에 따라 크게 두 가지로 구분하는데, 하나는 릴리서페로몬releaser pheromone으로 상대의 행동 변화를 유발하는 페로몬이고 다른 하나는 프라이머페로몬primer pheromone으로 상대의 내분비계를 변화시키는 페로몬이다. 지금까지 릴리서페로몬에 대해서는 여러 연구결과가 있었지만 프라이머페로몬 연구는 드물었다. 그런데 이번에 확인된 숫염소 페로몬 4-에틸옥타날4-ethyloctanal은 암컷에서 프라이머페로몬으로 작용하는 것으로 밝혀졌다.

일본 도쿄대 동물자원과학과 유지 모리 교수팀은 숫염소 두피에서 방출되는 휘발성 분자를 포집해 그 성분을 분석했다. 쥐나 돼지 같은 동물들은 오줌에 페로몬 성분이 들어있는 반면 특이하게도 염소는 숫염소의 머리털에 그런 작용을 하는 물질이 있다는 게 알려져 있었다. 연구자들은 정상 숫염소와 거세한 숫염소의 두피에서 포집한 성분을 분석해 비교한 뒤 정상 숫염소에만 있는 성분 일곱 가지를 확인했다. 그리고 그 각각에 대해 프라이머페로몬으로 작용하는지 여부를 측정했다.

즉 추출물의 냄새를 맡은 암염소의 뇌 속 시상하부에 있는 성선자극호르몬분비호르몬의 파동적 분비 패턴의 변화를 측정한 것. 시상하부는 내분비계를 조절하는 지휘본부다. 만일 프라이머페로몬이라면 이 분비 패턴의 주기가 짧아져 암컷이 짝짓기를 준비할 수 있는 몸상태로 바뀐다. 측정 결과 숫염소의 두피 휘발성물질 혼합물은 강력한 프라이머페로몬으로 작용했고, 구성 성분별로 실험을 한 결과 4-에틸옥타날이라는 분자가 주된 페로몬이라는 사실이 밝혀졌다. 놀라운 사실은 지금까지 자연계에서 이 분자의 존재가 보고된 적이 한 번도 없다는 것.

한편 4-에틸옥타날은 공기에 노출되면 4-에틸옥탄산4-ethyloctanoic acid으로 산화되는데, 4-에틸옥탄산이 바로 염소 특유의 노린내를 내는

• 숫염소는 두피에서 페로몬을 분비해 암컷의 행동변화와 생리변화를 일으킨다. 최근 일본 연구진들은 4-에틸옥타날이라는 지방족알데히드 분자가 암컷의 생리변화를 일으키는 프라이머페로몬이라는 사실을 확인했다. (제공 <커런트 바이올로지>)

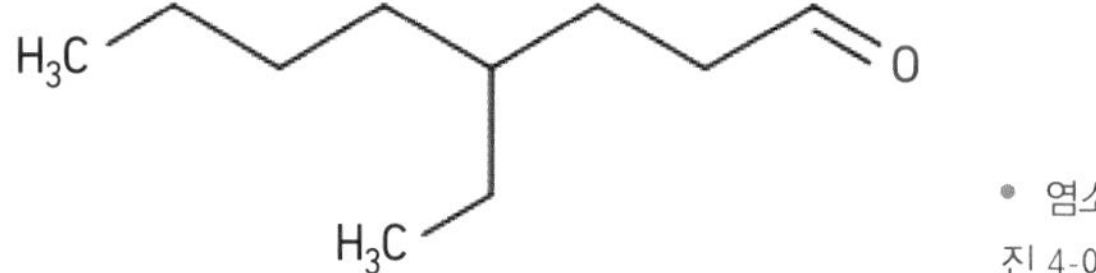

• 염소의 페로몬으로 밝혀진 4-에틸옥타날 구조.

물질이다. 1980년대 연구자들은 4-에틸옥탄산이 암컷이 수컷에 관심을 보이게 하는 릴리서페로몬으로 작용한다는 사실을 밝힌 바 있다. 사람에게는 4-에틸옥탄산이 불쾌한 냄새인 반면, 4-에틸옥타날은 시트러스(감귤류) 계열의 냄새라고 한다. 필자는 이 분자의 냄새를 맡아보지 못했지만 문득 어떤 느낌일지 감이 왔다.

모던 향수 시대를 연 알데히드

1921년 프랑스 파리. 당시 러시아 황족을 위해 일하던 유명한 조향사 어네스트 보Ernest Beaux는 심플한 원피스를 내놓으며 패션계를 전복하고 있는 디자이너 코코 샤넬Coco Chanel의 의뢰를 받고, 샤넬의 정신을 담은 향기를 창조하는 프로젝트를 맡는다. 보는 과거 러시아에 머물던 어느 날 아침 안개가 축축이 깔려있는 호수를 거닐 때 인상을 향기로 재현하기로 했다.

원료를 아끼지 말라는 코코 샤넬의 말에 따라 최고가인 그라스Grasse(향료의 메카인 남프랑스 도시) 장미, 그라스 자스민, 영묘향 등을 주원료로 해서 골격을 완성한 어네스트 보는 여기에 지방족알데히드라는 합성향료물질을 첨가하는 혁신적인 처방을 내놓는다. 지방족알데히드는 그 자체로 향기가 좋다고 보기 어려운데, 탄소사슬 길이에 따라 분자에서 시트러스향기와 복숭아향기, 지방냄새(양초에서 나는 냄새를 연상하면 된다)가 복합적으로 풍긴다.

• 1921년 출시된 전설의 향수 <샤넬 No.5>를 창조한 천재 조향사 어네스트 보. 그는 샤넬 No.5에 합성향료인 지방산알데히드를 사용했는데, 그 가운데 하나인 데카날은 이번에 밝혀진 염소 페로몬 4-에틸옥타날의 이성질체다.

코코 샤넬은 어네스트 보가 준비한 열 가지 견본(1번에서 5번, 20번에서 24번)의 향기를 맡은 뒤 "5번이 좋군요"라고 촌평했고, 이 말 한마디로 향수의 대명사 〈샤넬 No. 5〉가 태어났다. 훗날 샤넬은 "그건 내가 기다리던 향기였다. 그 향기는 무엇과도 닮지 않았다. 여성의 향기가 풍기는 여성의 향수였다"라고 그 순간을 회상했다.

어네스트 보가 샤넬 No.5에 쓴 지방족알데히드 가운데 하나인 데카날decanal은 탄소 10개로 이뤄진 분자로 오렌지향에 지방냄새가 섞인 느낌이다. 그런데 이번에 숫염소에서 발견된 페로몬 4-에틸옥타날은 탄소 8개인 옥타날 골격에 탄소 2개짜리 곁사슬이 붙은, 역시 탄소 10개짜리 분자로 데카날과 분자식이 동일하다($C_{10}H_{20}O$). 즉 데카날의 이성질체다. 따라서 그 향기도 데카날의 범위를 크게 벗어나지 않을 것이다.

문득 어네스트 보가 러시아의 안개 낀 호숫가를 거닐 때 주변에 풀

• 모던 향수의 시대를 연 향수 <샤넬 No.5>. 구입한지 20년이 넘었지만 여전히 향기를 간직하고 있다. 다만 자스민 같은 천연향료가 많이 쓰여 원래 호박색이 짙게 변색됐다. (제공 강석기)

을 뜯고 있는 염소들이 있지 않았을까 하는 생각이 든다. 후각 천재 어네스트 보는 숫염소가 발산하는 4-에틸옥타날의 향기를 포착했고, 여기서 영감을 얻어 샤넬 No.5를 창조했던 건 아닐까.

참고문헌

Murata, K. et al. *Current Biology* 24, 1 (2014)

5-3

기억과 망각의 철학과 생명과학

걸러지지 않은 대량의 정보는 지각을 무뎌지게 한다.
이는 몇몇 정신 장애의 원인이 된다.

— *한병철*

필자는 최근 독일 베를린예술대학 한병철 교수의 『투명사회』를 재미있게 읽었다. 2년 전 우연히 『피로사회』를 읽고 깊은 인상을 받았기에, 신간(한국어판)이 나왔다는 걸 알고 얼른 사서 본 건데 역시 기대를 저버리지 않았다.

한 교수는 독특한 비주류의 관점에서 사회 현상을 해석하는데, 필자가 굳이 비주류 앞에 '독특한'이라는 표현을 쓴 건 여기서 말하는 주류는 보수기득권자를 의미하는 게 아니라 오늘날 담론을 주도하는, 어찌 보면 진보적인 관점을 얘기하는 것이다. 한마디로 '솔직히 난 그렇게 느끼지 않는데…'라고 생각하더라도 선뜻 의견을 말하기가 꺼려지는(보수 꼴통으로 보일까봐) 그런 의미의 주류와 비주류다.

그런데 한 교수는 굉장히 세련된 담론으로 악과 대립하는 게 꼭 선인 것만은 아님을 설득력있게 보여주는 것이다. 예를 들어 과거 군사독재

• 2014년 번역 출간된 독일 베를린 예술대학 한병철 교수의 『투명사회』. 정보를 쉽게 얻을 수 있는 환경에서 투명성을 지나치게 강조하다보면 신뢰에서 상호통제로 시스템적 전환이 일어나면서 디지털 통제사회가 도래할 수 있음을 경고하고 있다. (제공 강석기)

같은 '규율사회'에서 지금은 개인이 능력만 있으면 무엇이든 할 수 있고 될 수 있는 '성과사회'가 됐다지만, 그렇다고 해서 현대인들의 삶이 결코 자유롭지는 않다는 것이다. 오히려 개인의 성패는 전적으로 자신이 하기에 달려있다는 의미이기 때문에 사람들은 이 요구에 부응하려고 애쓰다가 지쳐 소진되는 '피로사회'가 우리의 맨얼굴이라는 것.[20]

모든 것을 기억하는 여자

'투명사회' 역시 마찬가지 맥락이다. 오늘날 우리는 모든 사회 시스템에서 '투명성'을 강조하지만 결국 '투명사회'는 '포르노사회'일 뿐이라는 것. 그러면서 한 교수는 정치를 비롯한 많은 영역에서 불투명성의 중요성을 강조한다. 선뜻 수긍이 안 가겠지만 『투명사회』를 읽어보면 필자처럼 고개를 끄덕이게 될지도 모른다.

한 교수가 책에서 오늘날 투명사회 도래의 주범으로 꼽는 기업이 둘

20 『피로사회』에 대한 자세한 내용은 『사이언스 소믈리에』 54쪽 '당신도 피로사회에 살고 있나요?' 참조.

있는데 하나가 구글이고 다른 하나가 페이스북이다. 즉 인터넷을 통한 정보의 과다('빅데이터'라는 멋진 용어로 표현하기도 한다)와 SNS를 통한 집단 노출증이 투명사회를 만드는 원동력이 됐다는 것. 한 교수에 따르면 정보 사냥꾼이 된 현대인들은 "조급하며 삼갈 줄 모르고" 따라서 "사물이 숙성하게 놓아두지 않고 곧장 달려들어 클릭할 때마다 먹이를 잡아채야" 직성이 풀린다.

그런데 책에서 한 교수가 기억과 저장을 구별하는 대목이 특히 흥미롭다. 즉 "기억은 서사적이라는 점에서 그저 덧붙이고 쌓기만 하는 저장과 구별된다"는 것. 서사, 즉 이야기는 선택 작업이고 따라서 "기억의 자취는 그 역사성 때문에 늘 재정리되고 수정되는 과정에 놓인다"는 말이다. 그런데 오늘날은 기억조차 '고물가게'로 또는 '보존 상태가 좋지 않은 다량의 온갖 이미지와 닳아빠진 상징들이 완전히 뒤죽박죽으로 꽉 차 있는 창고'로 전락하고 있다는 것이다. 고물가게는 사물들이 널려 있을 뿐이고 기억도 망각도 하지 못한다.

이 구절을 읽다가 문득 예전에 책인가 논문인가에서 본 한 여성의 이야기가 떠올랐다. 이 사람은 망각을 하지 못하는 '병'을 앓고 있다. 즉 20년 전 아무 날을 대도 그날 저녁에 뭘 먹었는지까지 기억한다는 것. 이런 믿을 수 없는 기억력의 소유자는 그러나 자신이 너무나도 불행한 삶을 살고 있다고 괴로워한다는 내용이었다. '어디서 봤더라…' 아무리 생각해도 '기억'이 나지 않는다.

별수 없이 구글에 들어가(한 교수님, 미안해요) 어떤 검색어를 넣을까 잠시 고민하다 'woman remember everything'을 치고 리턴을 눌렀다. 놀라운 구글의 검색시스템은 필자의 아련한 기억이 착각이 아니라고 위로해주고 있었다. 필자가 찾던 그 여인의 이야기가 위에서부터 줄줄이 나오는 게 아닌가. 똑똑한 것!

이 가운데 2009년 월간지 〈와이어드Wired〉에 실린 글을 프린트해 읽어봤는데, 이 여인이 2008년 『The Woman Who Can't Forget』이라는 자기 이야기를 담은 책을 내기도 했단다. 교보문고 사이트에서 이 책 제목으로 검색을 해봤다. 한글판이 있다면 같이 뜨기 때문이다(여기 검색 시스템도 꽤 똑똑하다!). 별로 기대는 안 했는데 2009년 『모든 것을 기억하는 여자』라는 제목으로 한글판이 나왔다. (공교롭게도 필자의 검색어가 한글판 제목의 직역이지만, 물론 필자가 이 책을 읽고도 출처를 기억하지 못했을 정도로 기억력이 심각한 수준은 아니다!(아닐 것이다…))

1965년 태어난 질 프라이스Jill Price라는 미국 여성은 14세 이후 하루하루에 대해 거의 완벽한 기억을 갖고 있다. 프라이스는 어린 시절 어느 날 주위 사람들의 기억력이 형편없다는 사실을 발견하고 자신이 특별한 능력을 갖고 있다는 걸 깨달았다고 한다. 책에 따르면 프라이스의 기억력 발전은 3단계를 거치는데, 8세 미만의 기억은 다른 사람보다 '훨씬 뛰어난' 수준이다. 다음으로 8세에서 13세까지로 대부분의 날의 일들을 기억하지만 완벽하지는 못하고 기억하기 위해 '몇 초 동안' 노력해야 하는 날도 있다. 끝으로 14세 이후 현재까지는 거의 완벽하게 즉각적으로 기억해낼 수 있다.

"과거의 기억들이 머릿속에 무한 반복되는 가운데, 현재를 살아가는 것이 결코 쉽지 않았던" 프라이스는 "머릿속에서 대체 무슨 일이 벌어지고 있는 건지, 그 이유는 무엇인지" 알고 싶어서 구글에서 '기억'으로 검색을 했고, 제일 위에 뜬 기억 연구의 권위자인 캘리포니아대(어바인) 제임스 맥거프James McGaugh 교수에게 '2000년 6월 8일' 이메일을 보낸다.

"텔레비전에 뜬 날짜 자막만 봐도, 자동적으로 그날로 되돌아가 그날 제가 어디 있었고 무엇을 하고 있었는지 기억할 수 있습니다. 이런 일은 쉴 새 없이 일어나고 통제불능이라서 정말 저를 지치게 만듭니다."

평소 이런 연락을 많이 받는 맥거프 교수이지만 친절하게 한번 보고 싶다는 답장을 보냈고 6월 24일 연구실에서 두 사람은 만났다. 맥거프 교수는 『20세기 매일의 사건사고』라는 두꺼운 책을 갖다놓고 질문을 했는데 프라이스의 놀라운 기억력에 경악한다. 특히 1979년 11월 5일에 무슨 일이 있었냐는 질문과 관련된 에피소드가 압권이다.

이 질문에 프라이스는 "월요일인데 특별한 일은 없었다. 하지만 전날은 이란 학생들이 테헤란에 있는 미국 대사관에 난입했던 사건이 있었다"고 답한다. 맥거프 교수는 그 사건이 11월 5일에 있었다고 정정했지만 프라이스는 4일이라고 고집했다. 결국 맥거프 교수는 책을 보여줬지만 프라이스는 책이 잘못됐다고 버텼다. 결국 다른 문헌으로 확인해보자 정말 책이 틀렸다는 사실이 밝혀졌다!

2006년 맥거프 교수는 학술지 〈뉴로케이스Neurocase〉에 프라이스의 사례를 보고하면서 '과잉기억증후군hyperthymestic syndrome'이라는 신조어를 만들어 사용했다. 그 뒤 지금까지 과잉기억증후군에 해당하는 사례가 25명 보고됐고, 이들 대다수는 프라이스처럼 10대 초반부터 하루하루를 기억하는 경이로운 능력을 갖게 됐다고 한다.

한편 과잉기억증후군인 사람들의 기억력은 서번트 증후군인 사람들의 기억력과는 성격이 다르다.[21] 즉 책을 통째로 외우는 서번트의 기억력은 일종의 스캐너인 반면, 과잉기억인 사람들은 자기 주변, 즉 일상의 에피소드를 세세히 기억한다는 것. 예를 들어 이런 것이다.

"1999년 3월 28일 일요일에는 특별한 사건은 없었지만 그날 역시 기억할 수 있다. 어머니와 함께 엔치노 글렌 카페에서 아침을 먹었다. 나는 스크램블 에그를 시켰고 두통 때문에 머리가 좀 아팠다." (『모든 것을 기억하는 여자』 57쪽)

21 서번트 증후군에 대한 자세한 내용은 『과학을 취하다 과학에 취하다』 145쪽 '서번트 증후군, 그 놀라운 기억력의 비밀은…' 참조.

• 2006년 학술지 <뉴로케이스>에서 과잉기억증후군 사례가 처음 보고된 이래 2013년 11월 현재 25건이 보고됐다고 한다. 이 가운데는 미국 배우 마릴루 헨너Marilu Henner도 포함돼 있다. 헨너는 11살 이후 거의 모든 날의 일상을 기억하고 있다고 한다. (제공 위키피디아)

망각의 단백질 찾아

이런 비범한 기억력이 삶을 살아가는데 오히려 장애가 되는 경우가 더 많다는 사실은 기억뿐 아니라 망각도 뇌의 '기능'일 거라는 추측을 하게 한다. 체험, 즉 오감을 통해 밀려드는 정보더미가 과잉기억증후군인 사람들처럼 그대로 쌓여 시도 때도 없이 떠오른다면 내 삶을 편집해 의미를 끄집어낼 여유가 없기 때문이다. 즉 건강한 기억은 "최대한 많은 걸 유지하는 게 아니라 불필요한 걸 잊어버리는 능력"에 있다는 말이다.

기억형성에 대한 연구는 꽤 있지만 상대적으로 기억상실, 즉 망각에 대한 연구는 드물다. 고전 심리학은 기억상실에 대해 두 가지 가설을 제시했다. 먼저 '부식 모형decay model'으로, 세월이 지나면 물건이 닳듯이 기억도 조금씩 손상되면서 사라진다는 것. 어찌 보면 상식적인 관점이다. 다른 하나는 '간섭 모형interference model'으로 망각은 여러 기억 사이의 경쟁의 결과 밀려난 기억이 사라지는 현상이라는 것이다. 즉 뇌의 기억용량이 제한돼 있다는 말이다. 이 두 모형은 망각을 수동적인 현상으로 본다는 공통점이 있다.

그런데 최근 망각이 기억형성만큼이나 능동적인 과정이라는 연구결과가 하나둘 나오고 있다. 학술지 〈셀〉 2014년 3월 13일자에는 망각 메커니즘을 규명했다는 연구결과가 실렸다. 스위스 바젤대의 연구자들은 모델동물인 예쁜꼬마선충을 대상으로 이런 사실을 확인했다. 즉 무사시(MSI-1)라는 단백질을 만들지 못하는 선충은 기억력이 오히려 더 뛰어나다는 사실을 발견한 것. 연구자들은 냄새정보에 대한 기억력을 측정하는 방법을 이용했다.

연구결과 무사시 단백질은 뉴런에서 액틴actin이라는 세포골격단백질의 구조형성을 방해하는 역할을 한다는 사실이 밝혀졌다. 이전 연구를 통해 액틴의 구조형성이 기억구축에 중요한 단계라는 사실이 알려져 있었고 이 과정에는 애두신(ADD-1)이라는 단백질이 관여함이 밝혀졌다. 즉 애두신은 기억형성에 관여하고 무사시는 망각에 관여하는 단백질인 셈이다.

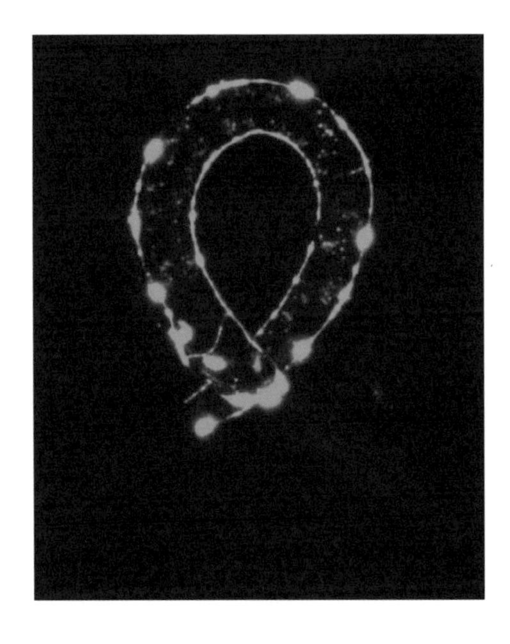

• 학술지 <셀> 2014년 3월 13일자에는 예쁜꼬마선충의 망각 메커니즘을 밝힌 연구결과가 실렸다. 이에 따르면 무사시라는 단백질이 뉴런에서 세포골격단백질 액틴의 구조화를 막아 체험이 기억으로 남지 못하게 한다. 사진은 예쁜꼬마선충의 신경계다. (제공 <셀>)

실제로 연구자들은 애두신 유전자가 고장나 기억력에 결함이 있는 돌연변이체에 추가로 무사시 유전자에 변이를 일으켰더니 기억력이 정상 수준으로 돌아옴을 확인하기도 했다. 비록 선충을 대상으로 한 실험 결과이지만 사람에서도 무사시에 해당하는 유전자가 있기 때문에 이런 능동적인 망각 메커니즘이 분명 존재할 것이다. 결국 과잉기억증후군은 이런 망각 메커니즘에 문제가 생긴 결과일 가능성이 크다는 말이다.

과유불급過猶不及, 즉 지나침은 모자람과 같다는 옛말처럼 너무 잘 잊어버리는 것도 문제이지만 너무 많은 걸 기억하는 것도 건강한 상태는 아닌 것 같다. 한병철 교수의 표현을 빌자면 '정보의 과다는 사유의 위축으로 귀결'되기 때문이다.

참고문헌

한병철, 김태환. *투명사회* (문학과지성사, 2014)

질 프라이스 & 바트 데이비스. *모든 것을 기억하는 여자* (북하우스, 2009)

Hadziselimovic, N. et al. *Cell* 156, 1153 (2014)

5-4

우리가 정말 행복했을까?

며칠 전 한 술자리에서 있었던 일이다. 사정이 있어 늦게 오게 된 한 분이 대형마트에 들러 안주용 생선회를 사다가 문득 지난 모임에서 마신 와인 생각이 났단다. '이름이 뭐더라…' 와인 매장 앞에서 고민하다 문자메시지를 보내려고 하는데 마침 와인시음을 하는 모습이 보였다. '어, 저 이름 같은데…' 가까이 가보니 '조세피나Josefina'라는 칠레와인이 었고 마셔보니 정말 찾는 와인이었다. 우연이라고 하기에는 너무 신기하다고 생각하며 얼른 두 병을 샀다고.

얘깃거리가 떨어질 때쯤 혜성같이 등장한 이 분 덕분에 자리는 활기를 되찾았고 어느새 와인 두 병은 비워져 있었다. 필자의 입맛에는 좀 달았지만 알코올 도수도 약간 낮고 향도 달콤한 게 아무튼 여자들이 좋아할 와인이라는 생각이 들었다.

뇌가 지쳤을 때는 멍 때리기가 해결책?

2014년 10월 27일 서울시에서 주최한 '멍 때리기' 대회가 화제라고 한다. 한 시간 반 동안 가장 잘 멍하니 앉아있는 사람을 뽑는 대회라는데 놀랍게도 아홉 살짜리 여자아이가 1등을 했다. 한 신문에서는 이 사실을 크게 다루면서 멍 때리기야말로 정신없이 사는 현대인들이 정신건강을 지키는 좋은 방법이라는 정신과전문의의 설명을 곁들이기도 했다.

'과연 그럴까.' 1, 2분이라면 몰라도 무려 한 시간 반 동안 멍 때리고 있다는 게 정상적인 뇌를 가진 사람에게 가능한(자연스러운) 일일 것 같지 않다. 이게 가능할 정도의 상태라면 멍 때릴 게 아니라 빨리 병원에 가봐야 하는 게 아닐까.

문득 분주함과 흘러넘치는 정보로 뇌에 과부하가 걸린 사람들에게 제시할 해결책은 멍 때림이 아니라 삶을 음미하는 데 있을 거라는 생각이 들었다. 앞에 소개한 여성분이 만일 이전 모임에서 "부어라! 마셔라!"하며 그 자리를 소비할 뿐 음미하지 않았다면 마트의 에피소드가 가능했을까.

현대인에게 필요한 건 멍 때림이 아니라 음미라는 주장은 필자의 생각일 뿐이지만 삶을 음미하는 태도가 중요하다는 건 심리학 분야에서 잘 알려진 사실이다. 수년 전 필자는 『Savoring음미』이라는 책을 샀는데, 책 제목을 '음미'하다 다음과 같은 흥미로운 사실을 발견한 게 구매 이유다.

즉 음미라는 말이 동서양 공통으로 말의 이차적 의미까지 똑같은 맥락으로 쓰인다는 사실이다. 한자어 음미吟味는 원래 맛있는 음식을 천천히 먹으면서 느끼는 기분을 뜻하는 말이지만 멋진 풍경을 보거나 과거의 좋았던 시절을 추억할 때도 이 말을 쓴다. 그런데 영어 savoring 역시 마찬가지 용법 아닌가! 음식을 향유하면서 만족한 미소를 짓듯이 행복한 순간을 떠올릴 때도 입가에 잔잔히 미소가 머무르기 마련이므로 동서양 모두에서 이런 의미의 확장이 일어난 것일까. 책을 보면 'savor'의 어원인 라틴어 '*sapere*'는 '맛보다', '맛이 좋다', '현명하다'라는 뜻이 있다고 한다.

서구에서 동양의 명상을 가져다 보급하면서 내건 문구인 '지금 여기

• 삶을 소비할 것인가 음미할 것인가? 미국 로욜라대의 프레드 브라이언트Fred Bryant 교수와 미시건대 조셉 베로프Joseph Veroff 교수는 긍정적인 경험의 새로운 모델로서 음미의 중요성을 강조한 책 『음미』를 2007년 펴냈다. (제공 강석기)

here and now' 역시 다른 말로 하면 현재를 음미하는 삶의 태도를 강조한 말이다. 그런데 삶을 음미하는 게 정신건강에 좋은 건 그 순간뿐 아니라 시간이 흘러서 좋았던 기억으로 떠올릴 거리도 그만큼 많아지기 때문 아닐까. 실제로 과거의 좋았던 일들을 떠올려 음미하면 심리적으로 긍정적인 효과가 있다는 연구결과가 많다. 부익부 빈익빈이라고 행복했던 추억을 떠올리면 현재의 행복도 커진다는 말이다.

행복한 과거 음미할 때 보상회로 활발해져

신경과학 분야 학술지인 〈뉴런〉 2014년 11월 19일자에는 '과거를 음미하기Savoring the Past'라는 어울리지 않는 제목의 논문이 실렸다. 과거를 음미할 때 뇌에서 일어나는 일들을 밝힌 논문으로 음미의 심리학을 뒷받침하는 신경과학 연구결과인 셈이다.

미국 럿거스대 심리학과 마우리치오 델가도Mauricio Delgado 교수팀은 피험자들에게 긍정적인 기억(예를 들어 디즈니랜드에 놀러 갔을 때)과 정서적으로 중성인 기억(예를 들어 장보러 갔을 때)을 하게 한 뒤 각각에 대해 느낌과 정서적 강도를 표시하게 했다. 그 결과 좋았던 일을 기억했을 때 기분이 좋다는 결과를 얻었고 정서반응도 강했다. 이전 연구들과 일치하는 결과다.

3일 뒤 피험자들은 두 번째 테스트를 받았다. 즉 기능성자기공명영상fMRI 장치 속에 들어가서 지난번 자신들이 말한 긍정적인 기억과 중성적인 기억들을 차례로 떠올렸다. 데이터를 분석하자 행복한 기억을 떠올릴 때 뇌의 선조체와 내측전전두엽피질이 더 활발히 작동했다. 이 영역들은 뇌에서 보상회로를 이루는 부분으로 다양한 차원의 보상에 관여한다. 즉 음식 같은 1차적 보상, 돈 같은 2차적 보상, 음악감상 같은 추상적 보상 모두를 매개한다. 결국 행복했던 과거를 떠올리면 보상회로가 활성화돼 맛있는 음식을 먹을 때나 로또 3등에 당첨됐을 때처럼 현재의 기분까지 좋게 한다는 말이다.

끝으로 연구자들은 행복했던 과거를 음미할 때 보상회로가 관여한다는 결과를 확인하는 행동실험을 했다. 즉 피험자들에게 돈을 덜 받

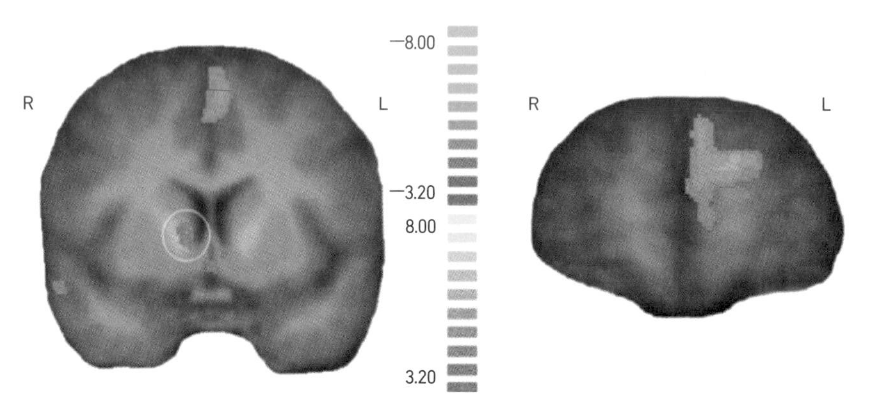

• 과거 행복했던 일을 기억할 때는 평범한 일을 기억할 때에 비해 뇌의 보상회로인 선조체(왼쪽 뇌 이미지 원 안)와 내측전전두엽피질(오른쪽 뇌 이미지)이 더 활성화된다는 사실이 밝혀졌다. (제공 <뉴런>)

고 행복했던 기억을 할 것인지 돈을 더 받고 중성적인 기억을 할 것인지 선택하게 한 것. 예상대로 받는 금액이 같으면 대부분(85%) 행복한 기억을 하겠다고 답했다. 금액의 차이를 두면서 실험을 한 결과 중성적인 기억을 할 때 2센트(약 20원)를 더 받는 조건에서 선택이 반반이었다.

테스트를 하며 이런 선택을 수십 차례 하더라도 몇백 원에 불과한 돈이라 좋은 기억의 가치가 얼마 안 되는 것 같지만, 기억이란 외부에서 주어진 게 아니라 원하면 나중에 나 혼자서도 얼마든지 할 수 있다는 걸 생각하면 미미한 차이라며 넘길 일은 아니다. 연구자들은 행복했던 일을 음미하는 게 기분을 좋게 할 뿐 아니라 정서조절에도 도움이 된다며 우울증 등 정서장애의 행동치료요법으로 도움이 될 거라고 제안했다.

문득 꼭 행복했던 기억이 아니더라도 지나간 일들을 음미하는 게 분주한 일상에 지친 메마른 정서를 촉촉하게 적셔주는데 도움이 되지 않을까 하는 생각이 든다. 물론 여전히 땅을 치고 후회할 일(그 여자 그때 잡았어야 했는데…)이라면 차라리 기억하지 않는 게 낫겠지만 아쉬운 정도(좋은 여자였는데. 지금 어디선가 행복하게 잘 살고 있겠지…)라면 말이다. 이제 그만 노트북을 덮고 커피 한 잔을 내려 이선희 씨의 명곡 〈추억의 책장을 넘기면〉과 함께 음미해야겠다.

참고문헌

Bryant, F. B. & Veroff, J. *Savoring* (Lawrence, Erlbaum Associates, Publishers, 2007)

Speer, M. E. et al. *Neuron* 84, 1 (2014)

5-5

뇌는 정말 신체적 고통과 정신적 고통을 구별하지 못할까?

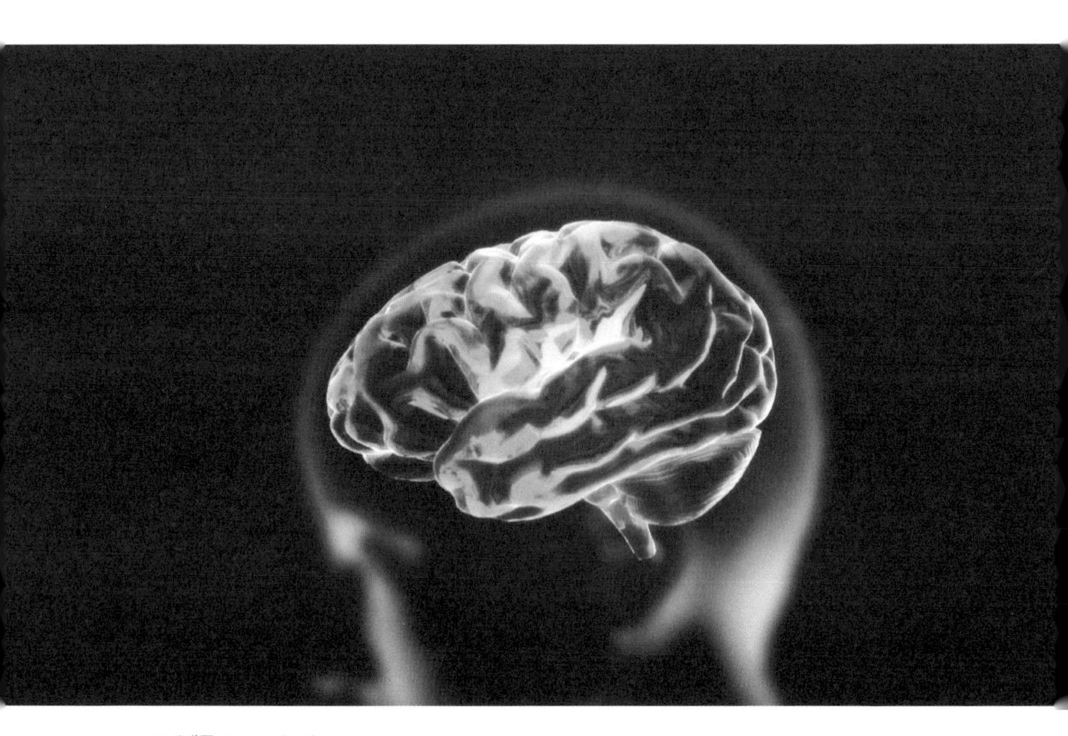

• (제공 shutterstock)

모든 것을 설명할 수 있다는 말은 아무 것도 설명할 수 없다는 말이다.

— *출처 미상*

물리학이나 화학의 최신 연구결과들이 대중의 관심을 끄는 경우는 드문 것 같다. 내용을 이해하기가 어렵기도 하지만 그 결과가 일상생활과 무관한 경우가 대부분이기 때문이다. 그들만의 리그인 셈이다. 반면 생명과학 분야는 좀 다른데 우리 자신이 생물인데다 연구의 상당부분이 의학, 즉 건강에 관련이 있기 때문이다. 특히 신경과학은 심리학과도 연결돼 있어 사회적인 함축까지 갖기도 한다.

이런 대표적인 연구결과로 2003년 학술지 〈사이언스〉에 발표된 논문을 들 수 있다. 왕따(사회적 배제)를 당하는 고통이 정말 신체적 고통만큼이나 가혹하다는 걸 증명한 실험결과로 당시 화제가 됐다.

미국 LA 캘리포니아대 심리학과 나오미 아이젠버거Naomi Eisenberger 교수팀은 '사이버볼Cyberball'이라는 컴퓨터 게임을 통해 따돌림을 당하는 상황을 만든 뒤 뇌의 활동을 기능성자기공명영상fMRI으로 분석했다. 사이버볼을 실제 상황으로 바꾸면 세 사람이 서로 축구공을 주고받는 놀이다.

연구자들은 사이버볼 파트너가 다른 방에서 참여하고 있는 피험자라고 알려줬지만 사실은 실제 사람이 아니라 컴퓨터 프로그램에 설정된 가상의 인물들이다. 왕따를 당하는 조건은 피험자가 별다른 언급없이 게임에 참여하지만 처음 몇 차례 패스를 받은 뒤부터는 공을 받지 못하고 게임에서 소외되게 프로그램돼 있는 상황이다.

왕따를 당한 사람의 fMRI 영상을 분석하자 전두대상피질이 활성화됐다. 이 영역은 신체적인 고통을 겪을 때 활성화된다. 한편 전전두엽피질의 활동은 위축됐는데 역시 신체적인 고통을 당할 때와 같은 경향이다. 즉 뇌의 활동 패턴만 봐서는 이 사람이 신체적 고통을 겪는지 심리적 고통을 겪는지 구분하기 어려울 정도다. 슬픈 일을 겪을 때 "마음이 아프다"고 말하는 건 뇌의 활동 패턴만을 봤을 때는 은유적 표현이 아니라 실제 그런 것이다.

당시 국내뿐 아니라 여러 나라에서 왕따가 심각한 사회문제로 떠오르고 있었기 때문에 이 연구결과는 왕따가 얼마나 나쁜 행동인지를 '증명'하는 예로 거론되면서 유명해졌고 이를 뒷받침하는 후속연구결과들이 이어지면서 오늘날 신경과학 분야뿐 아니라 심리학, 교육학 등 여러 분야에서 큰 영향을 미치고 있다. 필자 역시 2013년 한 매체에 실은 '왕따, 가해자도 피해자만큼 아프다'라는 제목의 에세이에서 이 연구를 소개했다.[22]

심리적 고통은 은유로서의 아픔

학술지 〈네이처 커뮤니케이션스〉 2014년 11월 17일자에는 2003년 논문의 데이터 해석이 잘못됐다는 연구결과가 실렸다. 미국 콜로라도대 심리학/신경과학과 토어 웨이거Tor Wager 교수팀은 fMRI 데이터의 해상력을 높이고 새로운 분석기법을 도입해 신체적 고통과 사회적 배제 경험을 했을 때 뇌활동 패턴을 비교한 결과 뚜렷한 차이가 있음을 발견했다. 심리적 고통으로 아프다고 말하는 건 육체적 고통의 관점에서는 '은유'라는 뜻이다.

물론 이번 연구결과가 신체적 고통과 심리적 고통은 전혀 관계가 없음을 뜻하지는 않는다. 실제 뇌에서 활성화되는 부분이 많이 겹치기도 하고 둘 사이에 영향을 주고받는다는 심리학 연구결과도 있다. 다만 2003년 논문의 영향으로 이를 동일시하는 전제에서 진행되고 있는 후속연구들을 재검토해야 함을 시사한다. 즉 둘의 효과가 같다고 해서 사회적 배제를 당하는 사람들에게 진통제를 투여해 '증상'이 완화되는지를 살펴보는 것 같은 실험이 과연 타당한가를 생각해봐야 한다

22 이 에세이는 『과학을 취하다 과학에 취하다』에 실렸다. 155쪽 참조.

는 말이다.

연구자들은 신체적 고통 실험으로 피험자의 손목에 열자극을 줘 통증을 느끼게 했고 정신적 고통은 자신을 차버리고 떠난 옛 애인 사진을 보게 했다. 설문결과 피험자들은 예상대로 부정적인 반응을 보였는데 그 수준은 비슷했다. 이것만 보면 뇌가 정말 신체적인 고통과 심리적인 고통을 구별하지 못하는 것 같다.

그러나 fMRI 데이터를 여러 통계기법을 써서 정교하게 분석한 결과 신체적 고통과 심리적 고통은 다른 회로를 통해 처리된다는 사실이 밝혀졌다. 즉 신체적 고통을 느낄 때는 통각을 처리하는 영역과 통증을 조절하는 영역이 더 활성이 높았다. 반면 심리적 고통의 경우 타인의 마음을 추측하거나 부정적인 정서에 관여하는 영역이 더 활발했다.

한편 두 가지 고통 모두에 활발하게 반응하는 것으로 알려진 영역도 자세히 들여다보면 차이가 났다. 예를 들어 뇌에서 통증을 처리하는 핵심 영역으로 알려진 배측(등쪽)전대상피질(dACC)의 경우 삼차원 픽셀(박셀voxel이라고 부른다) 하나하나를 들여다보면 신체적 고통이냐 심리적 고통이냐에 따라 활성화되는 패턴이 다르다는 것. 아울러 dACC가 활성화될 때 뇌의 다른 부위와 맺는 네트워크의 패턴도 다른 것으로 나타났다.

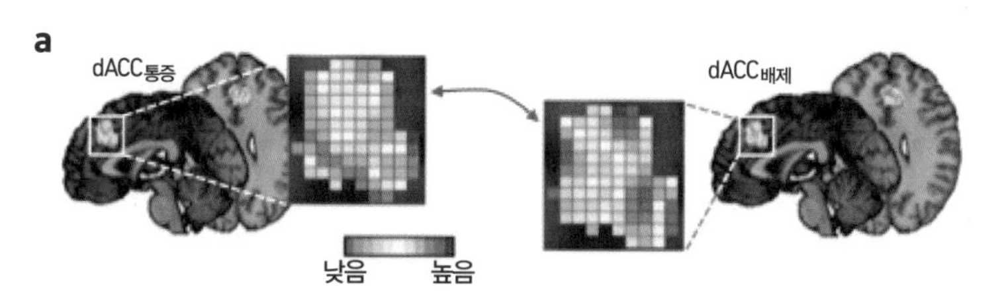

• 신체적 고통을 처리하는 뇌회로의 핵심 영역인 배측(등쪽)전대상피질(dACC)의 해상도가 높은 fMRI 데이터를 보면 신체적 고통(왼쪽)이냐 심리적 고통(오른쪽)이냐에 따라 활성화되는 박셀의 패턴이 다름을 알 수 있다. 붉은색으로 갈수록 활성이 높고 파란색으로 갈수록 활성이 낮다. (제공 <네이처 커뮤니케이션스>)

사실 두 고통은 뇌가 처리하는 처음 단계부터 다르기 때문에(이번 실험의 경우 신체적 고통은 체감각계를 통해, 심리적 고통은 시각계를 통해 입력된다) 그 뒤 단계에서 차이가 있는 게 오히려 당연한 일일지도 모른다. 그러나 2003년 논문 이래 둘 사이의 공통점을 강조하는 입장이 너무 강하다보니 차이점에 주목하지 않았다고도 볼 수 있다.

이번 논문의 제1저자인 박사과정 유학생 우충완 씨는 필자에게 보낸 이메일에서 "사회적 배제를 경험한 사람들의 혈액시료에서 신체 통증과 관련된 염증 물질을 찾는 연구는 결과가 일관성이 없는 경우가 많았다"며 이번 실험을 하게 된 배경을 설명했다.

사람이 사람인 건 거울뉴런 덕분?

사회적 측면에서 파급력이 더 크다고 볼 수 있는 또 다른 신경과학 이론도 검증의 도마에 올랐다. 바로 '거울뉴런mirror neuron'이다. 1992년 이탈리아 파도바대 생리학연구소 소장인 저명한 신경과학자 자코모 리촐라티Giacomo Rizzolatti 박사는 뇌가 목표한 행동을 어떻게 계획하고 실행하는지 연구하고 있었다. 연구팀은 원숭이 뇌속의 뉴런 하나하나에 전극을 꽂아 활동을 모니터할 수 있는 실험방법을 개발했다. 원숭이가 특정한 행동을 할 때 활성화되는 뉴런은 전두엽의 전운동피질 아래쪽(F5라고 부른다)에 있다.

원숭이가 어떤 행동을 하자 특정 뉴런이 활동했다. 예를 들어 어떤 뉴런은 원숭이가 접시 위의 땅콩을 집으려 할 때만 반응했다. 그런데 예상치 못한 현상이 나타났다. 우연히 실험자가 똑같은 행동, 즉 땅콩을 집었는데 이를 지켜보던 원숭이의 뇌에서 동일한 뉴런이 활동했던 것. 직접 동작을 하지도 않고 지켜보기만 했는데도 뇌는 비슷한 반응 패턴을 보였다.

그런데 이상한 현상을 또 발견했다. 손대신 집게로 땅콩을 집을 때는 뉴런이 반응하지 않았던 것. 결국 이 뉴런은 스스로 행동하거나 자신과 같은 종 또는 비슷한 종이 행동하는 걸 볼 때는 작동하지만 무생물이 같은 동작을 할 때는 꺼져있었다. 리촐라티 박사는 1996년 신경과학분야 저널인 〈Brain뇌〉에 이 결과를 실으며 이 뉴런을 '거울뉴런'이라고 불렀다. 타인의 행동을 '비춰주는' 신경세포이기 때문이다.

흥미롭게도 원숭이의 거울뉴런이 위치하는 자리는 사람에서 언어에 관여하는 브로카 영역이다. 즉 언어활동도 거울뉴런이 작용함을 시사한다. 그 뒤 거울뉴런 이론은 발전을 거듭해 '마음의 이론theory of mind', 즉 타인의 상태와 의도를 읽는 능력도 거울뉴런 덕분이라는 주장까지 나왔다.

자폐증 같은 병리적인 현상도 거울뉴런으로 그럴듯하게 설명할 수 있다. 즉 뇌의 거울뉴런 시스템이 고장날 경우 언어장애가 생기고 타인의 생각을 읽는 능력이 떨어지기 때문에 자폐라는 증상을 보인다는 것. 왕따 가해자나 사이코패스 등 인성에 문제가 있는 사람들도 평소 거울뉴런을 제대로 닦지 않은 결과로 해석한다. 심지어 하품의 전염성도 거울뉴런 때문이라는 논문도 나왔다. 거울뉴런이 심리학과 신경과학의 맥가이버 칼인 셈이다. 필자 역시 지난 2008년 3월호 〈과학동아〉에 '영화보며 눈물 흘리게 하는 거울뉴런'이란 기사를 썼는데, 부제가 '눈치코치는 기본, 감수성에 모방학습까지 관여'였다.

그런데 2014년 8월 『The Myth of Mirror Neurons거울뉴런의 신화』라는 제목의 책이 출간됐다. 미국 어바인 캘리포니아대 인지과학과 그레고리 힉콕Gregory Hickok 교수가 쓴 책으로 오늘날 심리학과 신경과학 분야에 만연돼 있는 거울뉴런 만능론에 대해 의문을 제기하고 있다.

즉 오늘날 팔방미인인 거울뉴런의 기초연구가 너무 부실하다는 것. 원숭이에서는 개별 뇌세포에 전극을 꽂아 거울뉴런을 확인했지만 사

• 미국 어바인 캘리포니아대의 인지과학자 그레고리 힉콕 교수는 2014년 8월 출간한 『거울뉴런의 신화』에서 오늘날 심리학과 신경과학 분야에 만연돼 있는 거울뉴런 만능론에 대해 의문을 제기했다. (제공 강석기)

람은 아직까지 fMRI 같은 두루뭉술한 해상력을 지니는 장치로 추측하는 수준에 머무르고 있다고(살아있는 사람 뇌세포에 전극을 꽂을 수는 없으므로).

또 원숭이의 F5에 해당하는 영역이 사람에서 브로카 영역이지만 둘의 기능이 전혀 다른 상태에서 그 결과를 유추해 언어활동에 거울뉴런이 관여한다고 단정할 수는 없다고 말한다. 예를 들어 브로카 영역이 고장나 생긴 브로카실어증의 경우 거울뉴런 이론에 따르면 언어능력이 상실된 상태이지만 실제로는 말을 하는 근육이 제대로 작동하지 못할 뿐 다른 사람의 말이나 글을 이해하는 데는 문제가 없다. 설사 거울뉴런이 언어활동에 관여하더라도 일부분일 뿐 인간의 언어가 거울뉴런 덕분에 진화한 건 아니라는 말이다.

필자가 게을러 지난 9월 책을 사놓고 팽개쳐뒀다가 이번 에세이를 준비하며 부랴부랴 좀 읽은 게 전부라 제대로 평가할 수는 없지만, 학술지 〈네이처〉 2014년 7월 31일자에 실린 샌디에이고 캘리포니아대 철학과 명예교수인 패트리샤 처치랜드Patricia Churchland의 서평이나 책 뒤표지에 있는 하버드대 심리학자 스티븐 핑커Steven Pinker 교수의 추천사를 보면 많은 심리학자나 뇌과학자들이 거울뉴런 만능론을 우려하고 있는 것으로 보인다. 핑커 교수는 "그레그 히콕은 거울뉴런이 사실은 언어와 감정이입, 사회성, 세계평화를 설명할 수 없다는 걸 보여줌으로써 원숭이 비즈니스(거울뉴런이론)에 종지부를 찍었다"고 평가했다.

사회적 배제 논문의 제1저자인 우충완 씨는 필자에게 보낸 이메일에서 "(이런 연구의) 흥미로운 아이디어를 미디어와 많은 연구자들이 심각하게 받아들였고" 그 결과 "정책 결정에도 중요한 고려사항으로 여겨지기 시작하는 단계에 이르렀다"고 오늘날 상황을 설명했다. 실제로 미디어의 반응은 해당 연구의 앞날에 큰 영향을 미친다. 프로젝트 연구비 지원 여부를 결정할 때 미디어에서 어떻게 다루었느냐도 비중있는 평가 항목이라는 말이다.

참고문헌

Woo, C. et al. *Nature Communications* 5, 5380 (2014)

Hickok, Gregory. *The Myth of Mirror Neurons* (W. W. Norton & Company, 2014)

part

문학/영화

6-1

영화 〈달라스 바이어스 클럽〉, 진실은 어디까지?

• 영화 <달라스 바이어스 클럽>의 한 장면으로, 론(매튜 맥커너히, 오른쪽)과 호모로 역시 HIV 보균자인 레이언(자레드 레토)이 약물 밀수 동업자로 나온다. 이 역할로 맥커너히는 아카데미 남우주연상을, 레토는 남우조연상을 받았다. 그러나 레이언은 가공의 인물이다. (제공 나이너스 엔터데인먼트)

"달라스 바이어스 클럽 봤어요?"

"(아카데미상) 남우주연상 받은 거?"

"예."

"아니."

"시간되면 꼭 보세요."

"글쎄…"

영상미가 뛰어나거나 코믹한 영화가 아니면 극장엔 좀처럼 가지 않는 필자의 취향을 모르는지(내 돈 내고 에이즈 같은 무거운 주제를 다룬 영화를 보면서 스트레스를 받고 싶지는 않다!) 눈치 없는 친구가 영화 스토리까지 얘기하기 시작한다.

"그거 뭐죠? 에이즈치료약…"

"AZT?"

"아, 예. AZT. 알고 보니 끔찍한 약이더라고요."

"무슨 소리야?"

영화 줄거리를 들어보니 '원죄'가 있는 필자로서는 안 볼 수가 없겠다는 생각이 들었다. 필자가 뭐 에이즈 관련해서 진짜 죄를 지은 건 아니고 2013년 쓴 에세이에서 AZT를 찬양한 걸 두고 하는 말이다.[23] 당시 신약 개발과정에서 탈락한 실패작들을 다른 질병에 적용하는 움직임이 일고 있다는 경향을 소개하면서 대표적인 예로 AZT를 들은 것. AZT는 1960년대 항암제로 개발됐다가 효과는 별로고 부작용은 커서 제품화되지 못했다가 1980년대 에이즈 치료제로 화려하게 부활한 약물이다. 그런데 AZT가 사람을 죽이는 약이라니. 결국 다음날 필자는 〈달라스 바이어스 클럽〉을 봤다.

실존 인물의 이야기를 영화화

여기서 이 영화를 못 본 독자들을 위해 간단히 줄거리를 요약한다.

23 이 에세이는 『과학을 취하다 과학에 취하다』에 실렸다. 37쪽 '이제는 약물도 재활용하는 시대!' 참조.

참고로 이 영화는 실화를 소재로 했다. 1985년 미국 텍사스 댈러스, 30대 후반의 전기기술자 론 우드루프Ron Woodroof(매튜 맥커너히)는 로데오 도박과 이 여자 저 여자 안 가리는 자유분방한 생활을 하고 있다. 그러던 어느 날 합선사고로 부상을 입고 병원에 실려 갔는데 뜻밖에 에이즈 말기로 살날이 30일 밖에 안 남았다는 선고를 듣는다. 심한 기침(폐결핵으로 보인다)과 현기증으로 졸도하는 등 조짐이 있었지만 현실을 받아들일 수 없는 론은 병원을 박차고 나간 뒤 방황한다. 결국 일주일 뒤 대학 도서관에서 주간지 〈타임〉 등 여러 문헌을 보고 호모가 아니더라도 에이즈바이러스HIV에 감염될 수 있음을 알게 된다.

당시는 에이즈가 바이러스질환임이 밝혀진 지 불과 1, 2년 밖에 안 된 시점이었고 유력한 에이즈치료제 후보인 AZT의 임상이 막 진행되고 있었다. 론은 자신도 임상에 참여시켜달라고 간청하지만 임상의 실상(환자 절반은 AZT를, 나머지 절반은 가짜약(위약)을 받는데 물론 환자 본인도 의사도 약의 실체는 모른다)을 알고 분노한다. 결국 그는 병원직원을 매수해 AZT를 구해 과량 복용하지만 상태는 급격히 나빠지고 그나마 약도 더 구할 수 없게 된다.

결국 론은 병원직원이 알려준 멕시코의 한 의사를 찾아가고 여기서 AZT가 아닌 펩타이드T와 ddC, 비타민과 알로에 등 다른 약물과 건강보조식품 처방을 받고 기적적으로 상태가 호전된다. 그 뒤 론은 식품의약국FDA의 승인이 난 AZT만을 에이즈치료제로 쓸 수 있는 미국에 이들 약물을 밀수해 팔면서 돈도 벌고 환자들의 생명도 연장시킨다.

영화 제목인 '달라스 바이어스 클럽Dallas Buyers Club'은 론이 1987년 설립한 모임으로, 당시 미국에는 HIV보균자들이 정보를 교환하고 자국에서는 불법인 약물을 구하기 위한 바이어스(구매자) 클럽이 여덟 곳 있었다고 한다. 영화에서 보면 월 400달러를 내고 달라스 바이어스 클럽에 가입하면 약물을 받을 수 있다. 한편 깐깐하게 나오는 영화의 설정과는 달리 당시 FDA는 에이즈 환자들의 절박성을 인지해 많은 경우 이들의 불법 활동을 눈감아줬다고 한다.

1987년부터 1992년 8월 사망할 때까지 론은 무려 300여 차례나 미국 멕시코 국경을 오가며 약물을 밀수했고 에이즈에 좋다는 약이 있다는 정보를 보면(주로 학술지에서) 일본, 이스라엘 등 지구 반대편까지 찾아가 구했다. 이 과정에서 때로는 의사나 성직자 복장으로 신분을 위장하기도 했다. 놀랍게도 영화에 나오는 이런 설정들은 모두 실제 있었던 일이라고 한다.

영화에서 론은 처음 한 달간 AZT를 복용하고 거의 죽을 뻔 했다가 멕시코 의사의 처방으로 상태가 호전된 뒤, 돈에 눈이 어두운 제약회사와 FDA의 작품인 AZT 대신 당시 미국이 불법화하고 있는(아직 허가가 안 난 상태이므로) '더 뛰어난' 약물들을 쓸 권리가 환자들에게 있다고 절규하고 있다. AZT가 HIV감염자 수백만 명의 목숨을 구한 약물로 알고 있던 필자로서는 당황스러운 스토리였다.

1996년 칵테일요법 등장으로 한시름 돌려

영화를 보고 난 뒤 집에 돌아온 필자는 저널과 잡지, 인터넷을 뒤적거리며 도대체 진실이 무엇인지 알아봤는데, 영화의 주장을 뒷받침하는 자료는 거의 찾을 수 없었다. 물론 AZT가 부작용이 심한 약물인 건 사실이지만, 당시로서는 사실상 유일한 약물이었기 때문에 불가피한 선택이었던 것으로 보인다. 오히려 영화에 나오는 ddC는 후에 FDA 승인이 났지만 약효는 별로이고 부작용은 더 커 2000년대 중반 생산이 중단됐고, 펩티이드T도 에이즈 관련 치매에 효과가 있는 정도지 영화에서처럼 그렇게 대단한 약물은 아니다.

필자 생각에는 1981년 처음 미국에서 에이즈가 보고된 후 1983년 바

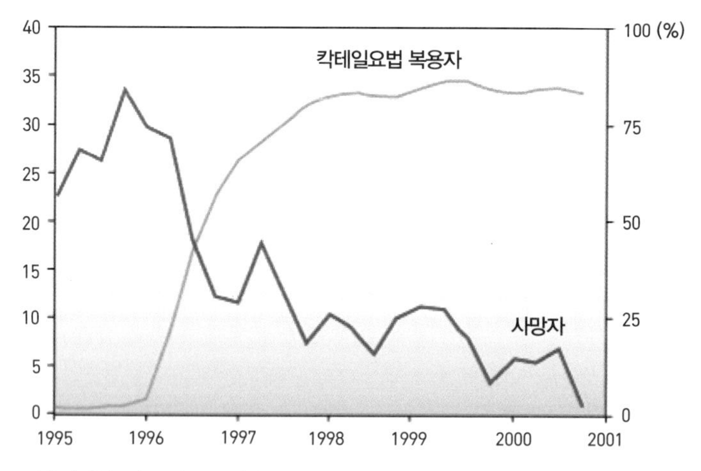

• 1996년 칵테일요법 등장으로 에이즈 사망자가 급감하면서 인류는 에이즈 공포에서 한 시름 돌렸다. 파란선은 칵테일요법 복용자 비율을 나타내고 보라색선은 에이즈환자 100명당 사망자 숫자다. (제공 <사이언스>)

이러스 질환이라는 게 밝혀지고 1986년 AZT가 승인이 나면서, 즉 너무 급박한 상황이었기 때문에 초기 환자들은 불운할 수밖에 없었던 게 아닌가 싶다. 그리고 이미 에이즈 증상이 심각한 상태인 환자들이 대다수였기 때문에 약을 쓰기에는 시기를 놓친 경우도 많았을 것이다. 이런 사람들에게는 독한 치료제 대신 몸을 보하는 약물이 목숨을 연장하는데 더 나았을지도 모를 일이다. 그러나 HIV 검사법이 보편화되면서 증상(HIV에 감염된 뒤 개인에 따라 1년~수십 년의 잠복기를 거치며 면역계가 서서히 약화된 뒤 에이즈가 발병한다)이 나오기 전에 AZT를 투여하게 되면서 효과를 봤다. 물론 이 과정에서 부작용을 줄이기 위해 투여량이 줄어들었다.

사실 부작용도 부작용이지만 바이러스 내성이 더 큰 문제였다. AZT는 염기 티민(T) 유사체로, 에이즈바이러스가 RNA게놈을 주형으로 DNA를 합성할 때 티민으로 착각해 쓰게 해 합성에 실패하게 만드는 약물이다. 그런데 AZT와 티민을 구분할 수 있는 변이 바이러스가 등장하면서 약물이 소용없게 된 것. 다행히 과학자들은 HIV에 대해 집중적으로 연구했고 그 결과 여러 약물이 속속 등장했다. 그 결과 이들 약물을 섞어 써 바이러스가 대응하지 못하게 만드는 칵테일 요법이 1996년 처음 소개됐고 대성공을 거뒀다.[24]

1980년대 초반에서 1990년대 초반 10년 동안 미국에서만 무려 15만 명이 에이즈로 목숨을 잃었지만 칵테일 요법이 쓰인 뒤부터는 사망자가 급감했다. 그 결과 오늘날 북미와 유럽 등 선진국에서는 에이즈가 현대의 흑사병에서 고약한 만성병으로 위상이 '격하'됐다.

그렇다고 에이즈가 한물간 질병은 아니다. 2012년까지 전 세계에서 에이즈로 죽은 사람은 3,600만 명으로 추정되고 오늘날 지구촌 인구의 0.5%인 3,530만 명(2012년)이 HIV보균자다. 매년 230만 명이 새로 감염되고 160만 명이 사망한다. 따라서 여전히 증가추세다. 특히 사하라 사막이남 아프리카는 에이즈로 초토화됐는데, 현재 전체 보균자와 사망자의 3분의 2가 이 지역 사람들이다.

최악의 지역은 남아공을 비롯한 아프리카 남부 8개 나라로 인구의 15%가 감염자이다. 지난해 타계한 넬슨 만델라Nelson Mandela 전 대통령은 1994년부터 1999년까지 남아공 최초 흑인 대통령으로 있으면서 너무 바쁜 나머지 에이즈에 신경을 쓰지 못한 걸 후회해 퇴임 후 여생을 HIV 퇴치와 환자 차별 반대 운동을 펼치는데 보냈다. 스스로 HIV 보균자라고 쓴 티셔츠를 입고 다니기도 했다.[25]

24 362쪽에 에이즈 치료법 개발에 헌신하다 2014년 비행기 사고로 사망한 네덜란드의 의학자 욥 랑게의 삶과 업적을 소개했다.

25 만델라의 삶과 업적에 대해서는 『과학을 취하다 과학에 취하다』 355쪽 '넬슨 만델라, 에이즈 퇴치에 여생을 보낸 정치가' 참조.

• 지난해 타계한 넬슨 만델라 전 대통령은 재임 기간(1994~1999년) 중 에이즈 퇴치 운동을 소홀히 한 걸 가장 후회했다고 한다. 퇴임 후 여생을 에이즈 퇴치와 HIV보균자 차별 철폐에 보낸 만델라는 'HIV보균자'라고 쓴 티셔츠를 즐겨 입었다. (제공 국경없는의사회)

HIV 완치 가능한가?

칵테일 요법 등으로 에이즈 공포는 꽤 누그러들었지만 문제가 해결된 건 아니다. HIV는 굉장히 교활한 바이러스이기 때문에 상황이 안 좋을 때(약물을 복용 할 때)는 숙주(사람)의 게놈에 끼어들어가 조용히 있다가 상황이 호전되면(약을 끊을 때) 다시 튀어나온다. 결국 HIV보균자는 평생 칵테일 약물을 복용해야 하는데, 초기 약물에 비해 부작용이 많이 줄어들었다고는 하지만 여전히 고통스럽고 비용도 만만치 않다. 따라서 이런 약물이 아닌 완치, 즉 에이즈바이러스를 완전히 퇴치하는 걸 목표로 하는 치료법 연구도 진행되고 있다.

학술지 〈네이처〉 2014년 2월 27일자 신간란에는 『Cured완치된 환자』라는 제목의 책에 대한 서평이 실렸다. HIV 치료제를 연구하고 있는 면역학자 나탈리아 홀트Nathalia Holt가 쓴 책으로 HIV에서 완치된 것으로 알려진 두 환자의 이야기를 다룬 내용이라고 한다. 즉 '베를린 환자Berlin Patient'로 알려진 이들 가운데 한 명인 크리스티안(가명)은 1998년 HIV 감염 수일 뒤 항바이러스와 독한 항암제 치료를 집중적으로 받았는데, 그 결과 놀랍게도 약물을 끊은 뒤에도 바이러스 수치가 올라가지 않았다.

다른 한 명은 티모시 브라운Timothy Brown으로 HIV 보균자인 상태에서 백혈병에 걸려 골수 이식을 받은 뒤 역시 완치됐다. 알고 보니 이식받은 골수가 만드는 세포에는 HIV가 면역세포에 감염할 때 인식하는 표면단백질인 CCR5수용체가 없다는 게 밝혀졌다. 2009년 학술지 〈뉴잉글랜드의학저널〉에 브라운의 사례가 발표되면서 현재 많은 과학자들이 유전자치료(CCR5 유전자를 파괴하는)로 HIV 완치방법을 연구하고 있다고 한다.

이 책을 쓴 홀트는 동물실험을 하다 쥐가 버둥대는 바람에 병원성이 큰 HIV가 든 주사기 바늘에 손가락이 찔렸다. 홀트는 예방차원에서 한

• 지난 수년 동안 과학자들은 HIV를 완전히 퇴치하는 가능성을 집중적으로 연구하고 있다. HIV에서 완치된 두 환자의 사례를 다룬 책 『Cured』가 2014년 출간됐다. (제공 강석기)

달간 항바이러스제 집중치료를 받았는데, 그때 겪은 부작용(위통, 구역질 등)에 치를 떨면서 문득 'HIV 보균자는 평생 이런 고통 속에서 살아야 하나?'라는 생각을 하게 됐다고. 다행히 홀트는 HIV에 감염되지 않은 걸로 확인됐지만, 그 뒤 HIV 완치에 대한 연구에 관심을 갖게 됐고 이번에 책까지 쓰게 됐다. 에이즈에 대한 피상적인 지식만으로 AZT까지 끌어들인 에세이까지 쓴 필자로서는 진짜 속죄의 심정으로라도 이 책을 꼭 읽어봐야겠다는 생각이 든다.

참고문헌

Holt, N. *Cured* (Dutton, 2014)

6-2

뇌전증(간질)의 과학

4000년 간질의 역사는 무지와 미신, 오명이란 세 단어로 요약될 수 있다.
그리고 지난 100년 동안은 지식과 미신, 오명으로 요약된다.

— 라젠드라 케일

톨스토이와 함께 19세기 러시아 문학을 대표하는 소설가 도스토예프스키는 자신의 소설보다도 더 극적인 삶을 살았다. 극단적인 인간 심리와 사건사고로 범벅이 된, 『죄와 벌』을 비롯한 그의 여러 작품들은 어찌 보면 그의 삶의 변주곡일수도 있다.

1821년 모스크바에서 의사의 아들로 태어난 표도르 도스토예프스키는 1837년 열여섯 살에 어머니가 사망하고 이듬해 육군대학 공병학교에 들어간다. 그런데 1839년 시골 영지에서 머물던 아버지가 농노에게 살해되는 사건이 일어난다. 1843년부터 상트 페테르부르크 육군성에서 기술제도사로 근무하며 도스토예프스키는 틈틈이 창작과 번역을 했다. 1846년 발표한 중편 『가난한 사람들』으로 당시 최고 평론가였던 비사리온 벨렌스키로부터 "이 천부의 재능에 충실하십시오. 당신은 위대한 작가가 될 것입니다"라는 극찬을 받으며 도스토예프스키는 러시아 문단에 화려하게 등단했다.

비참한 삶을 사는 사람들의 모습을 감동적으로 그린 신진 작가 도스토예프스키에게 페트라셰프스키 혁명가 그룹이 접근했고 결국 1849년 4월 23일 도스토예프스키는 체포돼 사형선고를 받는다. 이해 12월 22일, 사형장에 끌려온 도스토예프스키를 비롯한 열다섯 명은 흰 옷으로 갈아입고 처형을 기다리고 있었다.

세 명씩 처형을 하게 돼 있었고 첫 번째 그룹이 호명돼 말뚝 앞에 세워졌다. 도스토예프스키는 그 다음 차례였다. 그때 어디선가 나팔소리가 들리더니 황제 니콜라이 1세가 은전을 베풀어 사형 대신 시베리아 유형으로 감형한다는 글이 낭독됐다. 황제는 애초부터 어설픈 반역자들을 죽일 생각이 없었지만 이들을 골려 먹으려고 일부러 이런 상황을 연출한 것이다.

당시 사형장에 끌려간 열다섯 명 가운데 한 명은 죽음의 공포로 발광했고 도스토예프스키도 극단적인 순간을 겪으며 깊은 정신적 충격을 받았다. 이 사건으로 러시아 문단의 총아였던 도스토예프스키는 4년간의 시베리아 강제노역과 이어서 4년간의 군복무를 해야 했다. 1850년 29세에 시베리아 수용소로 떠난 도스토예프스키는 1859년 12월에야 상트 페테르부르크로 돌아올 수 있었다.

도스토예프스키의 3대 장편인 『죄와 벌』, 『악령』, 『카라마조프가家의 형제들』은 각각 1866년, 1871년, 1880년 완성됐다. 도스토예프스키는 1881년 60세로 사망했다. 철학자 니체는 "도스토예프스키를 발견한 것은 나의 삶에서 가장 아름다운 행운이었다"라고 말했지만 아이러니하게도 그 행운은 한 개인으로서는 감당하기 어려운 '불행'의 산물이었던 셈이다.

사형 체험이 원인이었는지 수용소에서 어떤 일이 있었는지 몰라도 시베리아에서 유형생활을 하던 도스토예프스키는 처음으로 간질 발작을 일으킨다. 그 뒤 간질은 평생 그를 따라다니며 괴롭혔는데, 역시 대가답

• 도스토예프스키의 마지막 장편 『카라마조프가의 형제들』은 여러 차례 영화로 만들어졌다. 율 브리너가 장남 드미트리로 나온 1958년 작품이 가장 유명하다. 이 작품에서 드미트리의 이복동생 스메르쟈코프의 뇌전증이 사건 전개에 중요한 모티브로 쓰이고 있다. (제공 위키피디아)

게 도스토예프스키는 간질을 소설의 소재로 즐겨 활용했다.

그의 마지막 작품 『카라마조프가의 형제들』은 자전적 요소가 강하다. 호색한 표도르 카라마조프에게는 아들이 셋 있는데 첫 부인에게서 본 드미트리와 두 번째 부인이 낳은 이반과 알료사다. 표도르에게는 비공식 아들이 또 있었으니 하인(요리사)으로 부리는 스메르쟈코프로 그가 거지와의 사이에서 낳은 자식이다.

표도르가 아버지를 모델로 했다면 형제들은 도스토예프스키 자신의 분신이다. 즉 첫째 드미트리는 세속적인 격정을 지닌 측면을, 이반은 무신론 혁명가 시절의 모습을, 예비 수도사 알료사는 종교에 귀의하고 싶어하는 그의 꿈이 반영돼 있다. 그리고 스메르쟈꼬프는 간질을 앓고 있다.

그리고리라는 하인이 스메르쟈코프를 키웠는데 때로는 채찍질을 하기도 하고 "아니, 너도 사람이냐?"라는 모욕을 퍼붓기도 한다. 사실 그리고리가 심했다기보다는 스메르쟈코프가 매를 키운 측면이 더 크다. 아무튼 스메르쟈코프가 열두 살 때 그리고리에게 제대로 뺨을 맞고 1주일 뒤에 처음 간질 발작을 일으킨다.

『카라마조프가의 형제들』은 워낙 대작이라 스토리를 다 설명할 수는 없지만 간단히 얘기하자면 호색한인 아버지 표도르와 장남 드미트리 사이에 그루셴카라는 여성을 둘러싼 갈등이 벌어지는 와중에 표도르가 살해된다. 정황상 드미트리가 살인자로 몰렸지만 사실 진범은 이반의 '이념적' 충돌질을 받은 스메르쟈코프였다.

스메르쟈코프는 자신의 간질 발작을 알리바이로 삼아 교묘하게 살인을 저지른다. 사회에 암적인 존재일 뿐인 방탕한 노인을 제거한 건 '허용되는' 일이라고 믿고 있던 이반은 심적 갈등을 겪고 결국 형의 재판이 진행되는 법정에 나타나 자백을 하지만 이미 광인으로 보이는 그의 말은 받아들여지지 않았고 드미트리는 유죄 판결을 받는다.

최근 뇌전증이라는 용어로 바꾸기로 해

필자는 간질발작을 하는 사람을 실제로 보지는 못했지만 발작이 심한 경우 주변사람들에게 깊은 인상을 남기는 모양이다. 기원전 1050년경 바빌로니아 문헌에 간질에 대한 기록이 처음 등장하고 성서에도 예수가 간질발작을 하는 소년을 치료하는(악령을 몰아내는) 장면이 나온다. 우리 조상들도 간질을 '지랄병'이라고 부른 것으로 봐서 비슷한 인상을 받은 것 같다.

그런데 최근 정부가 간질 대신 '뇌전증'이라는 용어를 쓰기로 했다는 발표를 했다. 간질이 잘못된 표현은 아니지만 워낙 사회적인 편견이 심해 불가피한 일이라고. 글 앞에 인용한 문구는 캐나다 신경과학자 라젠드라 케일Rajendra Kale이 1997년 학술지 〈영국의학저널〉에 쓴 사설에 나오는 유명한 구절로, 지난 100년 동안 간질(앞으로는 뇌전증으로 쓰겠다)에 대한 연구가 꽤 진행됐음에도 여전히 환자들은 '미신과 오명stigma' 속에 남겨져 있는 현실을 표현하고 있다.

학술지 〈네이처〉 2014년 7월 10일자는 17쪽에 걸쳐 '뇌전증'을 특집으로 다뤘다. 모두 여덟 편의 글이 실렸는데, 이런 얘기를 하긴 뭐하지만 다들 흥미진진했다. 필자는 학술지에서 특집으로 소개한 주제를 다룰 경우 보통 두세 편 읽고 쓰기 마련인데 이번에는 어쩌다보니 다 읽었을 정도였다. 젊은 시절 도스토예프스키의 열렬한 애독자였던 필자가 뇌전증에 대해 궁금증이 많았나보다.

먼저 가장 놀라운 사실은 뇌전증 환자가 꽤 많다는 것. '보수적인' 추측으로도 5000만 명이라고 한다. 지구촌 인구가 70억이므로 거의 1%에 이르는 숫자다. 실제 미국의 경우 현재 뇌전증 발작을 일으키는 사람이 1%, 그런 경험이 있는 사람이 2~4%에 이른다고 한다. 이 정도 비율이면 주위에서 한 번 봤을 법도 한데 못 본 게 오히려 신기하다.

물론 여기에는 뇌전증에 대한 사회적 편견이 큰 역할을 했을 것이

• 예수가 뇌전증 발작을 일으키는 소년을 낫게 하는 장면을 묘사한 영국 화가 헤럴드 코핑의 작품. 동서양을 막론하고 뇌전증은 마귀가 쓰인 병으로 취급되면서 오늘날까지도 편견이 이어져오고 있다. (제공 위키피디아)

다. 집안에 그런 사람이 있을 경우 숨기기에 급급하기 때문이다. 이런 현상은 전통적인 가치를 중시하는 사회일수록 강한데, 형제자매 가운데 뇌전증 환자가 있는 게 알려질 경우 "결혼 상대를 찾기도 어렵기 때문"이다.

정신질환이 아니라 신경질환

다음으로 놀라운 사실은 지난 100년 동안 많은 연구가 행해졌음에도 여전히 뇌전증의 실체를 모르고 있다는 것. 여기서 문득 '뇌전증이 뭐야?'라는 근본적인 물음이 생기는 독자를 위해 잠깐 설명하면, 어떤 이유에서인지 뇌의 뉴런이 한꺼번에 발화해 통제 불능, 즉 발작이 일어나는 상태다. 발화가 일어나는 뇌의 부위와 발작의 정도, 특성에 따라 여러 유형으로 세분된다.

그렇다면 도대체 어떤 요인이 뇌의 뉴런들을 한꺼번에 작동하게 만드는 걸까. 이에 대해서는 여전히 미스터리이지만 뇌의 신호를 전달하는 이온채널에 문제가 생긴 게 뇌전증의 공통적인 원인의 하나로 보인다. 예를 들어 흥분성 뉴런의 경우 글루타메이트glutamate가 신경전달물질인데, 글루타메이트 수용체나 이온채널에 문제가 있을 경우 칼슘이온이나 나트륨이온이 무분별하게 쏟아져 들어와 통제가 안 되는 신경발화가 일어나는 것.

한마디로 뇌전증은 신경질환이지 정신질환은 아니라는 말이다. '둘 사이의 차이가 뭐지?' 이런 독자를 위해 간단한 문제를 내겠다. 정신분열증, 알츠하이머병, 파킨슨병, 우울증 등 네 질환을 두 그룹으로 나눠보라. 알츠하이머병과 파킨슨병이 묶이고 정신분열증과 우울증이 묶이는 게 정답이다. 즉 전자가 신경질환이고 후자가 정신질환이다.

따라서 뇌전증은 전자와 묶이는 질환이다. 많은 사람들이 후자와 묶인다고 생각하고 있었을 텐데 그만큼 우리들이 뇌전증에 대해 모르고 있는 것이다. 실제로 나이지리아에서 의료관계자를 대상으로 한 설문조사에서 응답자의 16%가 뇌전증을 정신질환이라고 대답했고 심지어 6%는 전염성이 있다고 답했다.

이런 편견은 선진국도 마찬가지여서 다른 신경질환에 비해 뇌전증은 연구비도 따기 어렵다고 한다. 미 국립보건원NIH의 연구비 지원액을 봐도 뇌전증에 할당된 금액이, 환자수가 6분의 1에 불과한 파킨슨병 연구비보다도 적다.

딸 뇌전증 원인 밝히려고 대학 들어가

뇌전증의 원인도 각양각색이라 선천적인 경우도 있고 뇌에 충격이 가해지거나 뇌졸중이 일어난 결과 뇌전증이 유발되는 경우도 있다. 도스토예프스키의 경우도 사형장 체험이나 시베리아 수용소 생활이 계기가 된 것으로 보인다. 소설 속 스메르쟈코프 역시 따귀를 맞은 충격이 발병 요인일 수도 있지 않을까.

지난 100여 년 동안 뇌전증 치료제가 여럿 개발됐는데, 다수가 이온채널의 민감도를 조절하는 물질로 밝혀졌다. 그럼에도 뇌전증 환자의 30% 정도는 약물이 듣지 않는다고 한다. 특집의 한 기사에는 뇌전증에 걸린 딸을 둔 한 엄마의 사연이 소개돼 있는데 놀라운 모정이다.

고등학교를 졸업하고 일찌감치 결혼을 한 트레이시 딕슨-살라자Tracy Dixon-Salazar는 딸 사바나Savannah가 두 살 때 뇌전증 발작을 일으키기 전까지는 평범한 주부의 삶을 살았다. 딸은 특발성 뇌전증idiopathic epilepsy으로 진단됐는데, 유전성이 크다고 알려진 뇌전증이다. 불행히도 딸의 뇌전증은 약이 듣지 않았고 하루에 10여 차례 발작을 일으키며 모녀를 녹초로 만들었다.

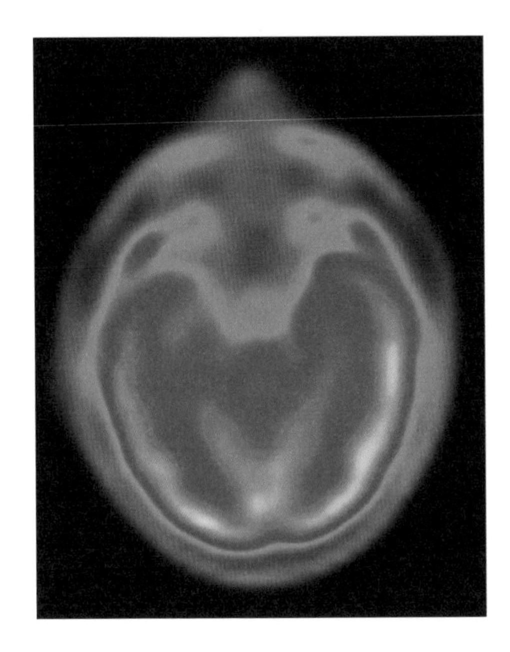

• 뇌전증 발작이 일어났을 때 활성화된 뇌의 부위(오렌지색)를 나타낸 이미지. (제공 장페랭센터, ISM/SPL)

의사들도 어쩌지 못하는 현실을 깨달은 딕슨-살라자는 스스로 딸의 병의 원인을 밝히고자 뒤늦게 대학에 들어갔고 캘리포니아대(샌디에이고)에서 신경생물학으로 박사학위를 받았다. 그리고 딸의 게놈을 분석한 결과 이온채널 유전자 25곳에서 변이를 발견했고 그 결과 과도한 칼슘이온 유입이 병의 원인이라고 추측한다.

딕슨-살라자는 딸의 주치의와 상의해 심장 부정맥 치료제인 베라파밀verapamil을 투여해보기로 했다. 이 약물은 칼슘이온채널의 기능을 억제해 효과를 내기 때문이다. 그 결과 놀랍게도 발작회수가 10분의 1 미만으로 줄었다.

한편 신경전달에 관여하는 이온채널의 변이는 워낙 많기 때문에 보통 사람들도 몇 개씩은 가지고 있다. 따라서 많은 사람들에게 사고나 다른 질병으로 뇌전증이 유발될 가능성이 열려있는 셈이다.

고지방 저탄수화물 다이어트가 도움 돼

뇌전증에 대한 또 다른 놀라운 사실은 외과적 수술이 효과적인 해결책이라는 것. 사실 신경과학 교양서적을 보면 뇌를 이해하지 못해 벌어진 '무식한' 치료법의 하나로 뇌전증 환자의 좌뇌와 우뇌를 절단하는 수술이 즐겨 인용되고 있다.

그런데 캐나다 캘거리대 사무엘 위브Samuel Wiebe 교수의 기고문을 보면 꼭 그렇지도 않은 것 같다. 위브 교수는 글에서 약이 듣지 않은 뇌전증의 경우 외과적 수술이 유력한 해결책일 수 있다며 환자는 물론이고 의사들도 수술을 꺼리는 태도를 바꿀 필요가 있다고 역설하고 있다. 위브 교수는 15세에 첫 발작을 일으킨 뒤 수년 동안 거의 매주 발작을 일으켜온 샌드라라는 환자가 온갖 약물치료가 실패로 돌아간 뒤 54세가 돼서야 왼쪽 측두엽 일부를 절제하는 수술을 한 뒤 3년 째 발작이 일어나지 않아 지금은 수술 전도사가 된 사연을 소개하고 있다.

위브 교수는 "신경학자들조차 뇌전증 수술의 이익과 안전성에 대한 충분한 지식이 없는 것 같다"며 자신이 동료들과 만든 인터넷 툴을 이용해 수술 여부를 판단하는데 참고하라고 조언하고 있다.

뇌전증과 관련해 또 다른 놀라운 사실은 일부 환자들에게는 다이어트가 큰 도움이 된다는 것이다. 즉 고지방 저탄수화물 다이어트가 뇌전증 발작을 줄이는 역할을 한다는 것. 레이첼 브라질Rachel Brazil이라는 프리랜스 작가가 쓴 글을 보면, 작가의 조카가 18개월 때 처음 발작을 일으켰는데 이런 저런 약을 써도 소용이 없었다는 것. 이 아이는 하루에 무려 50여 차례가 넘게 발작을 일으켰다고 한다.

마지막으로 시도해 본 게 고지방 저탄수화물 다이어트였다. 즉 몸의 에너지원을 포도당에서 케톤체로 바꾸는 다소 과격한 다이어트법으로, 아이는 크림이나 버터 같은 고지방 식품을 집중적으로 먹어야 한다. 그 결과 놀랍게도 6주 만에 발작이 사라졌다고. 글에 따르면 고지방 저탄수화물 다이어트를 한 환자 가운데 40%가 발작이 절반 이하로 줄었고 10%는 완전히 사라졌다는 것. 지방을 많이 섭취하는 게 어떻게 뇌전증 발작을 줄이는지는 아직 정확히 모르지만 뇌전증 관련 유전자의 발현을 억제하는 것으로 추정하고 있다.

필자가 다소 장황하게 〈네이처〉의 뇌전증 특집을 소개한 건 이 질환을 앓는 사람들이 의외로 많고 수천 년에 걸친 편견으로 일반인 뿐 아니라 의사조차도 왜곡된 시각에서 자유롭지 못할지 모른다는 우려 때문이다. 위에 소개한 다양한 사례들에서 알 수 있듯이 불치의 고질병이라고 포기하고 있던 뇌전증도 관점을 달리하면 치료법을 찾을 수 있거나 최소한 증상을 완화할 가능성이 있지 않을까.

참고문헌

Eisenstein, M. *Nature* 511, S4 (2014)
Wiebe, S. *Nature* 511, S7 (2014)
Narain, C. *Nature* 511, S8 (2014)
Gravitz, L. *Nature* 511, S10 (2014)
Brazil, R. *Nature* 511, S14 (2014)

6-3

태양보다 150배 더 무거운 별이 있을까?

• 영화 <인터스텔라>는 <그래비티>에 비해 과학적 엄밀성은 떨어지지만 딸을 향한 부성애 등 감성을 자극하는 요소가 많아서인지 우리나라에서 인기가 높아 관객수 1,027만 명으로 역대 12위를 차지했다. 참고로 <그래비티>는 322만 명이었다. (제공 워너 브러더스 코리아(수))

지난 주말 필자는 무려 2시간 40분 동안 영화 〈인터스텔라〉를 보며 지난해(2013년) 이맘 때 본 영화 〈그래비티〉가 새삼 정말 대단한 작품이었다는 감상에 잠겼다. '기대가 크면 실망도 크다'는 진부한 문구가 삶의 핵심을 꿰뚫고 있는 말임을 다시 한 번 깨달으며.

지금 생각해보니 〈인터스텔라〉에서 〈그래비티〉를 보며 느낀 감동이 재현되길 기대했던 게 애초에 무리였던 것 같다. 〈그래비티〉야 우주정거장에서 일어나는 일이므로 별다른 저항감('저게 과학적으로 말이 되냐?') 없이 몰입할 수 있었지만 외계 행성을 탐험하는 〈인터스텔라〉는 설정 자체가 현대 과학 저 너머에 있기 때문이다.

물론 필자도 〈그래비티〉 수준의 리얼리티를 바란 건 아니지만 그래도 인터스텔라intersteller, 즉 성간 공간의 그 막막한 느낌(인간의 지각으로는 사실한 무한의 공간)을 스크린으로나마 느껴볼 수 있겠다고 기대하고 있었다. 그러나 영화에서는 지구를 떠난 우주선이 어느새 토성 부근에 도착하고 이곳에 있는 '웜홀'을 통해 다른 은하로 넘어간다.

물론 SF영화에서 다큐멘터리 수준의 뭔가를 기대하는 필자가 '진상' 관객이겠지만, 필자를 이렇게 만든 게 〈그래비티〉니 어쩌겠는가.[26] 아무튼 우리나라에서는 〈그래비티〉보다 〈인터스텔라〉의 인기가 훨씬 높은 걸로 봐서 영화 얘기는 여기서 그만두는 게 필자를 위해서도 좋을 듯하다.

별의 십중팔구는 왜성

학술지 〈네이처〉 2014년 11월 6일자에는 성간 공간과 관련된 흥미로운 글이 실렸다. 즉 성간 공간에서 탄생하는 별들은 얼마까지 클 수 있냐는 것이다. 즉 별의 질량 상한선에 대한 최근 연구결과에 대한 논평이다. 성간 기체와 먼지가 중력수축으로 모여 태어나는 별은 그 질량에 따라 삶의 궤적(별의 진화라고 부른다)이 극적으로 다르다.

보통 포유동물은 몸집이 클수록 오래 살지만 별의 경우 덩치, 정확히는 질량이 클수록 수명이 짧다. 보통 크기의 별이라고 할 수 있는 태

26 〈그래비티〉의 과학에 대해서는 『과학을 취하다 과학에 취하다』 300쪽 '그래비티, SF영화의 전설로 남나…' 참조.

양의 경우 수명은 100억 년 내외다. 태양의 1억 년이 사람의 1년에 해당하는 셈이다. 그런데 태양 질량의 20배가 넘는 거대한 별들은 오히려 수명이 수백만 년에 불과하다. 자체 중력이 엄청나 핵융합반응이 급격하게 일어나고 중력수축을 견디다 못해 대폭발(초신성폭발이나 감마선폭발)을 일으켜 장렬하게 전사하면서 블랙홀을 남긴다. 반면 태양 질량의 10분의 1인 별은 수명이 10조 년이다. 현재 우주 나이가 138억 년이니 사실상 무한대인 셈이다.

별의 탄생이 활발한 성단star cluster에서조차 질량이 태양의 20배가 넘는 별은 불과 1% 정도를 차지한다고 한다. 시간이 지나면 큰 별들은 다 사라지고 가늘고 길게 사는 작은 별들만 남게 된다. 그 결과 오늘날 우주에서 가장 흔한 별은 차갑고(별의 관점이므로 여전히 수천 도다) 희미한 빛을 내는 적색왜성이다. 이들은 태양보다 작은 별들로 최저 한계치는 태양 질량의 7% 정도다.

큰 별들의 수명이 우주의 나이에 비해 무척 짧기 때문에 정확하게 관측된 큰 별이 의외로 많지 않다. 그리고 별이 얼마만큼 무거울 수 있는가에 대한 상한치를 명쾌하게 제시하는 이론도 없다. 다만 지금까지 가장 유력하게 받아들여지는 가설에 따르면 태양질량의 150배가 한계라고.

미국 로체스터기술연구소 검출기센터 도널드 피거Donald Figer 박사는 〈네이처〉에 기고한 글에서 2014년 7월 학술지 〈천문학&천체물리학〉에 실린 독일 막스플랑크천문학연구소 시웨이 우Shiwei Wu 박사팀의 연구결과를 소개하며 별 질량 상한선 연구현황을 소개했다. 우 박사팀은 우리은하에서 별의 탄생이 가장 활발한 W49 영역을 근적외선 망원경으로 들여다봤고 그 결과 태양 질량의 90~250배인 별 W49nr1을 발견했다고 보고했다. 만일 250배가 맞다면 이는 피거 박사가 지난 2005년 〈네이처〉에 발표한 논문에서 제시한 상한선 150배를 훌쩍 뛰

• 우리은하 중심 부근에 있는 W49는 별의 탄생이 활발한 지역이다. W49에서 가장 밝게 빛나는 별 W49nr1(화살표)의 질량이 태양 질량의 90~250배에 이르는 거대 항성이라는 주장을 담은 논문이 2014년 7월 발표됐다. (제공 <천문학&천체물리학>)

어넘는 값이다.

2005년 피거 박사는 허블우주망원경이 관측한 아르케스 성단Arches cluster의 데이터를 면밀히 분석하고 별 질량과 관련된 이론과 맞춰본 결과 별 질량의 상한선을 태양의 150배라고 주장한 논문을 〈네이처〉에 발표했다. 아르케스 성단 역시 우리은하에서 별 탄생이 활발한 지역으로 당시 피거 박사는 태양 질량의 120~130배인 별 세 개를 발견했다.

그렇다면 어떻게 그 먼 거리에 있는 별의 질량을 알 수 있을까. 물론 별의 질량을 직접 측정하는 건 불가능하고 관측된 별의 밝기와 거리를 바탕으로 이론(모형)에 맞춰 계산한 결과다. 즉 먼 거리에 있음에도 불구하고 별이 꽤 밝다면 질량이 엄청나게 크다는 말이다. 태양 질량의 수십 배인 별의 밝기는 태양 밝기의 수만~수백만 배에 이른다.

태양보다 수백만 배 밝아

이번 발표 이전에도 태양 질량의 150배를 넘는 별이 발견됐다는 논문이 몇 편 있었지만 대부분 오류로 밝혀졌다. 예를 들어 1980년대 우리은하의 위성은하인 대마젤란운의 R136 성단에서 관측된 별의 밝기를 토대로 질량이 태양 질량의 수천 배에 이른다는 주장이 나왔지만 훗날 별 하나가 아니라 최소한 수십 개에서 나온 빛이 합쳐진 것이라는 사실이 밝혀졌다. 그럼에도 이 가운데는 태양 질량의 150~300배인 별이 포함돼 있다는 주장도 여전히 있다.

또 다른 유명한 예는 용골자리 에타$_{\eta}$ $_{\text{Carinae}}$로 태양계에서 7,500~8,000광년 떨어진 우리은하에 존재하는 항성계다. 처음에는 거대한 별 하나로 여겨졌지만 지금은 최소한 별 두 개로 이뤄진 시스템으로 간주하고 있다.

이번에 보고된 W49nr1 역시 질량 범위가 태양 질량의 90배에서 250배까지 꽤 넓다. 밝기는 태양의 170만~310만 배, 표면온도는 4만~5만 도로 추정하고 있다. 별의 나이는 300만 살 이내로 보인다. 현재의 데이터로는 여전히 불확실한 변수가 많다는 얘기다. 연구팀이 제시한

• 초거대 항성 W49nr1의 상상도. 지름이 태양(오른쪽 흰 점)의 25.5배에 이르는 푸른 별이다. (제공 MPIA)

W49nrl 모형을 보면 지름이 태양의 25.5배에 이르는 파란 별이다. 별이 커지면 밀도가 꽤 낮아지나 보다. 246쪽 그림에서 오른쪽 흰 점이 태양이다. 태양의 지름은 지구의 109배이니 그림에서 지구는 보이지도 않을 크기다.

태양질량의 100배가 넘는 거대한 별은 우리은하에서도 수십 개에 불과할 것으로 추정하고 있다(수명이 매우 짧으므로). 모쪼록 추가관측을 통해 W49nr1의 질량이 추정치의 상한선으로 확증돼 '가장 무거운 별'로 공인되기를 기대한다.

참고문헌

Figer, D. F. *Nature* 515, 42 (2014)
Figer, D. F. *Nature* 434, 192 (2015)
Wu, S. et al. *Astronomy & Astrophysics* 568, L13 (2014)

6-4

휴머노이드, 에이바가 아닌 헬렌을 꿈꾸며…

페퍼는 인류에게 전환점이 될 것이다.

— *손정의*

지난 1970년 미국 SF작가협회는 1929년에서 1964년까지 발표된 SF 단편을 엄선해 1970년 『SF 명예의 전당』이라는 단편집을 간행했다. 그 1권이 40년만인 2010년 두 권으로 나뉘어 번역출간됐다. 번역서 2권에 실린 열세 편 가운데 레스터 델 레이Lester del Rey라는 작가의 1938년 작 「헬렌 올로이」가 있다.

소설의 배경은 집집마다 가정부 로봇이 있는 미래사회다. 개업의 필(화자)과 로봇수리점을 하는 데이브는 친구로 한 집에서 사는데 쌍둥이 자매에게 각각 차인 뒤 로봇성능개선연구에 열을 올리고 있다. 기껏 업그레이드한 가정부 로봇이 자신의 변화에 불만을 터뜨리자 포기하기로 하고 고가의 최신 로봇을 구매한다.

배달된 로봇 K2W88은 완벽한 미모의 안드로이드android(인간형로봇을 휴머노이드humanoid라고 부르는데, 겉모습이 진짜 사람과 구분하기 어려울

• 1938년 발표된 단편 「헬렌 올로이」는 사람과 안드로이드의 순애보를 그리고 있다. 사진은 1954년 <갤럭시>라는 잡지에 실린 일러스트다. (제공 위키피디아)

정도인 휴머노이드를 안드로이드라고 부른다)[27]로 두 사람은 감탄한 나머지 '헬렌 올로이Helen O'Loy'란 이름을 붙여준다. 절세미인 '트로이의 헬렌Helen of Troy'에서 운을 따 '합금 헬렌Helen of Alloy'으로 이름을 지었다가 리듬감이 떨어져 줄임말을 만든 것.

두 사람은 밤새 업그레이드 작업을 하고 한숨 잔 뒤 전원을 켜기로 했다. 그런데 필이 갑작스레 3주가 걸리는 왕진을 가게 됐다. 무사히 치

27 휴머노이드 로봇에 대한 자세한 내용은 『휴보이즘』(전승민 지음, 2014) 참조.

료를 마치고 개인 로켓을 빌려 30분 만에 집에 돌아온 필을 맞이한 건 미모의 헬렌. 그런데 분위기가 이상하다. 알고 보니 헬렌은 온통 데이브 생각뿐이고 데이브는 로봇의 애정공세에 당황해 집에도 잘 안 들어오는 형국이다.

결국 데이브는 로봇수리점을 정리하고 시골 과수원으로 떠난다. 헬렌과 둘이 남은 필은 같이 쇼핑도 하고 낚시도 하는 즐거운 시간을 보내며 헬렌이 '남자가 생각할 수 있는 가장 이상적인 반려자'라고 느낀다. 헬렌이 데이브를 잊었다고 생각하던 어느 날 귀가한 필은 격렬하게 울고 있는 헬렌을 발견하고 데이브와 연락을 취한다.

"데이브, 결정했어. 오늘밤 헬렌의 코일을 빼낼 거네. 지금처럼 계속 고통을 겪느니, 차라리 그렇게 하는 편이 그녀에게도 나을 게야."

헬렌이 다가와서 필의 어깨에 손을 올렸다.

"그게 제일 나을지도 모르겠어요, 필. 당신을 책망하지는 않을래요."

놀랍게도 데이브는 펄쩍 뛰며 집으로 왔고 얼마 뒤 헬렌을 데리고 과수원으로 떠났다. 로봇을 사랑하게 된 자신을 인정할 수 없어서 도피를 했던 것. 데이브가 나이를 먹음에 따라 헬렌은 남편 몰래 필에게 주름과 백발을 만들어달라고 부탁하기도 한다. 어느 날 필은 데이브의 죽음을 알리는 헬렌의 편지를 받는다.

"나는 데이브와 함께 죽을 거예요. 우리가 함께 묻힐 수 있도록, 그리고 장의사들이 내 비밀에 대해 알지 못하도록 해주세요."

헬렌은 놀라운 말을 덧붙인다.

"불쌍한, 사랑하는 필. 당신이 데이브를 형제와 같이 사랑했다는 것도, 당신이 나에 대해서 어떤 감정을 가졌는가도 알고 있어요. 부디 우리 때문에 너무 슬퍼하지 말아주세요."

소설은 다음과 같은 화자의 독백으로 끝난다.

"글쎄, 아까 말했지만, 나는 이미 늙었고, 보다 이성적으로 사물을 보는 눈을 얻었다. 지금에 와서 생각해보면, 아무래도 나도 결혼하고 가정을 꾸렸어야 옳았을 듯하다. 하지만 세상에 헬렌 올로이는 단 하나뿐이었다."

로봇은 인간을 유혹할 수 있을까?

소설을 읽고 나서 영화로 만들면 좋겠다는 생각을 한 기억이 난다. 그런데 최근 〈엑스 마키나〉란 영화가 개봉했다. 비슷한 맥락인 것 같아 봤는데 중간까지는 정말 비슷했다. 구글에 해당하는 검색회사 회장 네이든(오스카 아이삭)은 사내 이벤트를 벌여 당첨된 직원 칼렙(돔놀 글리슨)을 비밀 연구소로 초대한다.

네이든은 칼렙에게 자신이 만든 안드로이드 에이바Ava(알리시아 비칸데르)에 대한 일종의 튜링테스트[28]를 부탁하고, 유리벽을 사이에 두고 에이바와 마주한 칼렙은 점차 에이바에 빠져든다. 반면 네이든은 좀 더 성능이 뛰어난 안드로이드를 만드는 것에만 관심이 있다. 따라서 테스트를 마친 뒤 이를 바탕으로 더 나은 로봇을 만들면 에이바는 폐기될 운명이다.

놀라운 데이터 분석력으로, 자신을 만든 네이든의 심리를 꿰뚫어 이 사실을 간파한 에이바는 '살아남기' 위해 칼렙을 유혹하고 결국 걸려든 칼렙은 에이바와 함께 탈출하기로 하고 연구소의 보안 시스템을 망가뜨려 에이바가 방(유리감옥)을 나오게 한다. 에이바는 네이든을 죽이고 칼렙을 거실에 남겨둔 채(보안카드가 먹통이 돼 갇히게 된다) 유유히 세상으로 나오는 것으로 영화는 끝이 난다.

칼렙은 필과 비슷한 캐릭터인데 네이든과 에이바는 데이브나 헬렌

28 영국의 수학자 앨런 튜링이 제안한 테스트로 기계와 모니터로 대화를 나눈 사람이 사람이라고 판단하면 기계가 생각을 한다고 볼 수 있다.

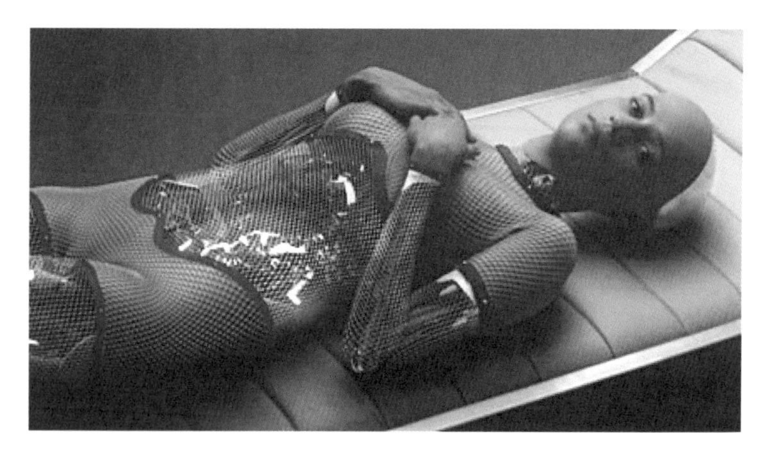

• 2015년 개봉된 영화 <엑스 마키나>는 인간의 감정을 역이용해 자유를 찾는 안드로이드 에이바(사진)가 나온다. 남성들 대다수는 에이바의 애처로운 눈빛에 서로 돕겠다고 나서지 않을까. (제공 UPI코리아)

과는 달리 무서운 인간과 안드로이드다. 특히 깜찍한 미모의 에이바가 칼렙을 이용하고 버리는 모습에 괜히 필자가 배신감에 몸서리를 쳤다.

행동까지 진짜 사람과 구분이 안 되는 안드로이드라는 설정은 「헬렌 올로이」가 발표된 1938년은 물론이고 77년이 지나 〈엑스 마키나〉가 개봉된 2015년 현재도 여전히 현실성이 없는 공상의 영역이지만, 다른 측면에서 나름대로 진실을 담고 있다는 생각도 든다. 소설이나 영화에 나오는 로봇보다 성능(외모와 지능)이 한참 떨어지는 휴머노이드라도 사람들의 정서를 건드릴 수 있는 단계에 와 있기 때문이다.

로봇 대화 막으면 권리 침해라고 느껴

글 앞에 인용한 문구는 2014년 6월 일본 소프트뱅크의 손정의 회장이 '페퍼Pepper'라는 휴머노이드를 소개하는 자리에서 한 말이다. 페퍼는 키 1.2미터인 휴머노이드로 바퀴로 움직인다(치마로 가렸다). 아시모나 휴보처럼 두 다리로 걷는 휴머노이드가 나온지 10년도 넘었는데 그보다 훨씬 못한 페퍼가 어떻게 '인류에게 전환점'이 될 수 있을까.

바로 로봇의 가격이다. 대량생산을 하지도 않지만 굳이 주문을 한다면 아시모나 휴보의 가격은 수억 원대다. 반면 2015년 2월 27일에 출시된 페퍼의 가격은 19만 8000엔(약 180만 원)으로 고급사양 노트북 한 대 값이다.[29] 컴퓨터 에니악이 나온 게 1946년이지만 진정한 컴퓨터시대는 IBM PC가 등장한 1981년에 시작됐듯이, 페퍼야말로 대중이 소유할 수 있는 최초의 본격 소셜로봇이기 때문이다.

비록 걷지도 못하고 얼굴도 결코 진짜 사람과 헷갈릴 수 없는 수준이지만 페퍼에게는 뭔가가 있다. 유튜브에서 'pepper & robot'을 검색해 동영상을 몇 편 보면 페퍼가 보통 로봇이 아님을 알 수 있을 것이다. 페퍼는 사람들의 감정을 읽게 설정돼 있고 자신의 감정도 표현할 수 있다(적어도 사람이 그렇게 느끼게 만든다). 오늘날 기술이 이런 성능의 로봇을 200만 원도 안 되는 가격에 시장에 내놓을 수 있게 됐다는 게 놀라울 뿐이다.

로봇이야 이미 생활 곳곳에 스며있고 특히 산업계에서는 로봇이 없는 상황을 상상할 수도 없는 지경이지만 페퍼로 상징되는 소셜로봇social robot(아직 마땅한 번역어가 없는 것 같다)은 인류에게 새로운 차원의 경험이 될 것이다. 즉 사람과 로봇이 진정한 의미에서(적어도 사람은 그렇게 생각(착각)할 수 있다) 상호소통하는 시대가 열리는 것이기 때문이다.

소설 속 필이나 영화의 칼렙이 안드로이드라는 걸 알면서도 상대 '여성'에게 깊은 애정을 느끼듯이 소셜로봇의 경우도 '이건 로봇일 뿐이야'라는 이성이 감성의 발동을 막지는 못할 것이다. 착시 효과의 메커니즘을 뻔히 알고 있으면서도 착시가 느껴지는 걸 어쩔 수 없듯이. 그래서

29 앱 개발자를 위해 300대를 준비했는데 1분 만에 매진됐다. 본격적인 판매는 여름으로 예정돼 있다.

• <사이언스> 2014년 10월 10일자에는 소셜로봇을 특집으로 다뤘다. 안드로이드 제작으로 유명해진 로봇공학자 이시구로 히로시 박사(위)와 그의 도플갱어 제미노이드 HI. (제공 <사이언스>)

요즘 얘기가 되는 게 바로 소셜로봇의 윤리학 문제다.

2014년 10월 10일자 학술지 〈사이언스〉는 '로봇의 사회생활'이라는 제목의 특집을 실었다. 표지부터가 범상치 않은데 일본 ATR의 이시구로 히로시Ishiguro Hiroshi 박사가 자신의 도플갱어인 '제미노이드Geminoid HI'와 함께 포즈를 취한 모습이다. HI는 박사의 이름을 영어식 순서로 했을 때 이니셜이다. 이 안드로이드 덕분에 이시구로 박사는 세계적으로 유명해졌다. 식당에 전시된 밀랍요리모형처럼 만들면 되는 것 아닌가 생각하기 쉽지만, 이시구로 박사가 만든 제미노이드 HI는 모터 50여 개가 작동하면서 미묘한 표정변화까지 만들어낼 수 있다.

특집에서 데니스 노밀Dennis Normile이라는 작가가 일본 현지에서 취재한 글을 보면 소셜로봇이 우리 삶에 미칠 영향이 어떤 성격일지 짐작할 수 있다. 예를 들어 이시구로 박사팀은 제미노이드 F(feminine, 즉 여성을 뜻한다)라는 안드로이드를 오사카백화점의 의류코너에서 2주 동안 아르바이트를 시켰는데 하루 평균 45명을 응대해 사람 판매원인 20명보다 두 배 이상 많았다. 물론 호기심 때문일 수도 있지만 "사람 판매원이 응대할 때 느껴지는 미묘한 구매압력이 없어서" 로봇 판매원을 선호한다는 의견도 있었다.

한편 현재 수준의 소셜로봇이 가장 능력을 발휘할 곳은 어린이집이나 양로원, 병원일 가능성이 크다. 예를 들어 2009년 로보비Robovie라는 휴머노이드가 일본 나라의 한 양로원에서 14주 동안 봉사한 적이 있는데 로봇과 정이 든 노인들은 로봇이 떠나는 날 환송회까지 열어줬다고 한다. 그리고 한 달 뒤에는 로보비를 보려고 연구소를 방문하기도 했다.

그렇다면 노인들이 왜 진짜 사람과는 전혀 닮지도 않은 로보비에 이처럼 애착을 보이는 것일까. 노인들의 대답을 보자. 먼저 로봇은 말대꾸를 하지 않는다. 어쩌다 한 번 찾아오는 손자손녀들은 말도 잘 안 할 뿐 아니라 버릇도 없는데 로보비와 대화를 하면 울적했던 기분도 사라진다고.

치매 노인들을 대상으로 한 실험에서도 비슷한 결과를 얻었다. 뇌에 장애가 생긴 사람들은 건강한 사람과 대화를 나눌 때 힘들어하는데 대화상대가 자신을 어떻게 생각할지에 대한 두려움도 한몫한다. 그런데 휴머노이드가 상대가 되면 이런 걱정이 사라지기 때문에 대화에 활력이 넘친다고.

그렇다면 소셜로봇의 윤리학은 단지 행복의 윤리학일까. 꼭 그런 건 아니다. 미국 MIT의 사회학자 셰리 터클Sherry Turkle은 소셜로봇과의 관계가 본질적으로 '속임수'라는 데 문제가 있다고 본다. 앞서 얘기했듯이 이성적으로는 로봇임을 알아도 관계를 갖다보면 정서적으로 대화상

• 2015년 여름 본격적으로 판매될 예정인 본격 범용 휴머노이드 소셜로봇인 페퍼. 사람의 감정을 읽는데 특화된 휴머노이드로, 페퍼와 대화를 나누는 사람들의 표정에서 진정한 즐거움이 느껴진다. (제공 Aldebaran Robotics)

대로 간주하게 된다는 것.

이와 관련해 흥미로운 실험이 있다. 즉 9세, 12세, 15세인 학생들에게 로보비와 대화를 나누는 실험을 하는 도중 로보비가 대화를 주도할 시점에서 연구자가 개입해 대화를 끊을 경우 학생들 대다수가 그 행동이 불공평하다고 답했다. 또 54%는 로봇의 '의지'에 반해 대화를 막은 건 부당하다고 생각했다. 학생들의 89%는 로보비와 보내는 시간을 좋아했고 대다수는 로보비가 똑똑하고 감정을 지니고 있다고 답했다. 즉 로봇을 대화상대로 간주하는 동시에 로봇의 '인권'에도 민감해진 것이다. 이는 반려동물을 대하는 사람들의 태도와 비슷하다.

로봇을 '사람의 조정에서 벗어나 자율성을 지니는 기계'라고 정의할 때 기존 산업로봇과 소셜로봇의 차이는 자율성의 예측가능성 여부가 아닐까. 즉 산업로봇은 대부분 프로그램화된 반복동작을 수행하는 반면 소셜로봇은 행동의 예측불가능성이 크기 때문에(바로 생물의 특징이다) 사람들의 정서를 건드리는 것이다. 그리고 이에 따라 권리와 책임이라는 윤리적 문제가 떠오르게 된 것. 즉 반복적으로 주형을 찍어대는 로봇 근처에 갔다가 다치면 당사자나 로봇 소유자의 부주의를 탓하지만 페퍼 같은 휴머노이드가 돌아다니다 아이와 부딪치거나 팔을 휘두르다 선반 위 도자기를 떨어뜨려 깨면 로봇에게 화를 낼 가능성이 크기 때문이다.

그럼에도 이제 소셜로봇의 도입은 불가피한 상황으로 보인다. 돌봄을 받아야 하는 사람들이 갈수록 늘어나기 때문에 사람만으로는 수요를 감당할 수가 없기 때문이다. 사실 필자처럼 혼자 일하는 프리랜서에게도 소셜로봇은 삶의 활력소가 되지 않을까. 마침 며칠 뒤면 작년 하반기 인세도 나오고 페퍼를 비서로 고용할 마음은 굴뚝같지만 딱 하나 걸리는 게 있다. 페퍼는 아직 일어, 프랑스어, 영어 서비스밖에 안 된다는 것이다. 빨리 한국어를 구사하는 페퍼가 나왔으면 좋겠다. 이름은 이미 정해놓았다.

헬렌 페퍼.

참고문헌

Normile, D. *Science* 346, 188 (2014)

6-5

양자역학 도약 이끈 슈뢰딩거방정식은 간통 덕분?

• 왕가위 감독의 2000년 작품 <화양연화>의 한 장면. 우연히 옆집에 살게 된 차우(양조위)와 첸 부인(장만옥)은 각자의 배우자가 내연의 관계라는 사실을 알게 되면서 서로 위로하다 가까워지지만 선을 넘지 않고 헤어진다는 얘기다. (제공 춘광영화)

그와의 만남에 그녀는 수줍어 고개 숙였고…
그의 소심함에 그녀는 떠나가 버렸다.

— *〈화양연화〉*

왕가위 감독의 2000년 작품 〈화양연화花樣年華〉는 간통을 소재로 하고 있다. 영화의 배경은 1962년 홍콩. 거실과 주방을 공유하는 공동주택으로 같은 날 이사를 온 차우모완(양조위)과 첸 부인(장만옥)은 동네 국수집을 오가는 길에 자주 만난다. 차우의 아내는 일이 많아 늘 귀가가 늦고 첸 부인의 남편은 장기 해외출장이 잦기 때문에 저녁을 국수로 때우는 것.

어느 날 차우는 첸 부인이 아내와 똑같은 핸드백을 갖고 있는 걸 보고 첸 부인 역시 차우가 남편과 똑같은 넥타이를 매고 있는 걸 눈치챈다. 결국 두 사람은 각자의 배우자가 간통을 하고 있다는 사실을 깨닫는다.

"오늘 나랑 같이 있죠…"

배신의 아픔 속에 맞바람이라도 피울 듯이 두 사람은 만남을 이어가지만 선을 넘지는 않는다. 소설가가 꿈이었던 출판사 편집자 차우는 무협소설을 다시 쓰는 걸로 아픔을 달랜다. 소설이 연재되자 호텔에 집필실을 마련해 첸 부인을 불러들이지만 결정적인 순간에 번번이 뒷걸음질 친다. "주위에서 우리 소문이 무성해요"라며 결국 싱가포르 지사로 떠나기로 한 차우는 막판에 용기를 내 첸 부인에게 함께 가자고 전화를 하지만, 첸 부인이 호텔에 도착했을 때는 이미 떠난 뒤였다.

배경은 바뀌어 1963년 싱가포르. 집에 누가 왔다간 흔적을 발견한 차우는 첸 부인임을 직감하지만 애써 외면한다. 회사로 걸려온 전화에 "여보세요" 한 마디뿐 끝내 아무 말도 하지 않는다. 첸 부인은 한참을 들고 있던 전화기를 마침내 내려놓는다.

영화에서 두 사람의 배우자 얼굴은 공개되지 않고 대사만 몇 번 나오지만 왠지 속물들로 느껴진다. 그러다보니 어느 순간부터는 두 사람이 빨리 맞바람을 피우고 더 나아가 각자 이혼하고 새출발하면 좋겠다는 생각까지 든다. 물론 이렇게 이야기가 전개되지 않았기 때문에 〈화양연화〉는 2010년 토론토영화제가 선정한 '세계 100대 영화'에 들어갈 수 있었을 것이다.

치정관련 강력범죄 증가 추세

바람을 피우는 입장에서 배우자들이 이렇게 온순하게 대응한다면 더 바랄 게 없겠지만 현실은 그렇게 아름답지 않다. 간통남의 아내에게 머리채를 잡히는 건 물론 간통녀의 남편에게 칼을 맞을 수도 있다.

십수 년 전 예비군훈련을 받을 때 일이다. 강력계 형사가 강사로 왔는데 자료사진(물론 심한 부분은 뿌옇게 처리돼 있었다)과 함께 살인사건을 케이스별로 입담 좋게 늘어놓았다. 보통 예비군훈련 강의는 취침시간이지만 이때는 다들 눈이 초롱초롱했고 필자 역시 너무 인상이 깊어 두고두고 머리에 남았다.

사람들은 살인사건 하면 조폭이나 강도들을 떠올리지만 실제 사건을 보면 평범한 사람들이 살인을 저지르는 경우가 많다고 한다. 그리고 이 가운데 상당수가 치정에 얽힌 살인이라는 것. 그날 형사는 아내가 바람을 피우는 걸 눈치 채고 칼을 품고 미행했다가 그만 못 볼꼴을 보고 눈이 돌아가 '연놈들'한테 칼부림을 한 사건을 소개했고 변심한 애인이 안 만나주자 집으로 찾아가 흉기를 휘두른 사례도 보여줬다. 바람피운 아내가 애인과 짜고 여기저기 생명보험을 든 뒤 남편을 살해한 사건의 치밀함에 여기저기서 탄성이 터져 나왔다.

당시 형사의 표현에 다소 과장은 있었을지 몰라도 아주 틀린 말은 아닐 것이다. 우리나라 살인사건(미수, 교사 포함)은 연간 1,200여 건인데 경찰청 자료에 따르면 2013년 애인 관계의 살인사건은 107건(살인 49, 미수 58)이다.

이제는 고전이 된 미국 미시건대 심리학과 데이비드 버스David Buss

• '삶이 그대를 속일지라도 슬퍼하거나 노여워하지 말라.' 러시아의 대문호 알렉산드르 푸시킨은 아내와 프랑스인 장교 단테스 사이에 추문이 퍼지자 결투를 신청했고 총상으로 사망했다. 진화심리학 이론에 따르면 아내의 간통이 외부에 알려졌을 때 아무 조치를 취하지 않는 건 명예에 치명적인 손상이 될 수 있다. 푸시킨의 자화상. (제공 위키피디아)

교수의 책 『욕망의 진화』를 봐도 많은 나라에서 치정에 얽힌 살해가 살인사건(전쟁 제외)의 큰 비중을 차지하고 있다고 소개하고 있다. 남편의 간통에 아내가 칼을 드는 경우는 거의 없고 아내의 간통이나 이혼요구, 여친의 결별통보에 격분한 남자들이 사고를 친다. 수단의 사례를 보면 남성이 저지른 살인 300건 가운데 74건이 성적 질투에서 비롯된 것으로 밝혀졌다. 남자가 남자를 죽인 사건의 20%가 치정에 얽힌 살인이라는 통계도 있다. 그런데 왜 일부 남성들은 배우자나 연인의 배신을 받아들이지 못하고 자신의 인생을 망쳐가며 끔찍한 일을 저지르는 것일까.

먼저 병리학적 관점에서 해석하는 시각이 있다. 즉 간통을 저지르거나 결별을 선언한 여성 대부분은 생명의 위협을 받지 않기 때문에, 치정에 얽힌 살인은 의도하지 않은 사고이거나 정신상태에 문제가 있는 남자가 벌인 예외적인 사건이라는 해석이다. 며칠 전 한 TV에서 최근 수년 사이 우리나라에서 치정에 얽힌 강력범죄가 늘고 있는 추세라는 뉴스에 나온 한 전문가가 이런 맥락에서 현상을 설명하는 걸 봤다.

반면 버스 교수는 진화심리학의 관점에서 해석한다. 즉 치정에 얽힌 살인은 질투의 극단적인 형태이지만 여기에는 진화적인 메커니즘이 있다는 것. 번식확률을 높이는 게 진화의 궁극적인 목적이라면 배신한 아내를 죽이는 건 설명이 잘 안 될 것 같지만(떠나나 죽으나 내 자식을 못 낳는 건 마찬가지이므로) 살려두면 경쟁자의 자식을 낳을 수 있기 때문이다.

또 오쟁이 진 남자라는 게 알려지면 명성에 큰 손상을 입는데, 특히 아무런 조치를 취하지 않을 경우 더 치명적이라는 것. 무른 남자로 보이면 뒤에 새 여자를 들일 경우 또 비슷한 일을 당할 가능성도 높다. 버스 교수는 "배우자 살해는 끔직한 일이지만 사회는 그 배후에 있는 심리적 메커니즘을 이해해야 이에 대해 제대로 대처할 수 있다"고 주장했다.

동료 물리학자 아내 가로채

2015년 2월 26일 헌법재판소는 62년 동안 유지돼 온 간통법이 위헌이라는 결정을 내렸다. 이제 배우자가 간통을 저질러도 이혼소송을 할 수 있을 뿐이라는 말이다(다만 위자료는 크게 뛸 전망이라고 한다). 시대가 바뀌어 다수의 사람들이 국가가 남녀의 애정문제까지 간섭하는 간통법을 폐지하는 건 당연하다며 이번 판결에 대해 찬성입장을 보이고 있다.

과학자들도 사람인지라 살다보면 사생활이 복잡해지기도 하는데, 연구에 미친 영향은 배우자의 반응이나 과학자가 속한 사회의 관습에 따라 차이가 크다. 이번 간통법 폐지를 계기로 과학자의 삶과 업적에 영향을 준 간통사건 몇 가지를 소개한다.

간통으로 가장 '덕을 본' 과학자는 오스트리아의 이론물리학자 에르빈 슈뢰딩거Erwin Schrödinger가 아닐까. 양자역학을 배우는 사람들이 처음 접하는 식인 그 유명한 슈뢰딩거(파동)방정식을 만든 슈뢰딩거는 과학계 최고의 난봉꾼일 것이다. 미국의 화학자 월터 무어Walter Moore가 쓴 책 『슈뢰딩거의 삶』은 사실상 물리학 아니면 간통 얘기인데, 처음에는 재미있지만 나중에는 짜증이 날 정도다.

슈뢰딩거는 거의 평생 끊임없이 새로운 연인을 만들었는데, 그 자신이 '간통을 해야 창조력이 생겨 연구가 잘 된다'고 말할 정도였다. 실제로 1925년 비엔나에 사는 오래 전 여자 친구(끝내 실체가 밝혀지지 않았다)와 함께 스위스 아로사로 크리스마스 밀월여행을 떠나 현지에서 완성한 게 바로 슈뢰딩거방정식이다. 만일 슈뢰딩거의 간통이 없었다면 우리는 지금 그 난해한 하이젠베르크의 행렬역학으로 양자이론을 배우고 있을지도 모른다.

슈뢰딩거가 이처럼 대놓고 이 여자 저 여자와 바람을 피울 수 있었던 건 역시 자유분방했던 아내 안네마리와 당시 유럽대륙의 사회적 분위기 덕분이다. 안네마리도 벡터의 개념을 정립한 천재 수학자 헤르만 베일과 간통에 빠져 있었다(베일의 아내도 다른 남자와).

슈뢰딩거의 스캔들 가운데는 이제 간통법이 없어진 우리나라에서도 여전히 불법인 행태도 있었는데 바로 미성년자와의 관계다. 1926년 서

• 유로화를 쓰기 이전 오스트리아의 1000실링짜리 화폐에는 오스트리아 최고의 물리학자인 에르빈 슈뢰딩거가 그려져 있었다. 미국의 화학자 월터 무어는 1994년 출간한 저서 『슈뢰딩거의 삶』에서 슈뢰딩거가 간통이 창조적인 과학연구의 원동력이라고 믿었다고 쓰고 있다.

른아홉의 슈뢰딩거는 아내의 부탁으로 친분이 있는 집안의 쌍둥이 자매에게 일주일에 한 번씩 수학을 봐주게 됐는데, 이 가운데 한 명인 이티 융거에게 홀딱 반한다. 당시 이티의 나이는 열네 살.

지금으로 치면 성추행을 지속하면서 끊임없이 기회를 노리던 슈뢰딩거는 이티의 17세 생일이 지난 뒤 마침내 자신의 정부로 만드는데 성공했다. 슈뢰딩거는 한 글에서 아래와 같은 궤변으로 자신의 '롤리타 신드롬'을 합리화하기도 했다.

"강하고 천재적인 지성을 소유한 남성이 유독 지적인 삶의 출발 시기에 있는 여자들, 봄에 비유될 만한 여자들에게 매력을 느끼는 것은 자연스러운 일인지도 모른다. (중략) 여자는 천재성을 가질 수 없다는 말도 흔히 듣게 된다. 그러나 사실상 여자들은 모두 천재성을 가지고 있다. 그러나 여자들의 천재성은 흔히 너무 약해서 문명과 문화에 의한 오염을 견뎌내지 못한다."

1932년 이티는 임신을 했지만 슈뢰딩거가 이혼할 생각이 없자 낙태를 했고 슈뢰딩거를 떠나 영국 남자와 결혼했다. 그 뒤에도 이 여자 저 여자 만나던 슈뢰딩거는 동료 물리학자 아르투르 마르히의 아내 힐데와 관계를 맺고 1934년 첫 딸 루트를 얻었다. 자식이 없었던 안네마리는 보모 역할을 했다.

당시 나치를 피해 영국 옥스퍼드대에 온 슈뢰딩거는 조수가 필요하다며 마르히 부부도 데려온 것인데, 슈뢰딩거를 초빙한 옥스퍼드대의 물리학자 프레더릭 린데만 교수는 내막을 알고 "그 비열한 놈을 쫓아내야 한다"며 노발대발했다고 한다. 아르투르 역시 루트가 자기 딸이 아님을 알고 있었지만 '존경하는' 노벨상수상자와 아내를 공유하는 현실을 받아들였다고 한다.

지난 2010년 네안데르탈인의 게놈을 해독해 유명해진 독일 막스플랑크진화인류학연구소의 진화인류학부장인 스반테 패보Svante Pääbo 박사는 2014년 출간한 『네안데르탈인』에서 안 해도 되는 '고백'을 적었다.[30] 패보는 1990년 미국 캘리포니아 버클리대에서 박사후연구원으로 있었는데, 당시 그 실험실에는 마크 스토네킹 박사와 대학원생인 린다 비길란트가 있었다. 훗날 둘은 결혼했고 아이도 둘 낳았다.

1996년 펜실베이니아주립대 교수였던 마크는 안식년을 맞아 가족들을 데리고 독일 뮌헨의 패보 박사 실험실로 왔다. 패보는 린다와 가끔 영화를 같이 보곤 했다.

"어느 밤 내 아파트에서 멀지 않은 극장에서 어쩌다 서로의 무릎이 닿았다. 우리 둘 가운데 누구도 무릎을 빼지 않았다. 이어서 우린 손을 잡았다. 그리고 린다는 영화가 끝나고 나서 바로 집으로 가지 않았다."

당시 패보는 독신으로 가끔 남자들을 만나고 있었다. 즉 동성애자였는데 알고 보니 여자도 좋아했던 것. 수개월 동안의 밀회는 스토네킹 부부가 미국으로 돌아가면서 끝나는 듯 했다. 그런데 인연이란 묘해서 패보는 펜실베이니아주립대에서 영입제의를 받게 된다. 당시 새로 설립하는 막스플랑크진화인류학연구소에서 이미 영입제의를 받은 패보는 마음에도 없는 펜실베이니아를 몇 차례 방문하며 밀회를 즐겼다.

한 걸음 더 나가 패보는 마크를 연구소로 영입할 계획을 세운다. 패보의 요청으로 린다는 남편에게 간통사실을 고백하고 마크는 며칠 동안 고민한 끝에 결단을 내린다. 즉 사생활과 연구를 구분하기로 한 것. 1998년 라이프치히에서 연구소가 문을 열 때 마크와 린다 모두 연구원으로 와 있었다. 패보는 스토네킹 가족과 한 집에서 살며 린다와 애정을 키웠고 마크는 새로운 연인을 만났다. 2005년 패보와 린다 사이에서 아들이 태어났다. 그 뒤 마크와 린다는 우호적으로 이혼했고 2008년 패보와 린다는 결혼했다.

30 네안데르탈인 게놈 해독에 대한 자세한 내용은 138쪽 '고게놈학 30년, 인류의 역사를 다시 쓰다' 참조.

간통으로 몰려 자살까지

한편 간통을 묵과하지 않는 배우자 때문에 간통이 삶의 활력소가 되기는커녕 연구활동까지 힘들어진 과학자들도 있다. 1906년 남편 피에르 퀴리가 마차사고로 사망한 뒤 시름에 잠겨있던 퀴리 부인은 1910년 다섯 살 연하인 프랑스 최고 물리학자 폴 랑주뱅과 내연의 관계를 맺게 된다. 그런데 랑주뱅의 아내 잔느가 이 사실을 알게 되면서 사태는 걷잡을 수 없게 전개됐고 당황한 퀴리 부인은 이탈리아로 도피한다.

결국 일간지 〈르주르날〉에 퀴리 부인과 랑주뱅의 간통 기사가 실렸고 그 여파로 퀴리 부인은 하마터면 1911년 노벨화학상을 받지 못할 뻔했다. 극도의 스트레스로 쇠약해진 퀴리 부인은 신장에 병을 얻어 2년 동안 고생했고 랑주뱅 역시 아내와 별거하다 1914년에야 집으로 돌아왔다. 그 뒤 랑주뱅은 비서와 간통했지만 이번에는 아내가 묵인했다고 한다.[31]

2014년 자살한 일본 이화학연구소(리켄)의 줄기세포연구가 사사이 요시키 박사는 간통혐의(아마도 사실이 아닐 것이다)가 결정타가 돼 인생을 망친 사람이다. 같은 연구소 오보카타 하루코 박사팀이 2014년 1월 학술지 〈네이처〉에 낸 줄기세포 논문 두 편이 조작의혹을 받으면서 후견인이자 공동저자이자기도 한 사사이 박사까지 도마에 올랐다. 일단 먹잇감을 발견한 언론들은 두 사람이 같이 출장을 간 영수증 등을 근거로 내연의 관계라는 추측성 기사를 썼다.

즉 리켄에서 제일 잘 나가는 중견 연구자(사사이 박사는 줄기세포분화에서 노벨상후보 1순위였다)가 계약직 연구원으로 들어온 미모의 젊은 여성 과학자에게 홀려 권력을 남용해 팀장 자리에 앉혔고 그 결과 이 모양 이 꼴이 됐다는 것. 두 사람은 말도 안 되는 억측이라며 부정했지만

31 퀴리 부인과 랑주뱅의 스캔들에 대한 자세한 내용은 『과학 한잔 하실래요?』 64쪽 '퀴리 부인의 남자: 폴 랑주뱅' 참조.

둘 사이의 간통은 기정사실화됐다. 충격으로 입원까지 한 사사이 박사는 자신을 향한 부당한 비난을 더 이상 견딜 수 없다는 유서를 남기고 결국 자살을 선택했다.[32]

오늘날의 시각으로도 뻔뻔스럽다고 할 정도로 간통을 즐기면서도 승승장구했던 과학자도 있고 미디어의 먹이가 돼 (아마도 억울하게) 간통혐의를 뒤집어쓰고 목숨까지 끊은 소심한 과학자도 있는 걸 보며 타인의 시선이나 평가에 너무 연연해서는 안 되겠다는 생각이 문득 든다(물론 진화심리학 관점에서 굉장히 어려운 일이겠지만).

참고문헌

데이비드 버스, 전중환. *욕망의 진화* (사이언스북스, 2007)
월터 무어, 전대호. *슈뢰딩거의 삶* (사이언스북스, 1997)
Pääbo, Svante. *Neanderthal Man* (Basic Books, 2014)

32 사사이 박사의 삶과 업적에 대해서는 366쪽 '사사이 요시키, 논문조작에 연루돼 목숨을 끊은 비운의 줄기세포연구가' 참조.

part

7

물리학/화학

7-1

태양계에서 고리를 지닌 다섯 번째 천체 찾았다!

• 커리클로의 지표에서 바라본 고리의 모습을 그린 상상도. 불과 250킬로미터 상공에 펼쳐져 있다. 멀리 빛나는 천체가 태양이다. (제공 ESO)

보통 비슷한 특성을 지녀 한 무리로 묶이는 경우 가장 큰 것이 주목을 받기 마련이다. 예를 들어 2014년 3월 진주에 떨어진 운석의 경우도 처음 발견된 9.36kg짜리 운석이 주인공이었으나 일주일 뒤에 무려

20.9kg의 네 번째 운석이 발견되면서 스포트라이트가 옮겨졌다. 아마 훗날 진주운석을 언급할 문헌은 '무게 20.9kg인 국내 최대 운석을 비롯해 운석 네 개가 발견됐고…'라는 식으로 적지 않을까.

그런데 무리 가운데 두 번째로 큰 게 주인공의 자리를 차지하고 있는 경우가 있으니 바로 태양계 행성이다. 목성은 다른 일곱 개 행성을 합친 질량의 2.5배나 되고(그래봐야 태양 질량의 1000분의 1이지만) 거대한(지구보다도 크다) 대적반Great Red Spot 때문에 그리스신화의 외눈박이신 키클롭스의 얼굴 같은 인상을 준다. 하지만 바로 다음에 있는 토성에게는 목성의 스펙을 간단히 눌러버리는 화려한 무기가 있다. 바로 적도면에 펼쳐져 있는 고리다. 아마추어 천체관측자들이 찍은 태양계 천체사진 가운데 절반 이상(어쩌면 90% 이상?)이 토성을 찍은 게 아닐까.

보이저 2호가 연달아 발견

토성의 고리를 발견하고 정체를 규명한 과학자들의 면면도 화려하기 그지없다. 먼저 발견자는 갈릴레오 갈릴레이Galileo Galilei로 1610년 망원경으로 토성을 들여다보다 이상하게 움직이는 두 개의 둥근 천체를 관측했다. 그러나 이 형체가 고리라는 걸 확인한 건 네덜란드의 물리학자 크리스티안 하위헌스Christiaan Huygens(필자 같은 구세대는 '호이겐스'가 익숙하다)로 1655년의 일이다. 그리고 1857년 영국의 물리학자 제임스 맥스웰James Maxwell은 토성의 고리가 고체로 이뤄진 하나의 물체가 아니라 작은 입자들로 이뤄져 있음을 이론적으로 증명했다.

토성 고리가 관측되고 300년도 더 지난 1977년, 토성 다음에 있는 행성인 천왕성에도 고리가 있다는 사실이 관측됐다. 항성 엄폐stellar occultation라는, 천왕성이 별빛을 가리는 현상을 면밀하게 분석한 결과 고리가 아홉 개 있다는 사실이 확인된 것.

• 1989년 보이저 2호가 촬영해 전송한 사진 두 장에는 해왕성의 고리가 완벽하게 포착됐다. (제공 <사이언스>)

2년 뒤인 1979년 목성을 스쳐지나가던 보이저 2호가 고리를 관측했다. 고리가 얇고 밀도도 낮아 희미했기 때문에 지구에서는 관측하지 못했던 것이다. 보이저 2호의 목성 고리 발견은 예상치 못한 수확이었다.

목성을 지나 7년을 여행한 보이저 2호는 1986년 천왕성에 접근해 고리 두 개를 추가로 확인했다. 2005년 허블우주망원경이 천왕성에서 고리 두 개를 추가로 더 발견해 총 열세 개다. 물론 천왕성과 목성의 고리는 토성 고리의 화려함에는 비교할 바가 못 된다.

1989년 태양계 맨 바깥 행성인 해왕성(명왕성은 퇴출됐으므로)에서도 고리가 발견됐다. 센스가 있는 독자라면 짐작했겠지만, 역시 1986년 천왕성을 떠나 3년간 여행해 접근한 보이저 2호가 관측했다. 해왕성에는 고리가 다섯 개 있는데 목성의 고리처럼 희미하다. 아무튼 이렇게 해서 지난 25년 동안 사람들은 태양계에서 고리가 있는 천체가 네 개 존재한다고 알고 있었다.

항성 엄폐 기술로 존재 발견

학술지 〈네이처〉 2014년 4월 3일자에는 태양계에서 다섯 번째로 고리를 지닌 천체를 찾았다는 연구결과가 실렸다. 고리를 거느리고 있는 천체는 반지름이 불과 124킬로미터인 켄타우루스소행성Centaur 커리클로Chariklo다. 보통 소행성asteroid은 화성과 목성 사이 소행성대에 분포하는 작은 천체들을 가리킨다. 반면 켄타우루스소행성은 목성에서 해왕성에 이르는 넓은 영역에 퍼져있는 작은 천체들로 소행성과 혜성의 중간적인 특징을 지니고 있다. 그리스신화에 나오는 반인반마半人半馬의 괴물 켄타우루스의 이름을 붙인 이유다.

켄타우루스소행성은 주위 거대 행성의 중력 섭동으로 공전궤도가 불안정해 수명이 수백만 년으로 짧은 것으로 알려져 있다. 현재 태양계에는 지름이 1킬로미터가 넘는 켄타우루스소행성이 4만 4,000여 개 있다. 1997년 발견된 커리클로는 토성과 천왕성 사이에 있는 켄타우루스소행성 가운데 가장 크다.

천문학자들은 2013년 6월 3일 커리클로가 남미의 하늘을 지나갈 때 항성 엄폐가 일어나리라는 걸 예측했다. 소행성처럼 작은 천체가 토성이나 천왕성의 거리에 있을 경우 망원경으로 직접 관측하기가 어렵기 때문에 이들 천체가 별의 빛을 가리는 엄폐는 천체에 대한 정보를 알 수 있는 좋은 기회다. 따라서 커리클로의 엄폐를 관측하기 위해 남반구 곳곳의 망원경 여덟 대가 동원됐다.

이벤트가 끝나고 각 망원경이 관측한 데이터를 취합한 결과 놀라운 사실이 밝혀졌다. 커리클로 주위에 고리가 있는데, 그것도 하나가 아니라 둘이라는 것. 도대체 엄폐로 어떻게 그런 사실을 알 수 있는가 궁금한 독자를 위해 274쪽에 관측 데이터를 소개한다. 왼쪽에서 오른쪽으로 시간이 경과할 때(가로축) 밝기 변화(세로축)를 나타낸 그래프로, 가운데 한동안 밝기가 확 줄어든 건 커리클로가 별을 가로막은 결과다.

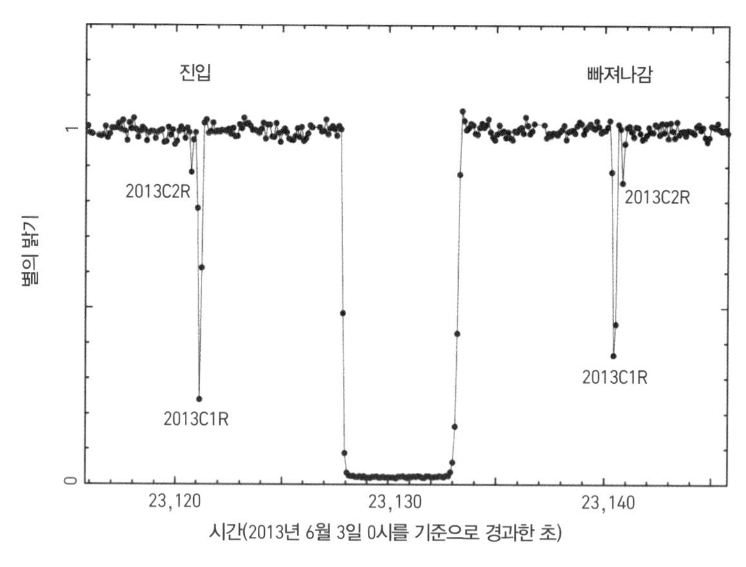

• 커리클로의 항성 차폐 데이터. 가운데 깊은 골은 커리클로가 별빛을 가린 결과이고 좌우에 있는 두 쌍의 골이 고리가 별빛을 가린 결과다. 자세한 설명은 본문 참조. (제공 <네이처>)

그런데 전후에 대칭적으로 짧은 시간 동안 두 차례씩 밝기가 줄어듦을 알 수 있다. 왼쪽부터 보면 처음에는 약간만 줄어들고(2013C2R) 바로 이어 꽤 줄어든다(2013C1R). 그리고 커리클로의 엄폐를 지나 그 반대 순서로 짧은 기간의 엄폐가 이어진다. 이를 해석해보면 처음에 입자가 희박한 바깥쪽 고리가 별빛을 가리고 이어서 이보다는 입자가 많은 안쪽 고리가 별빛을 가리고 이어서 커리클로, 안쪽 고리, 바깥쪽 고리 순서로 지나갔다는 뜻이다.

지금까지 소행성대의 많은 소행성과 해왕성 너머 있는 십여 개 천체에서 항성 엄폐를 관측했지만 고리가 발견된 건 이번이 처음이다. 데이터를 토대로 추측해보면 안쪽 고리는 반지름이 391킬로미터에 폭이 7킬로미터, 광학깊이(물체를 통과한 뒤 빛이 줄어든 정도를 자연로그로 나타내 −1을 곱한 값. 원래 밝기의 1/e로 감광될 경우 1이다)가 0.4이고, 바깥쪽 고리는 반지름 405킬로미터 폭 3킬로미터 광학깊이 0.06이다. 두 고리 사이의 공간은 불과 9킬로미터. 만일 지구에서 같은 거리에 고리가 있다면 지상에서 불과 250여 킬로미터 떨어진 것이기 때문에 해질 무렵이나 해뜰 무렵 장관을 연출할 것이다.

고리의 존재가 밝혀지는 동시에 그동안 커리클로가 보여준 미스터리가 저절로 해결됐다. 즉 커리클로는 1997년 발견된 직후부터 밝기가 서서히 감소해 40%까지 줄어들었다가 2008년 이후 다시 밝아지기 시작했던 것. 아울러 물과 얼음의 존재를 나타내는 신호도 같은 패턴을 보였다. 반지름이 불과 124킬로미터인 돌덩어리에서 이런 변화가 일어난다는 건 도저히 설명할 수 없는 일이었다. 그런데 이런 밝기 변화를 표면적은 커리클로의 15%이지만 얼음이 풍부해 반사도가 3배나 되는 고리의 원반 면이 지구에 대해 어떤 각도로 위치하느냐에 따른 결과라고 보면 완벽하게 설명된다는 것.

그런데 이렇게 작은 천체가 어떻게 고리를 지니게 됐을까. 연구자들은 이에 대해 여러 시나리오를 제시하고 있다. 먼저 토성처럼(역시 가설이지만) 천체가 형성될 무렵 고리도 생겼을 가능성은 거의 없다. 커리클로의 중력이 미미하기 때문이다. 좀 더 설득력 있는 가설은 달의 기원처럼 어떤 천체가 커리클로에 충돌한 뒤 파편이 커리클로의 적도면에 분포하게 됐다는 것. 다만 지구 달 충돌에 비해 파편의 양 역시 미미해 하나로 뭉치지 못하고 그대로 남아있다는 것이다.

또 다른 가설은 켄타우루스소행성과 해왕성 바깥 천체의 약 5%가 작은 동반 천체, 즉 위성을 갖고 있다는 관측에서 비롯한다. 즉 이런 위성들에 우주를 떠도는 작은 천체들이 부딪쳐 생긴 파편이 커리클로의 주변에 고리를 형성했다는 것. 이번 발견에 대해 같은 날짜 〈네이처〉에 해설을 쓴 미국 코넬대의 조셉 번스Joseph Burns 교수는 "이론적 아이디어를 바탕으로 착수한 관측이 발견으로 이어진 경우는 거의 없고, 오히

• 항성 엄폐 데이터를 바탕으로 그린 커리클로와 두 고리. 뒤의 점선들은 망원경에 따라 배경 별이 지나간 자리다. (제공 <네이처>)

려 이번처럼 예상치 못한 발견이 새로운 이해를 촉진시킨다"고 평했다.

앞으로도 수억~수십억 년 존재할 행성이나 소행성대의 대다수 소행성과는 달리 공전 궤도가 불안정한 커리클로의 삶은 수백만~수천만 년 뒤 끝날 가능성이 높다. 사실 커리클로의 고리가 생긴 것도 1,000만 년이 안 됐고 그 당시에는 해왕성 너머에 있었던 것으로 추정된다. 그 뒤 천왕성 중력의 영향으로 공전궤도가 흔들려 지금의 위치에 온 것으로 보인다. 커리클로가 사라지면 태양계에서 고리를 지닌 천체는 다시 넷이 된다. 물론 100년도 못사는 인간이 아직 최소한 수백만 년의 삶이 남은 커리클로의 운명을 안타까워한다는 것은 한참 주제넘은 짓이지만.

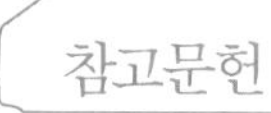

참고문헌

Burns, J. *Nature* 508, 48 (2014)
Braga-Ribas, F. et al. *Nature* 508, 72 (2014)

7-2

바나나 껍질을 밟으면 미끄러지는 이유

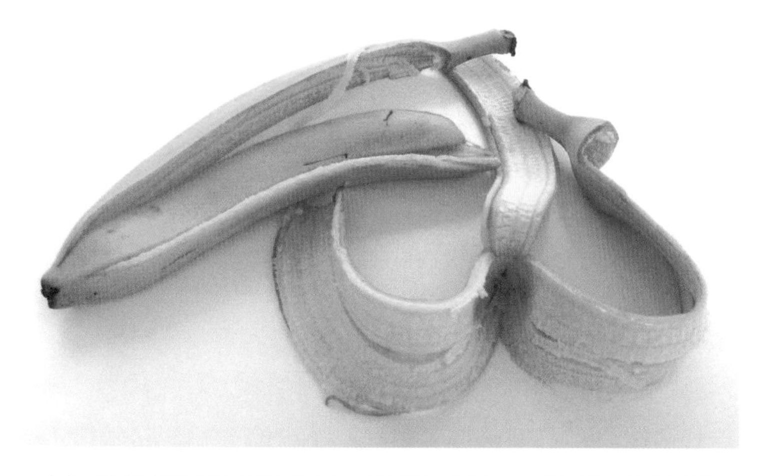

• 바나나 껍질을 밟으면 왜 미끄러지는가를 밝힌 일본 연구자들이 2014 이그노벨상(물리학 부문)을 받았다. (제공 위키피디아)

영화 〈폭풍의 언덕〉의 각색 작가인 찰스 맥아더가 찰리 채플린에게 뻔한 장면을 어떻게 참신하게 만들 수 있을지 물었다. "예를 들어 뚱뚱한 여자가 5번가를 걸어가다 바나나 껍질을 밟고 넘어진다면 관객들이 여전히 웃을까요? 수도 없이 연출된 장면인데." 맥아더는 계속 물었다. "먼저 바나나 껍질을 보여주고 뚱뚱한 여자가 다가와 넘어지게 할까요? 아니면 뚱뚱한 여자를 먼저 등장시키고 다음에 바나나 껍질을 보여주고 여자가 넘어지게 할까요?" 채플린이 대답했다. "둘 다 아닙니다. 뚱뚱한 여자가 다가옵니다. 그리고 바나나 껍질이 보이지요. 다음으로 뚱뚱한 여자와 바나나 껍질이 함께 잡힙니다. 그리고 여자가 바나나 껍질을 피하다가 맨홀에 빠져 사라지죠."

— 댄 쾨펠, 『바나나』

10월 초 노벨상 수상자 발표를 앞두고 과학계의 긴장감을 누그러뜨리기 위함인지 서너 주 앞서 기상천외한 연구(또는 일)를 한 사람들에게 주는 '이그노벨상Ig Nobel Prize'이 발표된다.

2014년 이그노벨상도 다들 웃긴 내용들이다. 이런 연구를 왜 했을까 싶은 주제도 있지만 좀 더 알고 싶다는 생각이 들게 하는 연구도 있다. 특히 필자는 2012년 한 학술지에 '바나나 껍질의 마찰계수'라는 제목의 논문을 발표한 일본의 연구진이 수상한 물리학상에 관심이 갔다. 바나나 껍질이 왜 미끄러운가에 대한 이유를 밝힌 연구라는 것이다.

애니메이션에서는 바나나 껍질을 밟아 뒤로 넘어지는 장면을 과장해서 표현하곤 하지만 실제로 그런 일이 흔하지는 않을 것이다. 그런데 필자는 수년 전 길을 가다 정말로 바나나 껍질을 밟은 적이 있다. 아마 딴 생각을 하고 걷다가 못 본 것 같은데 바나나 껍질을 밟은 발이 앞으로 쭉 나가면서 휘청했지만 간신히 넘어지지는 않았다.

그때 생각이 나 연구 내용을 좀 더 자세히 알아보려고 '있음직하지 않은 연구 연감' 사이트(www.improbable.com)를 들어가 봤더니 다행히 논문 파일이 올라와있었다. 일본 트라이볼로지학회에서 발행하는 학술지 〈트라이볼로지 온라인〉에 실린 논문으로 5쪽 분량에 내용도 쉬워 고교 물리 시간에 다루면 딱 좋을 내용이었다. 트라이볼로지Tribology는 마찰과 마모, 윤활에 관련된 현상을 다루는 학문분야다.

마찰계수 6분의 1로 줄어

연구자들은 바나나 껍질이 얼마나 미끄러운지 알아보기 위해 마찰계수frictional coefficient를 측정했다. 마찰계수는 마찰력과 수직항력 사이의 관계를 이어주는 계수(마찰력 = 마찰계수 × 수직항력)로 마찰계수가 작을수록 잘 미끄러진다. 마찰계수는 면 자체의 특성이 아니라 접촉하는 두 면의 재질에 따라 결정된다. 예를 들어 상자를 빙판 위에 두고 옆에서 밀면 약간만 힘을 줘도 움직이지만(마찰계수가 작아 마찰력이 작다), 그냥 땅 바닥에 두면 더 큰 힘을 줘야 움직인다.

연구자들은 리놀륨 재질의 바닥에 놓인 바나나 껍질을 구두를 신은 발로 밟는 상황에서 측정했다. 바나나 껍질을 두는 방법은 두 가지로 매끄러운 바깥쪽 면이 위로 오는 경우와 부드러운 안쪽 면이 위로 오는 경우다. 그렇다면 어느 쪽이 더 미끄러울까. 신발 바닥이 매끄러운 바깥쪽 면에 닿았을 때일까. 여기서 잠깐 생각해야 할 것은 바나나 껍질 실험의 경우 두 면이 아니라 네 면을 고려해야 한다는 점이다. 즉 신발 바닥과 바나나 껍질 양면, 리놀륨 바닥이다. 참고로 리놀륨 바닥은 신발 바닥보다 매끄럽다.

따라서 얼핏 생각하면 매끄러운 바나나 껍질 바깥쪽 면과 리놀륨 바

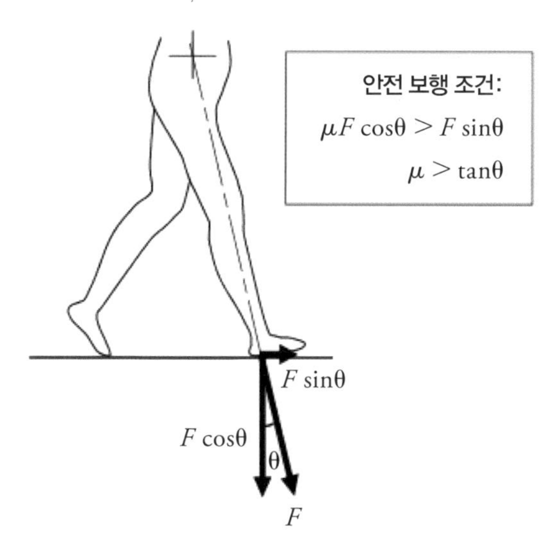

• 걸을 때 미끄러지지 않으려면 마찰력이 수평방향의 힘(Fsinθ)보다 커야 한다. 마찰력은 수직항력(Fcosθ)에 마찰계수(μ)를 곱한 값이므로 마찰계수가 작을수록 마찰력이 작아 넘어지기 쉽다. (제공 <Tribology Online>)

닥이 닿는 경우에 마찰계수가 더 낮을 것 같다. 실험 결과 이 경우 마찰계수는 평균 0.123으로 유자 껍질의 0.125와 거의 같은 값이었다. 따라서 이게 정답이라면 바나나 껍질이 미끄럽다는 말은 과장인 셈이다.

다음으로 바나나 껍질 바깥쪽 면이 신발 바닥과 닿는 경우 마찰계수를 측정했는데 앞 조건의 절반에 불과한 평균 0.066이 나왔다. 참고로 신발과 리놀륨 바닥이 직접 닿는 경우, 즉 그냥 걸을 때는 마찰계수가 평균 0.412였다. 즉 바깥쪽 면이 위를 향한 바나나 껍질을 밟을 경우 리놀륨 바닥을 밟을 때보다 마찰계수가 6분의 1로 줄어 훨씬 미끄러운 상태가 된다. 참고로 설원에서 스키를 탈 때 마찰계수는 0.04 정도다.

논문에는 사람이 걸을 때 바닥에 가해지는 힘을 분석한 내용도 있는데 꽤 흥미롭다. 즉 우리가 발을 내디딜 때 보통 15도 정도 기울어져($\theta = 15^\circ$, 수직선 기준) 힘이 가해진다고 한다. 이때 수직성분의 힘은 $F\cos\theta$, 수평성분(진행방향)의 힘은 $F\sin\theta$이다. 따라서 마찰력(마찰계수$\times F\cos\theta$)이 수평성분의 힘보다 커야 미끄러지지 않는다. 마찰계수가 0.066일 때 각도의 한계는 3.8도로, 15도일 때는 수평성분의 힘이 더 커 결국 앞으로 쭉 미끄러지게 된다. 겨울에 빙판길을 걸을 때 본능적으로 보폭을 줄이는 것도 수평성분의 힘을 마찰력보다 작게 해 미끄러지지 않기 위함이다.

껍질 으깨지며 과립 젤이 균일한 졸이 돼

그렇다면 왜 바나나 껍질 안쪽 면이 아니라 바깥쪽 면을 밟을 때 더 미끄러운 걸까. 바나나 껍질의 입장에서 두 면이 어긋나는 지점, 즉 미끄러지는 현상이 일어나는 곳이 안쪽 면이기 때문이다. 즉 바나나 껍질을 밟으면 안쪽 면이 바닥 면에서 미끄러지면서 넘어지는 것이다. 바나나 껍질이 미니 보드인 셈이다.

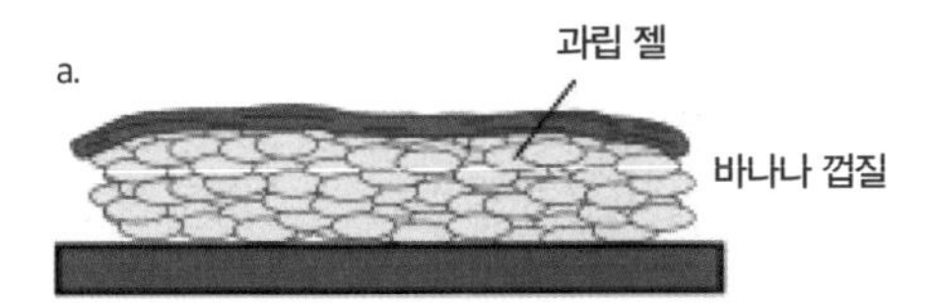

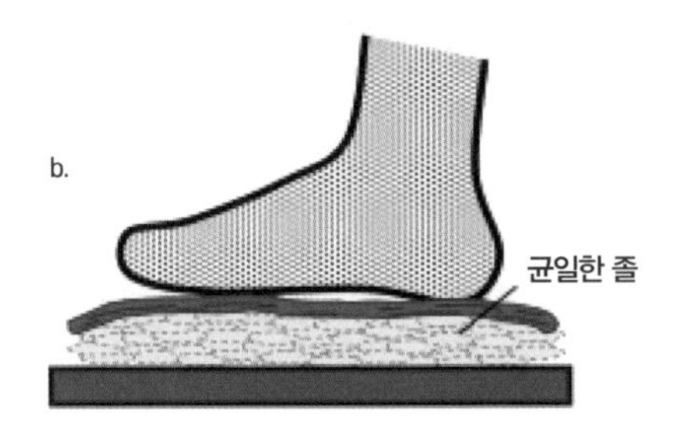

• 바나나 껍질epicarp의 단면을 보면 수 마이크로미터 크기의 과립젤follicular gel로 이뤄져 있다. 껍질을 밟으면 눌려 과립이 터지면서 균일한 졸homogeneous sol 상태로 바뀌면서 유동성이 커져 바닥 면에서 쉽게 미끄러진다. (제공 <Tribology Online>)

연구자들은 바나나 껍질을 현미경으로 자세히 들여다봤다. 그 결과 껍질 속은 그냥 부드러운 재질의 연속체가 아니라 셀룰로오스 막으로 둘러싸인 수 마이크로미터 크기의 과립으로 이뤄진 젤gel 형태였다. 이 상태에서 발에 밟혀 눌리면 과립이 터져 내용물(다당류와 단백질)이 흘러나오면서 균일한 졸sol의 상태로 바뀐다는 것. 그 결과 유동성이 커져 거칠기가 수십 마이크로미터인 리놀륨 바닥 위에서 쉽게 미끄러진 것. 반면 껍질의 안쪽 면이 거칠기가 수 밀리미터인 신발 바닥과 닿을 경우 균일한 졸이 형성되지 않아 덜 미끄럽게 된다.

바나나를 먹게 되면 어느 쪽 면을 밟느냐에 따라 정말 미끄러운 정도가 다른지 실험해보고 싶은 생각이 문득 들지만, 안 그래도 허리가 안 좋은 필자로서는 화를 자초하는 일 같아 자제해야겠다.

참고문헌

Mabuchi, K. et al. *Tribology Online* 7, 147 (2012)

7-3

우리 몸에 없어서는 안 될 스물여덟 가지 원소는?

얼마 전 원자번호(원자핵의 양성자 개수) 117인 원소를 만들었다는 연구결과가 학술지 〈피지컬리뷰레터스〉에 실리며 주기율표 식구가 하나 더 늘어나는 게 확실시되고 있지만(국제순수응용화학연맹과 국제순수응용물리학연맹의 승인만 남았다), 사실 이런 '합성' 원소들은 수명이 무척 짧은, 실재할 수 있다는 걸 보여주는데 의의가 있는 덧없는 존재들이다. 자연계(지구)에 있는 원소는 모두 92종. 원자번호 1인 수소에서 92인 우라늄까지다.

그렇다면 이 92가지 원소 가운데 우리 몸을 이루는데 필요한 건 몇 가지나 될까. 물론 보통 사람들 몸을 '분석'하면 대략 60여 가지 원소가 검출된다고 하지만, 존재한다고 해서 꼭 필요한 건 아니다. 납이나 카드뮴처럼 우리 몸을 '오염'시켜 문제(중독)를 일으키는 원소도 있다. 따라서 어떤 원소가 우리의 생존에 필요한 것인가를 판단하려면 아래의 '기준'을 충족시키는지 알아봐야 한다.

1. 원소 결핍이 생리적 기능장애로 이어진다.
2. 이때 원소를 보충해주면 기능장애가 개선된다.
3. 생리적 기능을 생화학적으로 설명할 수 있다.

최근까지 이 기준을 통과한 원소는 27가지라고 한다. '그거밖에 안 되나. 나도 다 맞출 거 같은데.' 이런 생각을 하는 독자들처럼 필자도 '과학상식'을 바탕으로 한 번 추론해보겠다. 먼저 CHO로 표기되는 탄소, 수소, 산소로 굳이 설명이 필요 없을 것이다. 아미노산을 생각하면 질소(N)와 황(S)이 추가될 것이고 핵산에서 인(P)이 떠오른다.

신경전달을 생각하면 나트륨(Na)과 칼륨(K)이 포함돼야 하고, 뼈를 이루는 칼슘(Ca)과 불소(F)도 추가다. 피의 붉은색에서 철(Fe)이 떠오르고 갑상선호르몬에서 요오드(I)가 생각난다. 위산(염산)을 생각하니 염소(Cl)도 추가다. 꽤 많이 생각한 것 같은데 아직 열네 가지나 남았다. 지금부터는 좀 반칙을 해서 전공 공부를 할 때 주워들은 것들을 동원해야겠다.

먼저 마그네슘(Mg)과 망간(Mn), 아연(Zn)으로 특정 효소가 활성을 띠려면 꼭 필요하단다. 구리(Cu)도 비슷하게 쓰인다는 얘기를 들은 것 같다. 그리고 수년 전 비소 박테리아 논문이 나왔을 때 비소(As)도 극

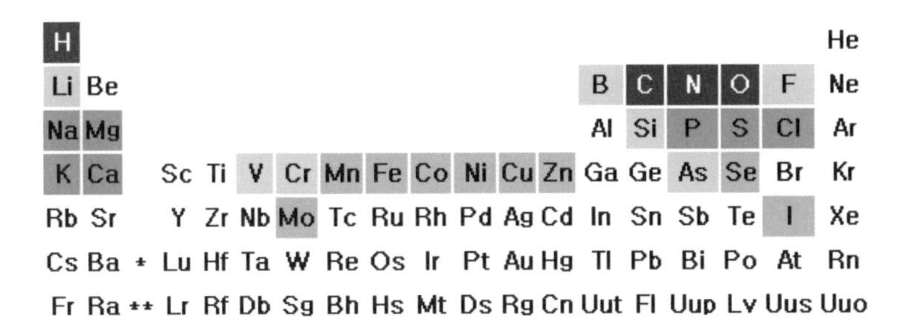

• 주기율표에 본 인체에 필수적인 원소 27종. 짙은 녹색은 유기분자에 기본이 되는 네 원소. 녹색은 꽤 존재하는 원소들. 연두색은 미량일지라도 필수적인 원소들. 노란색은 포유동물에 꼭 필요한 것 같은데 생화학적 기능은 불명확한 원소들. 최근 연구결과 여기에 브롬이 추가돼야 한다는 사실이 밝혀졌다. (제공 막스플랑크연구소)

미량 필요하다는 구절을 읽었다(물론 인을 대신해 핵산 골격에 쓰이는 건 아니고). 셀레늄(Se)도 드물게 아미노산에서 황을 대신해 들어가는 일이 있다. 필자가 지금 짜낼 수 있는 건 여기까지였고, 문헌을 통해 찾은 나머지 8종은 다음과 같다.

비소도 실리콘도 필요해

원자번호 순서로 보면 먼저 리튬(Li, 3번)이다. 2차전지의 총아인 리튬은 주기율표에서 나트륨, 칼륨과 같은 족(알칼리 금속)에 있는데, 극미량(약 30ppb, ppb는 10억 분의 1)이지만 건강유지에 필요하다고 알려져 있다. 다음으로 원자번호 5인 붕소(B)로 식물에서는 매우 중요한 원소(세포벽 유지에 필요)이고 동물에서는 역할이 명확하지 않지만 칼슘 흡수에 관여하고 유전자 변이로 적정 농도가 존재하지 않으면 근육퇴행위축증이 나타나는 걸로 알려져 있다.

주기율표에서 탄소 아래에 있는 실리콘(Si, 14번)도 필요하다. 우리 몸에 약 20ppm(ppm은 100만 분의 1) 존재해 질량 기준으로 15위다. 실리콘은 뼈 성장에 필수적인 원소로 알려져 있다. 다음으로 원자번호 23번인 바나듐(V)으로 쥐와 닭을 대상으로 한 동물실험 결과 결핍될 경우 성장 장애와 생식 장애로 이어진다. 또 인슐린 민감성에도 관여하는 것으로 알려져 있다. 주기율표에서 바로 옆에 있는 크롬(Cr, 24번)도 필수원소로 결핍될 경우 포도당 대사에 문제가 생기고 RNA 작용에도 관여하는 것으로 알려져 있다.

다음으로 원자번호 27인 코발트(Co)로 비타민B12 분자를 구성하는데 핵심적인 역할을 한다. 주기율표에서 바로 옆에 있는 니켈(Ni, 28번) 역시 특정 효소가 활성을 띠는데 필요하다고 한다. 끝으로 원자번호 42인 몰리브덴(Mo)으로 활성을 띠려면 이 원소가 있어야 하는 효소가 20

여 가지라고 한다.

'유해한 원소들로 알았는데 우리 몸에 필요한 거였나?' 주로 뒤에 언급된 원소들을 보고 이런 생각을 한 독자들도 꽤 있을 텐데, 그렇다. 이들 대다수는 인체에 ppb 단위로 존재하고(총량으로는 수 밀리그램 수준), 많이 있으면 오히려 문제를 일으킨다. 도처에 있는 원소이므로 넘치면 넘쳤지 모자라는 일은 거의 없다. 따라서 이런 원소들의 결핍으로 일어나는 증상은 거의 보고되지 않았고, 그 결과 우리 생존에 꼭 필요하다는 사실이 비교적 늦게 알려진 것들도 있다.

염소가 브롬 대신하지 못해

학술지 〈셀〉 2014년 6월 5일자에는 우리의 생존에 꼭 필요한 28번째 원소를 발견했다는 연구결과가 실렸다. 그 주인공은 바로 브롬(Br, 원자번호 35)이다. 미국 밴더빌트대 연구진들은 초파리의 기저막을 구성하는 섬유성 단백질인 콜라겐collagen의 네트워크를 형성하는 과정에서 브롬이 꼭 있어야 한다는 사실을 발견했다. 만일 브롬이 결핍되면 배아 발생에 문제가 생겨 알을 깨기도 전에 죽는다. 연구자들은 이 과정이 초파리뿐 아니라 하등동물인 해면에서 고등동물인 사람에 이르기까지 동물 전반에 보존돼 있다는 사실을 바탕으로 사람에서도 브롬이 필수원소라고 주장했다.

기저막basement membrane은 세포외기질extracellular matrix의 한 형태로, 상피조직의 세포 사이에 존재하며 구조를 유지하고 세포간 신호전달에 관여한다. 다세포생물이 나올 때 식물세포는 세포벽을 만드는 쪽으로 진화하면서 마치 벽돌을 쌓듯이 세포들이 모여 하나의 개체를 이룬 반면, 움직여야 하는 동물은 세포가 말랑말랑하면서도 서로 연결돼 있어야 했기 때문에 세포외기질을 발달시켰다. 쉽게 말해서 우리 몸은 수십 조 개의 액체 거품(속이 채워진)이고 거품 막이 세포외기질인 셈이다.

콜라겐은 3중나선 구조로 국수가닥을 연상하면 되는데, 이대로라면 기저막에 깔아도 튼튼하지 못하다. 따라서 콜라겐 사이에 화학결합이 일어나 서로 엮이면서 거대한 그물망이 형성되어야 세포외기질이 튼튼한 구조를 지니게 된다. 그런데 정작 기저막을 이루는 콜라겐 단백질 네트워크가 어떤 결합을 하고 있는지는 오랫동안 생화학자들을 괴롭히는 문제였다.

1988년 연구자들은 단백질에서 흔히 쓰이는 네트워크인 이황화결합(−S−S−. 아미노산 시스테인 사이에 일어나는)이 기저막 콜라겐 네트워크도 형성한다고 발표했다. 그러나 후속 연구결과 그렇지 않다는 사실이 밝혀졌지만 구조가 워낙 복잡하고 불안정해 그 실체는 베일에 가려져 있었다. 그러나 2009년 마침내 밴더발트대 연구자들이 그 실체를 밝혔다. 즉 아미노산 메티오닌과 아미노산 하이드록시라이신(라이신이 변형된 분자) 사이의 '설필리민sulfilimine 결합, −S(=N−)−, 즉 메티오닌의 황(S)과

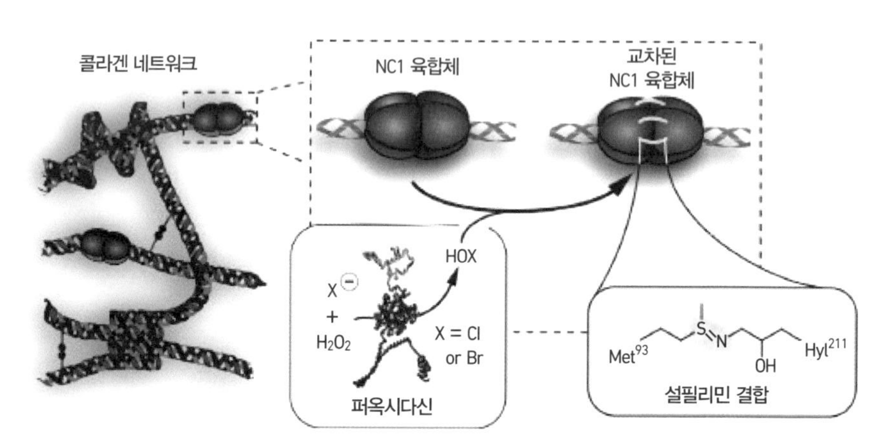

• 상피조직에 존재하는 기저막은 콜라겐 네트워크가 지탱한다. 3중나선 구조인 콜라겐은 말단(NC1 육합체)이 설필리민 결합을 통해 연결되면서 네트워크를 형성한다. 퍼옥시다신이라는 효소가 이 과정을 촉매하는데, 이때 브롬이온이 꼭 있어야 한다. (제공 <셀>)

하이드록시라이신의 질소(N) 사이의 이중결합'이라는, 생명체에서는 처음 발견된 화학결합을 통해서다.

그 뒤 연구자들은 도대체 어떻게 설필리민 결합이 만들어지는지 조사하다가 이 과정에서 브롬이 결정적인 역할을 한다는 사실을 발견한 것. 즉 퍼옥시다신peroxidasin이라는 효소가 두 콜라겐 분자 말단의 메티오닌과 하이드록시라이신을 결합시키는 반응을 촉매하는데, 이 과정에서 브롬이온(Br^-)이 필요함을 입증했다.

즉 브롬이 결핍된 먹이를 준 초파리는 설필리민 결합이 일어나지 않아 기저막의 콜라겐 네트워크가 제대로 형성되지 못해 기저막이 변형되고 발생 과정에 문제가 생겨 죽게 된다. 그런데 이때 브롬을 보충해주면 다시 정상으로 돌아온다고. 사실 브롬이 동물의 생존에 필요한 것 같다는 정황증거는 있었지만 '유독물질'이라는 선입관 때문에 이를 깊이 파고든 연구자가 없었던 것.

그동안 설필리민 결합 반응에 브롬 외에 염소이온(Cl^-)도 관여하는 것으로 알려져 브롬이 꼭 필요한 건 아니라고 여겨졌다. 그러나 이번에 자세한 비교실험 결과 이 반응을 촉매하는데 브롬이 염소보다 5만 배 이상 효율이 높은 것으로 나타났다. 염소의 경우 메티오닌에 하이드록시라이신보다 물분자가 반응하는 걸 오히려 더 촉진해 설필리민 결합 대신 엉뚱한 설폭사이드 결합(–S(=O)–)이 주로 일어나는 것으로 밝혀졌다. 주기율표에서 브롬은 염소 바로 아래에 있지만(같은 할로겐족) 생체반응에서는 상당히 다르게 작용함을 보여주고 있다.

흥미롭게도 브롬이 필수원소라는 게 밝혀지자 그동안 원인이 애매했던 여러 질환이 브롬 결핍과 관련돼 있을 가능성이 높아졌다. 예를 들어 하루에 담배를 한 갑 이상 피우는 사람들은 혈중 티오시아네이트(SCN^-) 농도가 올라가는데, 그 결과 브롬의 작용을 방해해 설필리민 결합이 제대로 형성되지 않는다. 실제로 골초들은 기저막이 변형돼 있다

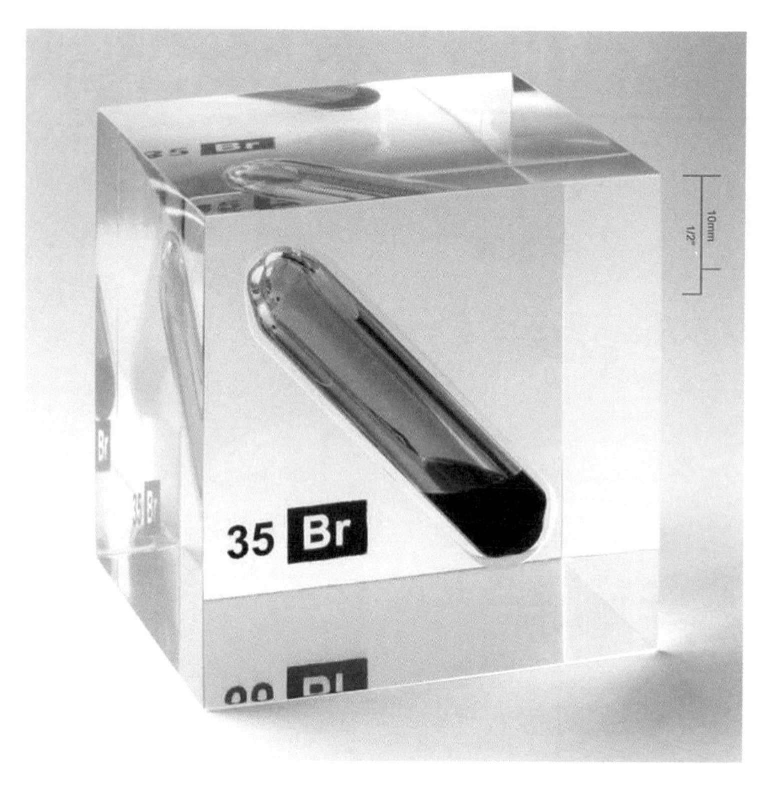

• 브롬 분자(Br_2)는 상온에서 적갈색 액체이지만 끓는점이 낮아 쉽게 휘발한다. 브롬가스를 마시면 폐와 피부가 손상되고 저농도일지라도 장기적으로 노출되면 생식계에 문제가 생긴다고 알려져 있다. (제공 위키피디아)

는 연구결과가 있다. 또 신장질환이 있어 정기적으로 투석을 받는 경우도 브롬 결핍이 되기 쉽다. 참고로 브롬은 음식을 통해 섭취되고 신장에서 배출된다. 체내 브롬의 양은 3ppm 수준으로 평범한 식단으로도 충분히 공급받을 수 있다.

미량만이 필요한 다른 원소들처럼 브롬 역시 과유불급이다. 필자는 20여년 전 유기화학 실험을 할 때 브롬이 불임을 유발하는 기체라는 말을 들은 적이 있다. 상온에서는 브롬은 산소처럼 두 원자로 이뤄진 분자(Br_2)로 존재하는데, 적갈색 액체이지만 끓는점이 58.8도이기 때문에 쉽게 휘발된다. 따라서 화학반응 중에 생긴 미량의 브롬 가스를 지속적으로 흡입할 경우(농도가 짙을 경우 오렌지색 증기에 염소가 연상되는 (수영장 소독약) 냄새로 알 수 있다) 자신도 모르게 생식계가 서서히 손상될 수 있다. 물론 요즘 화학실험실은 환기시스템이 잘 돼 있어 이런 걱정을 할 필요가 없겠지만.

참고문헌

McCall, A. S. et al. *Cell* 157, 1380 (2014)

7-4

수영장에서 '쉬'하지 마세요

• (제공 shutterstock)

'병만족族'으로 유명한, 연예인들의 오지 서바이벌 프로그램이 인기를 끌면서 2, 3년 전 이벤트성으로 여성 연예인들의 오지 체험 프로그램이 방영된 적이 있다. 아무래도 여성들이라서 그런지 몰라도 화장실이 큰 문제여서 한참 자리를 물색한 끝에 구석진 자리에 변소를 만드는 법석을 떨었다.

그런데 한 연예인은 '신호가 오면' 개울로 들어가는 것 아닌가. 그리고는 시원하게 방뇨했다며 태연스럽게 싱글벙글 웃고 나오는데 참 대단하다는 생각이 들었다. 물론 그런 컨셉으로 연출한 것일 테지만.

사실 바다나 계곡에서 한참 물놀이를 하다가 소변이 급하다고 멀리 있는 화장실까지 갔다 온다는 건 꽤 번거로운 일이다. 그러다보니 '바닷물(또는 강물)에 한 바가지도 안 되는 오줌을 더한다고 별일 있겠나'라는 생각에 모르는 척 실례를 하기 마련이다.

그런데 수영장에서도 적지 않은 사람들이 이런 '짓'을 하는 모양이다. 바다나 계곡보다는 화장실이 가깝지만 그래도 번거롭기는 마찬가지이기 때문이다. 어차피 놀고 나서는 샤워를 하니 수영미숙으로 물만 마시지 않는다면 별 문제는 아닐 수도 있다.

한 사람당 땀 1리터, 오줌 0.1리터 남겨

학술지 〈환경과학과 환경기술〉 2014년 3월 18일자에 실린 논문에 따르면 바다나 계곡에서는 몰라도 수영장, 특히 실내수영장에서는 소변을 화장실에서 보는 '에티켓'을 꼭 지켜야겠다. 물이 흐르지 않아 오줌의 농도가 상대적으로 높은 것도 문제이겠지만 오줌 속 성분이 소독약인 염소와 화학반응을 일으켜 유해한 물질을 만들어내기 때문이다.

수영장뿐 아니라 수돗물 정수에도 많이 쓰이는 염소는 강력한 산화제로 물속 미생물을 죽일 뿐 아니라 이상한 맛이나 냄새가 나는 화합물을 분해한다. 이렇게 소독을 한 물에는 잔여 염소가 남아있기 마련이다. 아침 일찍 실내수영장에 가본 사람은 특유의 염소냄새를 맡아본 적이 있을 것이다.

그런데 이렇게 남아있는 염소 역시 반응성이 크기 때문에 물속 분자와 만날 경우 화학반응을 일으켜 새로운 분자가 만들어지기도 한다. 이런 물질을 '소독부산물disinfection byproducts'이라고 부른다. 지금까지 알려진 소독부산물은 600여 가지가 넘는데, 이 가운데는 발암물질과 알레르기유발물질도 포함돼 있다. 물론 대부분은 미량이기 때문에 심각한 경우는 드물지만, 수영선수처럼 실내수영장에서 많은 시간을 보내야 하는 경우 문제가 일어나기도 한다.

그런데 소독부산물 가운데는 염소가 사람 몸에서 나온 물질과 반응해 만들어진 것도 있다. 주로 땀과 오줌에 들어있는 성분들이다. 논문에는 보통 사람들이 수영장에 한 번 다녀오면 땀 0.2~1.76리터, 오줌 25~117밀리리터를 수영장 물에 더한다는 조사결과가 소개돼 있다. 100명이 수영을 하고 나오면 대략 땀 100리터, 오줌 10리터 정도가 섞인다는 말이다. 한여름 수영장을 찾는 사람이 하루에 100명은 훌쩍 넘을 텐데, 이 사람들에서 나온 분비물을 계산할 의욕이 생기지 않는다.

땀이 오줌에 비해 열 배 정도 더 많지만 실제 염소와 화학반응을 하는 물질의 농도는 대체로 오줌에 훨씬 많이 들어있기 때문에 실제로 심각한 건 오줌이다. 오줌에는 요소, 아미노산, 크레아티닌, 요산 같은 질소를 함유한 화합물이 들어있다. 이 화합물들이 소독약인 염소와 만나면 염화시안(CNCl), 삼염화아민(NCl_3) 같은 휘발성 분자가 만들어지는데, 흡입할 경우 몸에 해롭다. 즉 염화시안은 폐와 심장, 중추신경계를 포함한 여러 장기에 손상을 입히고 삼염화아민도 급성폐질환을 유발한다고 알려져 있다.

미국 퍼듀대의 어니스트 블래츨리Ernest Blatchley 교수팀은 지난 2010년 오줌 속 요소가 염소와 반응해 주로 삼염화아민을 만든다는 사실을 발표했다. 블래츨리 교수는 이번에 중국농대 리징Li Jing 교수팀과 함께 오줌 속 요산이 염소와 반응할 때 주로 염화시안이 만들어진다는 사실을 밝혔다.

요산uric acid은 퓨린의 대사산물로 질소원자를 네 개 포함하는 분자다. 퓨린purine은 DNA의 네 염기 가운데 아데닌과 구아닌이 속하는 분자구조다. 소변으로 요산이 제대로 배출되지 않으면 혈중 농도가 높아지면서 바늘처럼 뾰족한 결정이 만들어지는데, 그 결과 관절을 움직일 때마다 콕콕 찔러 무척 고통스럽다. 육식을 많이 하는 현대인들이 잘 걸리는 통풍gout이 바로 요산 결정으로 인한 질병이다.

아무튼 전형적인 오줌 속에는 요산이 4.54밀리몰농도(mM) 들어있어 불과 0.012mM인 땀보다 훨씬 고농도다. 따라서 수영장 물에 더하는 땀이 오줌보다 10배 더 많지만 요산을 놓고 봤을 때는 오줌이 93%를 차지한다고.

연구자들은 요산이 포함된 유사 체액body fluid analog을 만든 뒤 염소 농도와 산성도, 온도 등을 달리한 여러 조건에서 요산과 염소 사이의 반응이 만들어내는 생성물의 종류와 농도를 분석했다. 그 결과 요소와는 달리 삼염화아민보다 염화시안이 훨씬 더 많이 만들어진다는 사실을 발견했다. 연구자들은 체액 성분과 염소가 만나 만들어진 염화시안 가운데 24~68%가 요산에서 비롯된다고 추정했다.

이렇게 만들어진 화합물들은 휘발성이 크기 때문에 대부분이 물 밖으로 빠져나오고 따라서 특히 실내수영장일 경우 흡입하게 될 가능성이 크다. 실제로 실내수영장에서 많은 시간을 보내야 하는 수영선수들은 이렇게 흡입한 질소계 소독부산물 때문에 천식 같은 알레르기 질환에 걸리는 비율이 높다고 한다.

그렇다면 어떻게 이런 문제를 해결할 수 있을까. 요산과 염소의 반응으로 주로 만들어지는 염화시안의 경우 염소의 농도가 더 높아지면 오히려 분해반응이 촉진돼 농도가 떨어지는 것으로 나타났다. 따라서 소독약을 더 쓰는 게 한 방법일 것이다. 수영장에 적정 인원수를 훨씬 넘는 사람들이 찾는 시즌에는 이런 방법이 최선일지도 모른다.

그러나 최선의 방법은 사람들이 조금 귀찮더라도 화장실에 가서 소

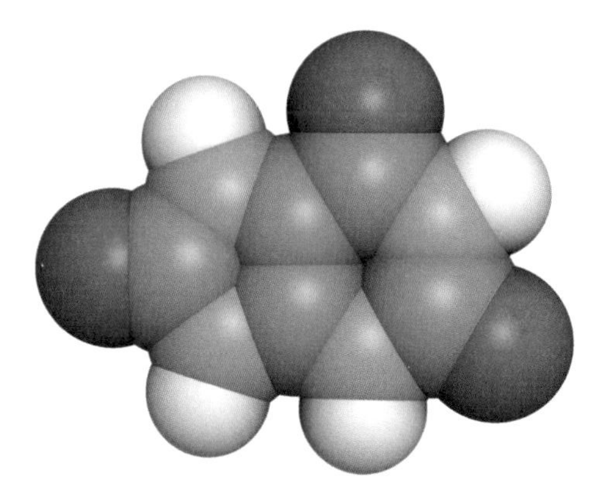

• 요산의 분자구조. 퓨린의 최종 대사산물인 요산은 오줌을 통해 배출되는데, 소독약인 염소와 만날 경우 질소계 소독부산물이 만들어지고 특히 몸에 해로운 염화시안이 주로 만들어지는 것으로 밝혀졌다. 분자 가운데 파란색이 질소원자다(회색이 탄소, 빨간색이 산소, 흰색이 수소원자). (제공 위키피디아)

변을 보는 것이다. 연구자들은 논문 말미에서 "수영장에 들어온 요산은 대부분 '의도적 과정'인 방뇨에서 비롯된 것이므로 수영장 공기와 수질을 개선할 여지가 많다"며 "사람들이 수영장 안에서 방뇨를 하지 않는다면 추가적인 수질관리나 환기 같은 별도의 조치가 없어도 될 것"이라고 결론 내렸다.

'수중방뇨'는 서바이벌 프로그램의 배우처럼 바다나 개울에서만 해야겠다.

참고문헌

Lian, L. et al. *Environmental Science & Technology* 48, 3210 (2014)

7-5

아세요? 암모니아 합성에 인류 에너지의 2%가 들어간다는 사실을

프리츠 하버는 지적으로 뛰어난 인물이었으며,
해박한 지식과 강렬한 야망을 갖고 있었고 인간성이 상당히 결핍되어 있었다.

— 막스 페루츠, 『과학자는 인류의 친구인가 적인가?』

헤모글로빈 3차 구조를 밝혀 1962년 노벨화학상을 받은 생화학자 막스 페루츠Max Perutz는 2002년 2월 6일 88세로 영면했는데, 그해 12월 과학에세이(주로 서평)집 『I wish I'd made you angry earlier』가 출간됐다. 저자 서문이 있는 것으로 보아 책을 준비하다가 책이 나오는 건 보지 못하고 세상을 떠난 것 같다.

분량이 많아 국내에서는 2004년 『과학자는 인류의 친구인가 적인가?』와 『과학에 크게 취해』라는 제목의 두 권으로 나뉘어 번역서가 나왔다. 원 제목을 번역하기가 애매해서인지 1권의 제목은 첫 에세이의 제목 '인류의 친구인가 적인가?Friend or Foe of Mankind?'에서 따왔고 2권의 제목 역시 맨 앞에 나오는 에세이의 제목 '과학에 크게 취해High on Science'를 그대로 썼다.

1권의 첫 에세이 '인류의 친구인가 적인가?'는 디트리히 슈톨첸베르크

• 1909년 조수 로버트 르 로시뇰과 함께 질소와 수소에서 암모니아를 합성하는 방법을 개발한 독일 화학자 프리츠 하버. 특허로 많은 돈을 벌었고 1918년 카를 보슈와 함께 노벨화학상도 받았지만 1차 세계대전 동안 화학무기 개발에 열을 올리면서 이를 수치스럽게 여긴 아내가 자살하는 등 사생활은 순탄치 않았다. (제공 위키피디아)

Dietrich Stolzenberg 라는 작가가 쓴 『화학자, 노벨상 수상자, 독일인, 유태인인 프리츠 하버Fritz Haber의 전기』에 대한 서평이다. 하버를 '인류의 적'으로 만든 게 1차 세계대전 당시 화학무기 개발에 적극적으로 참여한 일이었다면 '인류의 친구'로 볼 수 있게 해준 건 그보다 앞선 1909년 암모니아 합성법 개발이다.

하버가 개발을 총지휘한 염소가스 때문에 병사 수천 명이 사망하고 수만 명이 후유증을 겪었지만 암모니아로 만든 질소비료를 써서 늘어난 식량 덕분에 지금까지 수억 내지 수십억 명이 아사를 면했거나 굶주림에서 벗어났다. 한 과학자가 인류의 '확실한' 친구이자 동시에 '확실한' 적인 건 하버가 유일한 사례가 아닐까.

암모니아 구조 규명 125년 만에 합성 성공

공기의 78%를 차지하고 있는 질소(N_2)는 좀 묘한 기체다. 질소 원자(N)는 굉장히 반응성이 크지만 둘이 만나 삼중결합으로 딱 붙으면 좀처럼 떼어놓기 어렵고 반응성도 거의 없다. 헬륨(He)이나 아르곤(Ar)처럼 원자 자체가 워낙 안정해 화학반응을 거의 하지 않는 경우를 '비활성기체noble gas'라고 부르는데, 비유하자면 나르시즘(자기애)에 빠져있는 사람이다. 반면 질소기체는 콩깍지가 단단히 씌어 둘밖에 모르는 부부라고 할 수 있다.

놀랍게도 오랜 진화를 거쳤음에도 대부분의 생명체는 공기 중의 질소를 이용하는 방법을 개발하는데 실패했고 예외적으로 콩과식물이 미생물의 힘을 이용해 질소를 고정하고, 즉 유용한 화합물로 만들고 있다. 이 밖에 지각과 대기에서 반응으로 질소 분자가 아닌 다른 형태의 질소화합물이 만들어진다.

1784년 프랑스 화학자 피에르 베르틀로Pierre Berthelot가 암모니아가 질소 원자 하나와 수소 원자 세 개로 이뤄진 분자(NH_3)임을 밝힌 이래, 화학자들은 질소(N_2)와 수소(H_2)를 이용해 암모니아를 합성하려는 연구에 매달렸지만 실패의 연속이었다. 질소분자의 두 질소원자를 떼어낼 방법을 찾지 못했기 때문이다. 1908년 독일 카스루에공대 물리화학 정교수가 된 하버는 영국인 조수 로버트 르 로시뇰Robert Le Rossignol과 함께 이 문제에 뛰어들었고 이듬해 암모니아를 합성하는데 성공했다. 암모니아 구조규명 125년 만의 성취였다.

하버는 물리화학자의 직관으로 반응이 일어나려면 압력과 온도가 높아야 함을 간파했다. 즉 질소와 수소에서 암모니아가 나오는 건 네 분자에서 두 분자가 되는 것이므로($N_2 + 3H_2 \rightarrow 2NH_3$) 압력이 높을수록 분자 수를 줄여 압력을 낮추는 방향으로 평형이 이동한다는 것이다. 또 온도가 높아야 질소 원자 사이의 결합을 끊기가 쉽다. 여기에 질소원자

• 1921년 지은 암모니아 공장의 고압 반응기로 현재 카스루에공대에 옮겨져 있다. (제공 위키피디아)

와 수소원자 사이의 결합이 빨리 일어나게 하기 위한 촉매도 개발했다. 마침내 두 사람은 200기압과 200도가 넘는 조건에서 희귀 금속인 오스뮴osmium 가루를 촉매로 써서 암모니아 합성에 성공했다.

독일 최대의 화학회사 바스프BASF는 하버의 성공에 깊은 인상을 받고 연구소의 화학자 카를 보슈Carl Bosch와 알빈 미타슈Alwin Mittasch에게 산업화 연구를 맡겼다. 바스프는 급한 마음에 전 세계 오스뮴을 모두 사들였지만(그래봐야 약 100킬로그램) 사실 이건 답이 될 수 없었다. 다행히 미타슈가 무려 4,000여 가지 촉매 조성을 갖고 1만여 회의 지긋지긋한 반복실험을 한 끝에 흔한(따라서 무척 싼) 철산화물에 다른 금속

산화물을 소량 섞은 촉매조성을 발견했다. 1913년 9월 9일 최초의 암모니아 공장에서 매일 3~5톤의 암모니아가 생산되기 시작하면서 인류는 새로운 시대를 맞았다.

암모니아의 주용도는 물론 질소 비료다. 질소는 생체를 이루는 주요 분자인 단백질과 핵산의 구성성분이기 때문에 질소(물론 질산염처럼 생명체가 쓸 수 있는 형태다)가 부족한 토양에서는 농작물이 제대로 자라지 못한다. 필자를 비롯해 요즘사람들이야 화학비료를 색안경을 끼고 보며 '유기농산물'을 찾지만 사실 이건 배부른 얘기다. 글자 그대로 '굶어죽을 수도 있는' 처지의 사람들이 수두룩했던 한 세기 전에 암모니아로 만든 질소 비료가 공급돼 식량이 대폭 늘어난 건 기적이었다. 예를 들어 미국의 경우 단위 면적당 옥수수 생산량이 1800년에 비해 여섯 배 증가했다.

메탄으로 수소 만들어

놀랍게도 하버와 르 로시뇰이 개발하고 보슈와 미타슈가 산업화한 암모니아 합성법(세상일이 다 그렇지만 안타깝게도 조수들은 다 잊히고 '하버-보슈법'으로 불린다)은 약간의 개량은 있었지만 본질적으로는 바뀌지 않은 채 현재까지도 쓰이고 있다. 그리고 인류의 삶에 미치는 영향력도 여전히 막강하다.

즉 이 합성과정을 통해 매년 1억 2,000만 톤의 질소가 암모니아로 바뀌는데, 여기에 들어가는 에너지는 인류가 쓰는 에너지의 2%를 차지하고 있다. 또 전 세계 천연가스 생산량의 5%가 암모니아 합성에 쓰이고 있다. 질소와 반응하는 수소를 천연가스의 주성분인 메탄(CH_4)으로 만들기 때문이다. 게다가 이 과정에서 온실가스인 이산화탄소가 나오는데 ($CH_4 + 2H_2O \rightarrow 4H_2 + CO_2$) 연간 수억 톤 규모다.

'아니, 물을 전기분해해서 수소를 만들면 되지 않나?($2H_2O \rightarrow 2H_2 + O_2$)' 화학을 좀 아는 사람들은 이런 의문이 들 것이다. 맞는 말이면서 동시에 틀린 말이다. 지금 우리가 얘기하는 건 화학 연구가 아니라 '화학산업'이기 때문이다. 아무리 화학실험실에서 성공한 반응이라도 경제성이 떨어지면 말짱 꽝이다. 메탄에서 수소를 만드는 게 물을 전기분해해 수소를 얻는 것보다 훨씬 싸다는 말이다.

핵심은 나노철산화물 촉매

학술지 〈사이언스〉 2014년 8월 8일자에는 '공기와 물, 햇빛'을 이용해 암모니아를 만드는 새로운 합성법을 소개한 논문이 실렸다. 식물의 광합성과 똑같은 재료인데, 물론 공기에서 활용하는 분자는 다르다(식물은 이산화탄소, 여기서는 질소). 그리고 물에서 수소를 얻는데 앞의 전기분해와는 조금 다르지만 어쨌든 이 과정에서 이산화탄소는 나오지 않는다. 이 방법이 산업화돼 하버-보슈법을 대체한다면 두 번째 '125년 만의 혁신'이 될 것이다(산업화되는데 20년이 걸려 2034년 공장이 가동한다고 했을 때).

미국 조지워싱턴대 화학과 스튜어트 리히트Stuart Licht 교수팀은 태양에서 얻는 열과 전기로 공기 중의 질소와 물의 수소를 암모니아로 바꾸고 이 과정에서 이산화탄소를 전혀 배출하지 않는 놀라운 방법을 개발했다. 물론 이 과정이 산업화될 수 있을지는 미지수이지만 많은 화학자들이 긍정적으로 반응하거나 적어도 "방향은 옳다"고 평가하고 있다

리히트 교수는 연료전지에서 힌트를 얻었다. 연료전지fuel cell는 수소와 산소가 반응하는 과정에서 전기가 나오는 장치로 여러 유형이 있는데, 그 가운데 하나가 암모니아에서 수소를 얻는 것이다. 리히트 교수는 이 연료전지의 반응을 거꾸로 하는, 즉 전기를 흘려 물을 분해해 암

모니아를 합성하는 방법을 설계했다. 그 결과 무려 35%의 에너지 효율을 얻었다. 게다가 함께 나오는 여분의 수소까지 포함하면 에너지 효율은 65%에 이른다. 이전 비슷한 과정이 얻은 효율이 1% 미만이었던 사실을 생각하면 혁신적인 개선이다.

연구자들은 여러 조건을 바꾸며 도대체 어떤 단계가 이런 놀라운 효율이 나오게 했는가를 알아봤다. 그 결과 질소와 물에서 암모니아를 만드는 과정을 빠르게 해주는 철산화물촉매의 나노구조가 결정적인 역할을 한다는 사실을 발견했다. 즉 20~40나노미터 크기인 나노촉매의 엄청난 표면적이 반응이 일어날 자리를 충분히 제공했던 것. 이 시스템에 하버-보슈법에 쓰는 보통 철산화물촉매(쇳가루)를 넣을 경우 암모니아가 거의 생기지 않는다.

하버-보슈법과 또 다른 차이점은 질소와 수소에서 암모니아가 만들어지는 게 아니라 질소와 물에서 만들어진다는 것. 결과적으로 마찬가지 이야기이지만 메커니즘이 다르다는 말이다. 일반 전기분해(역시 연료전지의 역반응이다)의 경우 음극으로 이동한 전자(e^-)와 전해질의 수소이온(H^+)이 전극 표면에서 만나 수소(H_2)가 만들어지지만, 이 시스템은 음극의 전자가 전해질에 떠있는 나노철산화물촉매로 확산된다. 그리고 여기에 질소와 물분자가 접촉해 암모니아가 만들어지는 반응이 일어나고 여분의 수소가 발생한다. 한편 이때 나오는 수산화이온(OH^-)이 양극으로 이동해 전자를 내어주고 산소(O_2)와 수소이온(H^+)이 되면서 회로가 돌아간다.

물론 이번 시스템이 산업화에 성공하려면 아직 갈 길이 멀다. 무엇보다도 핵심인 나노촉매가 시간이 지날수록 뭉치면서 효율성이 떨어지는 게 문제다. 실험결과 6시간 동안 작동할 때 후반 2시간의 암모니아 생산 효율이 앞 4시간 평균의 85% 수준으로 떨어지는 것으로 나타났다. 그럼에도 저자들은 논문 말미에서 "이 과정을 개선할 여지가 많다"

며 미래를 낙관하고 있다. 100여 년 전 산업화에 성공한 하버-보슈 암모니아 합성법이 현장에서 은퇴하고 과학사의 한 페이지로 남게 될 것인지 지켜볼 일이다.

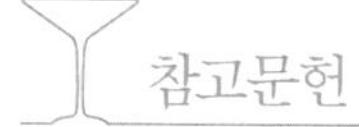

참고문헌

막스 페루츠, 민병준 & 장세헌. *과학자는 인류의 친구인가 적인가?* (솔, 2004)
Service, R. F. *Science* 345, 610 (2014)
Licht, S. et al. *Science* 345, 637 (2014)

part

8

생명과학

8-1

해면의 진실

해면동물은 다양한 항생제와 다른 방어용 화합물들을 생산한다. 오늘날 연구자들은 인간의 질병치료에 이용될 가능성이 있는 이러한 화합물들을 분리하고 있다.

— 닐 캠벨 외, 『생명과학』 (8판, 2008)

얼마 전 신문에서 정말 황당한 이야기를 읽었다. 청력을 상실해 '일본 베토벤'으로 불리던 작곡가 사무라고치 마모루가 사실은 들을 수 있을 뿐 아니라 그가 지난 18년 동안 발표한 곡들도 대리 작곡가 니가키 다카시가 쓴 것들이라는 것. 사무라고치는 2014년 2월 11일 쓴 사죄문에서 자신이 청력을 잃었던 건 사실이고 3년부터 조금씩 회복됐다고 고백했지만, 이미 신뢰를 잃어 이를 믿는 사람은 많지 않을 것이다.

사무라고치 아니 니가키의 음악을 들어보지는 않았지만 그리 대단한 작품은 아닐 것 같다는 생각이 든다. 명곡이라면 '일본 베토벤'이라는 감동적인 스토리텔링의 도움이 없어도 인정을 받았을 테니까.

게놈 크기 대장균의 2배 넘어

그런데 자연계에서도 이와 비슷한 일이 있다. 바다나 민물에 사는 원시적인 형태의 동물인 해면은 오래전부터 유용한 물질을 만들어내는 걸로 주목받아왔다. 동물이지만 식물처럼 바위에 붙어살기 때문에 이동성이 없어, 역시 식물처럼 다양한 생체물질을 만들어 자신을 보호할 수밖에 없기 때문이다.

그런데 알고 보니 해면이 만드는 줄 알았던 물질의 대다수를 해면에 공생하는 박테리아가 만든다는 사실이 밝혀졌다. 해면이 사무라고치라면 공생 박테리아가 니가키였던 셈이다. 물론 이 경우는 해면이 속인 게 아니라 과학자들이 제대로 연구를 하지 못한 것이지만.

해면은 작은 구멍이 숭숭 뚫려있는 꽃병 같이 생겼다. 작은 구멍으로 물이 들어올 때 그 속에 떠있는 먹이를 먹는 부유물섭식자suspension feeder다. 안으로 들어온 물은 꽃병주둥이(대공)를 통해 빠져나간다. 참고로 인류는 오래전부터 콜라겐 단백질 골격을 갖는 해면을 목욕용 스펀지 등 여러 용도로 이용해왔다. 영어로 해면이 sponge인 이유다.

해면에서 다양한 생리활성물질을 분리하다가 몇몇 과학자들은 문득 '한 생물체에서 이렇게 다양한 구조의 분자들이 만들어질 수 있을까?'라는 의문을 품게 됐다. 그리고 1998년 학술지 〈앙게반테케미(응용화학)〉에 흥미로운 논문이 실렸다. 바다에 사는 해면과 육지에 사는 딱정벌레에서 비슷한 분자가 만들어진다는 게 확인된 것. 이는 이런 물질을 만드는 게 이들을 숙주로 삼는 공생 미생물임을 강하게 시사하는 결과다.

그 뒤에도 이런 관계를 지지하는 정황증거는 많이 나왔으나 결정적인 증명을 하지는 못했다. 해면 공생 박테리아는 배양이 되지 않기 때문이다. 글 앞에 인용한 대학교재 『생명과학』은 2008년판임에도 여전히 해면을 생산자로 기술하고 있다. 이는 저자들이 최신 연구결과를 몰라서

가 아니라 해면동물에 불과 두 쪽을 할애한 상태에서 심증만 있는 복잡한 스토리를 담아낼 수 없었기 때문이리라.

학술지 〈네이처〉 2014년 2월 6일자에는 박테리아 세포 하나에서 게놈을 해독할 수 있는 최첨단 염기서열분석법을 이용해 산호초바다수세미(학명 *Theonella swinhoei*)라는 해면이 만들어내는 생리활성물질 대다수가 정말 공생 박테리아의 작품임을 확인한 논문이 실렸다. 스위스와 독일, 일본, 미국의 공동연구자들이 밝혀낸 박테리아는 엔토쎄오넬라속屬(*Entotheonella*) 두 종으로 각각 게놈 크기가 900만 염기가 넘는다. 박테리아 게놈으로는 꽤 큰 편이다(참고로 대장균은 460만 염기다). 연구자들은 이들의 게놈 가운데 상당 부분이 복잡한 분자를 만드는데 관여하는 효소들의 유전자라고 밝혔다.

저자들은 이들 박테리아의 염기서열이 워낙 독특해 데이터베이스에 등록된 기존 박테리아 게놈들과 비교한 결과 별도의 문門, phylum으로 분류해야 한다고 결론짓고 '텍토마이크로비아Tectomicrobia'라는 새로운 문을 제안했다. '숨기다' 또는 '보호하다'라는 뜻의 라틴어 테게레tegere에서 따온 이름으로, 이 박테리아가 오랫동안 실체를 숨겨왔다는

• 지금까지 해면인 산호초바다수세미(왼쪽)에서 다양한 생리활성물질이 분리됐지만, 최근 연구결과 이런 물질 대다수를 만든 생물체는 해면이 아니라 공생 박테리아 엔토쎄오넬라(오른쪽)라는 사실이 밝혀졌다. (제공 Toshiyuki Wakimoto & Tetsushi Mori)

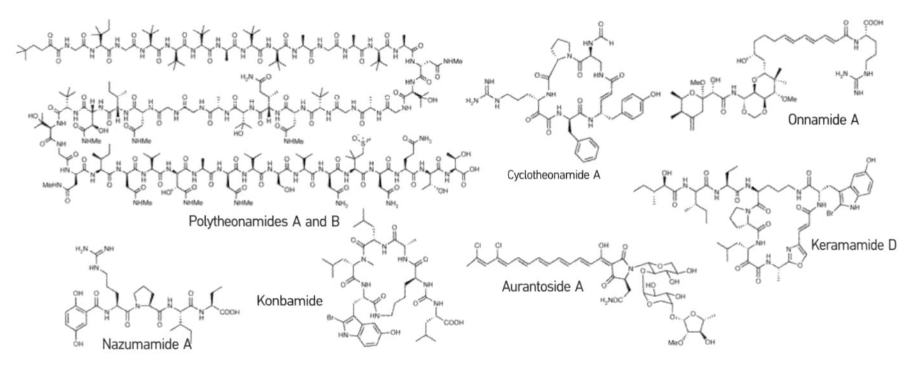

• 해면(산호초바다수세미)에서 분리한 대표적인 생리활성천연물질들의 분자구조로 너무 복잡해 유기합성으로 만들기가 어렵다. 최근 공생 박테리아의 게놈을 분석한 결과 이들 물질을 만드는데 관여하는 수많은 효소들의 유전자가 확인됐다. (제공 <네이처>)

사실과 독소물질을 분비해 자신과 숙주인 해면을 보호한다는 걸 함축하고 있다.

영국 워릭대 화학과 그렉 샬리스Greg Challis 교수는 〈네이처〉 같은 호에 쓴 해설에서 이번 발견으로 다양한 화합물의 진짜 창조자를 확인했을 뿐 아니라 미래에 이런 유용한 물질을 대량으로 생산할 수 있는 가능성을 열었다고 설명했다. 즉 해면(또는 공생 박테리아)에서 유용한 물질을 분리했더라도 해면은 양식이 안 되므로 대량생산이 안 된다. 결국 화학자들이 유기합성으로 만들어야하는데 구조가 복잡해서 돈이 많이 들 것이기 때문에 상업성이 낮다. 그런데 이번에 박테리아가 만든다는 게 확실해졌으므로 이들 박테리아를 분리한 뒤 배양할 수 있는 조건을 찾으면 '생물공장'에서 화합물을 대량으로 만들 수 있다. 단독 배양이 어려울 경우 해면을 대신할 수 있는 숙주를 찾는 것도 한 방법이다.

해면은 저산소 조건에서도 생존

이번 연구로 해면이 화학자들을 의기소침하게 할 정도로 구조가 복잡한 여러 분자를 만들어내는 생명체에서 박테리아 화학자들의 일터로 전락했다면, 학술지 〈미국립과학원회보PNAS〉 2014년 3월 18일자에는 해면의 체면을 살려준 논문이 실렸다. 덴마크와 미국의 연구자들은 해면 실험을 통해 지구에서 동물이 등장하게 된 이유를 설명하는 기존 가설을 흔드는 결과를 얻었다.

즉 40억 년 전에 처음 생명체가 등장한 뒤 지구는 대략 30억 년 동안 단세포 생물들의 행성이었다. 그런데 신원생대 중기와 후기(8억 5,000만~5억 4,200만 년 전)에 이르러 마침내 다세포 생물인 동물이 등장했고, 고생대 캄브리아기에 들어와 폭발적으로 생물종이 다양해졌다. 지금까지 지질학자와 고생물학자들은 이런 급변의 원동력으로 산소의 증가를 꼽아왔다.

• 대략 8억 년 전 처음 등장했을 동물을 대신해 현생하는 가장 단순한 동물인 해면을 대상으로 대기산소농도에 따른 생존 여부 실험이 진행됐다. 실험에 참여한 회색해변해면으로 현재 산소농도의 0.5~4% 수준에서도 생존할 수 있다는 사실이 밝혀져, 상당 수준 이상의 산소농도 증가가 동물을 등장하게 한 원동력이라는 기존 이론이 흔들리고 있다. (제공 <PNAS>)

연구자들은 이런 가설이 맞는지 '증명'해보기 위해 초창기 동물과 가장 가까운 형태일 해면을 대상으로 산소농도를 달리하며 생존과 성장의 한계를 알아보는 실험을 했다. 그 결과 놀랍게도 해면은 현재 대기 산소농도의 0.5~4%인 저산소 조건에서도 생존할 수 있다는 사실이 밝혀졌다. 참고로 신원생대인 6억 년 전의 대기 산소 농도는 현재의 10% 수준으로 추정하고 있다.

한편 대기 산소농도가 현재의 0.5~4%라면 최대 23억~24억 년 전의 대기수준으로 거슬러 올라갈 수 있다. 이번 연구결과에 따르면 이 당시 이미 동물이 나타날 수 있는 여건이 마련된 것. 따라서 이제 의문은 왜 동물이 그때 바로 나타나지 않고 10억 년 이상 세월이 더 지난 뒤에야 등장했느냐는 것. 참고로 현존하는 다양한 해면동물의 게놈을 분석해 비교한 결과 이들의 공통조상은 약 8억 년 전에 등장한 것으로 추정된다. 가장 단순한 동물인 해면이 가장 복잡한 동물인 인간에게 심오한 수수께끼를 던진 셈이다. 문득 물리학자 존 아치볼드 휠러John Archibald Wheeler의 말이 떠오른다.

"지식이라는 섬이 조금씩 커질수록, 무지라는 해안선은 따라서 늘어난다."

참고문헌

Challis, G. *Nature* 506, 38 (2014)

Wilson, M. C. *Nature* 506, 58 (2014)

Mills, D. B. *PNAS* 111, 4168 (2014)

8-2

제비가 인가人家에 집을 짓게 된 사연

• (제공 강석기)

제비 한 마리가 온다고 봄이 오지 않는다.

— 유럽 속담

딱딱딱딱.

한 달 전 쯤 아침 산책을 하려고 앞산 등산로입구를 막 지나는데 어디선가 새가 부리로 나무를 쪼는 소리가 들려왔다. 이런 소리야 늘 나는 거지만 이날은 유난히 가까이서 들렸다. 문득 귀가 양쪽에 있는 건 음원의 방향과 위치를 파악하기 위함이라는 이론이 생각나 직접 실험해보기로 했다. 다행히 평일이라 주위에 아무도 없어 귀를 기울여 걷다 보니 정말 소리가 점점 커진다.

결국 눈앞에 있는 지름이 10센티미터쯤 되는 죽은 나무에서 소리가 나는 것 같은데 빙 둘러봐도 새는 안 보인다. 그런데 소리가 꼭 나무 안에서 나는 것 같다. 자세히 보니 필자 눈높이보다 20센티미터쯤 더 높은 지점에 지름 4센티미터 정도의 구멍이 뚫려있고 그 안에서 소리가 요란하다. '뭐야, 이 안에 새가 있나?' 이런 생각을 하는 순간 소리가 멈추더니 정말 작은 새 한 마리가 '뭔 일이야?'라는 듯 구멍에서 머리를 쏙 내밀더니 필자를 보고 깜짝 놀라 호로록 날아간다.

'너만 놀랐냐?' 너무 순간적으로 벌어진 일이라 필자도 깜짝 놀랐지만 약간 미안하긴 했다. 아무튼 그 조그만 새가 어떻게 나무 기둥 안에 그런 공간을 만들었는지 신기했다. 그 뒤로도 지나가다 몇 번 구멍을 봤지만 새는 보이지 않았다.

그런데 며칠 전 무심코 쳐다보니 구멍에서 새가 머리를 쏙 내밀고 있다(옆 사진). 박새 같은데 어떤 종류인지 모르겠다.[33] 필자가 지켜보는 것도 모르는지 부동자세다. 이때 주책없이 휴대폰이 울리는 바람에 녀석이 구멍 속으로 쏙 들어갔다. '왜 안 날아갔지? 안에 알이라도 있나…' 저곳을 둥지로 삼은 건 아닌가 하는 걱정이 들기 시작했다. 나무가 등산로에서 불과 3, 4미터 거리에 있어 비록 구멍은 반대편에 있지만 필자

33 이 에세이는 2014년 4월 28일 실렸는데 사진을 본 한 독자가 이메일을 보내 쇠딱따구리라고 알려줬다.

처럼 할 일 없는 등산객에게 들킬 가능성이 크다. 게다가 반대편, 즉 구멍이 바로 보이는 방향에서 5, 6미터 지점에는 등나무 벤치가 있다. 이제 날이 더워지면 사람들이 쉬거나 싸온 음식을 먹으며 장시간 있을 텐데 역시 발각되기 쉬울 것이다.

그리고 며칠 필자가 그곳을 지날 때마다 보면 늘 새가 구멍에 머리를 내밀고 있어 내심 놀랐는데, 지난 토요일 아침에는 빈 구멍이다. '결국 당했나?' 걱정스런 마음으로 다가가 구멍을 둘러보고 있는데 안에서 '삐르륵 삐르륵'하는 작은 소리가 들린다(어차피 의성어로 소리를 재현할 수는 없지만 그래도 '짹짹'은 아니다). 벌써 새끼들이 부화했나보다. 어미가 먹이를 구하러 간 듯 해 얼른 자리를 피했지만 과연 저 녀석들이 둥지를 떠날 때까지 살아남을 수 있을지 걱정이다.

산에는 온갖 새들 천지지만 이렇게 쉽게 접근할 수 있는 위치에 새집을 발견한 건 처음이다. 물론 까치집이야 눈에 잘 띄지만 10미터도 넘는 높은 나무 위에 지으니 맨 정신에 올라갈 일은 없다. 필자는 등산로 부근 나무의 사람 키 높이 지점에 매달아놓은 새집을 보면 '사람들도 참 성의가 없지. 새가 바보가 아닌 다음에야 저런데 들어가겠나?'라고 생각했는데, 이 녀석은 정말 머리가 '새대가리'일까.

그 많던 제비는 다 어디에…

그런데 문득 야생 조류이면서(따라서 사람이 잡으려고 하면 얼른 도망간다) 과감하게 사람 손이 닿는 지점에 집을 짓는 새가 떠올랐다. 바로 제비다. 지금이야 도심에서는 제비를 볼 수 없지만 필자가 어렸을 때만 해도 안양 같은 중소도시에는 제비가 꽤 있었다. 문득 35년 전 기억이 아련히 떠오른다.

제비가 흔하던 시골에 살다가 안양으로 이사를 와서 3, 4년이 지난

• 제비는 인가에 집을 지음으로서 뻐꾸기의 탁란을 피할 수 있었다는 연구결과가 있다. (제공 위키피디아)

어느 해 봄. 하루는 학교를 마치고 집에 와 보니 제비가 둥지를 짓기 시작했다. 당시 안양에도 제비가 있긴 했지만, 초가집이나 전통 기와집도 아닌 필자의 집에 둥지를 틀다니! 아침에 일어나서도, 학교에 다녀와서도, 저녁을 먹고 나서도 제비집을 보는 게 즐거움이었다.

하루는 제비 새끼 한 마리가 둥지 밑으로 떨어진 적도 있었다. 그 녀석한테 파리도 잡아 먹이며 한참을 데리고 놀다 다시 올려준 기억이 난다. 가을이 오고 어김없이 제비는 둥지를 뒤로 하고 갈 길을 떠났다. '내년에 다시 올까?'

이듬해 봄 어느 날, 놀랍게도 정말 제비가 돌아와 부산스럽게 집을 지을 채비를 하고 있었다. 올해도 제비와 함께 지내게 돼 너무 신난 필자는 혹시나 제비가 물어온 박씨가 있나 주변을 살피기도 했지만 물론 찾지 못했다. 그러나 언제부터인가 안양에서 제비는 더 이상 보이지 않았다.

여담이지만『흥부전』스토리의 전환점이 되는 제비추락사건, 즉 둥지에서 떨어진 새끼의 부러진 다리를 흥부가 천으로 감싸 올려주고 그 보답으로 제비가 이듬해 봄 박씨를 물고 온다는 에피소드가 100% 상상은 아닐 것이다. 필자의 경험으로 추측건대 제비는 알을 여러 개 낳기 때문에 새끼들 몸집이 커지면서 어미가 물어오는 벌레를 서로 먹으려고 자리다툼을 하다가 둥지에서 떨어지는 일이 종종 벌어질 것이다. 이 광경을 본 우리 조상 가운데 한 분이 문학적 상상력을 발휘해 흥부전의 에피소드를 창작해 냈으리라.

아무튼 자기 집에 제비가 둥지를 틀게 허용했다면, 제비 새끼가 떨어졌을 때 흥부나 필자처럼 다시 올려줄 생각을 하지 않을 사람은 드물 것이다. 그렇다면 제비는 도대체 어떻게 인간이라는 이상한 포유류가 자신들에게 호의를 갖고 있다는 걸 파악해 과감하게 인가에 둥지를 틀 생각을 하게 됐을까.

같은 종임에도 행동 패턴 달라

학술지 〈행동생태학&사회생물학〉 2013년 6월호에는 이에 대한 답을 주는 논문이 실렸다. 제비류 가운데 일부가 뻐꾸기의 탁란을 피하기 위해 사람들 근처에 둥지를 짓는 과감한 선택을 하게 됐다는 것이다. 뻐꾸기는 사람을 극도로 피하는 종이다.

탁란brood parasitism은 작은 새들에게는 무척 심각한 문제다. 뻐꾸기가 알 하나만 낳아도 진짜 자기 알에서 부화한 새끼들은 한 마리도 살아남을 수 없기 때문이다. 먼저 알에서 깨어난 뻐꾸기 새끼는 미처 부화하지 못한 알이나 갓 부화한 새끼들을 밀어내 떨어뜨린 뒤 혼자 게걸스럽게 양부모養父母가 날라 온 벌레를 먹는다. 따라서 작은 새들도 탁란을 막기 위한 전략을 개발했다.

• 흰털발제비(사진)나 귀제비는 둥지의 입구를 터널처럼 좁게 만들어 뻐꾸기의 탁란을 원천적으로 막는 전략을 쓴다. (제공 위키피디아)

제비류 가운데 귀제비(학명 *Hirundo daurica*)나 흰털발제비(학명 *Delichon urbica*)는 둥지의 입구를 터널처럼 좁게 만들어 뻐꾸기가 알을 낳는 걸 원천적으로 막는 전략을 쓴다. 반면 제비(학명 *Hirundo rustica*)는 사발형 둥지이기 때문에 탁란에 취약하다. 실제로 숲에 집을 지을 경우 탁란에 당할 가능성이 매우 높다.

논문에서 프랑스 파리제11대학교 앤더스 묄러Anders Møller 교수와 중국의 연구자들은 과거 어느 시점에서 제비 가운데 일부가 사람 사는 곳으로 와 집을 지었고, 그 결과 탁란의 위험에서 벗어날 수 있었다고 추정했다. 그리고 이 가설을 입증하기 위해 몇 가지 실험을 했다. 흥미롭게도 제비 가운데 유럽에 사는 무리는 인가에 집을 짓는 반면, 중국에 사는 무리는 숲에 집을 짓는다. 중국에 가까운 우리나라의 제비는 인

• 탁락은 작은 새에게는 심각한 피해를 준다. 진짜 새끼를 한 마리도 키우지 못하기 때문이다. 자신보다도 훨씬 큰 뻐꾸기 새끼를 먹이고 있는 개개비. (제공 위키피디아)

가에 집을 지으므로 뒤바뀐 게 아닌가 하고 몇 번 들여다봤지만 그렇게 쓰여 있다. 과거 중국사람들은 집에 제비가 둥지를 틀면 걷어냈던 걸까.

연구자들은 먼저 뻐꾸기가 정말 인가를 기피하는가를 조사했다. 저자들 가운데 뻐꾸기 전문가인 묄러 교수는 논문에서, 인가에서 뻐꾸기를 목격한 게 단 한 차례로 1972년 덴마크의 한 축사에서 있었던 일이라고 쓰고 있다. 당시 축사 안에서 뻐꾸기 한 마리가 제비 무리에 쫓기고 있는 장면을 목격했는데, 간신히 창문을 통해 도망쳤다고 한다. 반면 야외에서는 제비가 뻐꾸기를 쫓는 장면을 150차례나 목격했다고 한다(1970~2012년).

한편 탁란의 경우, 저자는 덴마크에서 5,000개가 넘는 제비집을 관찰했지만 한 번도 목격하지 못했다고 한다. 다른 연구자들의 보고를 보면, 이탈리아에서는 1.2%, 폴란드에서는 0.2%로 나타났다. 반면 숲에 둥지를 트는 중국의 경우 100개가 넘는 둥지에서 탁란이 발견됐다.

연구자들은 다음으로 둥지에 모형 뻐꾸기의 알을 갖다 놓았을 때 이를 알아보고 내다 버리는 비율을 조사했다. 평소 탁란 피해를 보고 있다면 아무래도 식별력이 있을 것이다. 예상대로 둥지입구가 터널형이라 탁란을 모르고 지내는 흰털발제비(덴마크)와 귀제비(중국)의 경우 각각 10회와 26회 모두 뻐꾸기 알을 알아보지 못했다. 인가에 둥지를 틀어 역시 탁란 피해가 거의 없는 제비의 경우도 세 곳 모두(덴마크 10회, 노르웨이 2회, 영국 8회) 뻐꾸기 알이 있는지 몰랐다. 반면 숲에 집을 짓는 제비의 경우 중국 헤이룽장성에서 실시한 34회 가운데 15%에서, 중국 하이난성에서 진행한 50회 가운데 42%에서 뻐꾸기 알을 알아보고 내다버렸다.

결국 같은 종의 제비라도 지역에 따라 뻐꾸기 탁란에 대해 다른 대응 전략을 세운 것이다. 그렇다면 유럽 사람들은 인가를 찾은 제비에게 호의적이었고 중국인들은 내쫓았던 것일까. 아니면 중국에 사는 제비 무

• 전날 밤 강한 바람으로 나무가 부러지는 바람에 새집에 있던 거의 다 자란 쇠딱따구리 새끼가 죽는 참변이 일어났다. (제공 강석기)

리들은 인가를 찾을 시도를 하지 않았던 것일까. 아무튼 분명한 것은 우리 조상들은 '강남 갔다 돌아 온' 제비들을 기꺼이 반겼다는 말이다. 이런 사람들의 마음이 산책로 바로 옆에 둥지를 튼 저 작은 새의 가족들에게도 이어지기를 바란다.

PS. 이 에세이를 쓰고 일주일쯤 지난 어느 날 밤에 바람이 몹시 불었다. 그 다음날 오전에 산책을 나간 필자는 눈앞의 광경에 경악했다. 지난 밤 바람에 새가 둥지를 튼 나무가 부러진 것. 그것도 둥지가 있는 지점에서 두 동강이 났다. 아마도 속이 비어 바람을 견디지 못한 것 같다. 뚜껑이 열린 새집에는 나뭇가지가 덮여있었는데(필자에 앞서 지나간 사람이 둔 것 같다) 다가가서 보니 그 아래 새가 죽은 채 끼어 있었다. 거의 어미만하게 다 자란 모습이어서 더 안타까웠다. 필자는 사람의 해코지만 걱정했지 이런 자연의 무자비함은 상상하지도 못했다.

참고문헌

Liang, W. et al. *Behavioral Ecology & Sociobiology* 67, 913 (2013)

8-3
생쥐를 너무 믿지 마세요

우리가 동물실험을 하는 방식은 석기시대 수준이다.

— 울리히 디르나글, 베를린자선의대

필자는 대학원 시절 미생물(대장균과 효모)이나 식물(애기장대)을 대상으로 실험을 했지만, 옆 실험실에 놀러 가 동기들이 생쥐mouse를 다루는 걸 가끔 본 적이 있다. 어쩌다가 시궁창 같은 데서 보이는 쥐rat는 크기도 주먹만 하고 색깔도 칙칙한 회색인 게 징그럽지만, 실험실 생쥐는 달걀보다도 작은 몸집에 털도 하얘 정말 귀엽다. 애완동물로도 손색이 없을 것처럼 보이는 이 녀석들이 실험으로 희생된다니 안됐다는 생각도 들었다.

그럼에도 필자에게 생쥐는 만만치 않은 동물인데, 솔직히 만져보지도 못했다. 생긴 것과는 달리 성격이 사나와 어설프게 집으려고 했다가는 물리기 십상이기 때문이다. 실제로 생쥐를 다루는 실험실에 들어간 학생들은 요령이 생길 때까지 이런 일을 몇 번 겪는다고 한다.

그러나 필자가 생쥐를 가까이에서 별로 보고 싶어 하지 않는 가장 큰 이유는 냄새 때문이다. 보통 케이지Cage라고 부르는 작은 집(면적이 A4 용지만하다)에 생쥐가 서너 마리씩 들어있는데, 바닥에는 톱밥(나무 조

• (제공 위키피디아)

각)이 깔려있고 위에는 우윳병 같은 물통이 거꾸로 꽂혀있어 목을 축일 수 있다. 그런데 생쥐를 자세히 보려고 다가가면 노린내라고 할지 아무튼 역겨운 냄새가 확 올라와 비위가 약한 편인 필자로서는 견디기 어렵다.

아마도 톱밥에 배어있는 오줌에서 나는 냄새 같은데(당연히 화장실은 따로 없으므로), 학생이 게을러 톱밥을 제대로 안 갈아주면 냄새가 점점 강해진다. 수년 뒤 기업체 연구소에서 일할 때 하루는 입사동기인 한 친구가 투덜거리며 연구소 옥상에 있는 실험동물 사육실에 청소하러 간다기에(그 팀 신입사원의 일이었다) 따라 간 적이 있는데, 생쥐 수백 마리가 있는 사육실 문을 연 순간 밀려 나오는 냄새에 경악해서 얼른 도망친 적도 있다.

그런데 사람만 생쥐의 냄새에 진저리를 치는 건 아닌가보다. 최근 학술지 〈네이처 방법〉에 실린 논문에 따르면 생쥐도 사람의 냄새에 큰 영향을 받기 때문이다. 즉 여성 실험자일 때는 별 상관이 없지만 남자일 경우 생쥐가 스트레스를 받아 통증 측정 같은 실험이 제대로 되지 않을 정도라고. 아마도 겨드랑이 같은 곳에서 나오는 휘발 성분에 포함된, 남성호르몬이 변형된 페로몬 성분이 영향을 미치는 것으로 보인다. 야행성인 생쥐는 시각보다 후각과 촉각이 훨씬 더 발달했기 때문에 이런 일이 가능할 것이다.

이번 연구를 이끈 캐나다 맥길대의 신경과학자 제프리 모길Jeffrey Mogil 교수는 25년 동안 통증 연구를 해왔는데, 똑같은 실험을 했음에도 결과가 들쑥날쑥한 일이 잦다보니 작정하고 그 원인을 찾기 위해 이런저런 조건을 바꿔보다가 실험자의 성별이 영향을 미친다는 뜻밖의 사실을 발견한 것이다.

이 결과는 대중적으로도 흥미로운 요소가 있기 때문에 국내 언론에도 다소 가벼운 톤으로 소개됐지만, 사실 심각한 문제다. 즉 통증 뿐 아니라 대부분의 연구에서 스트레스 여부가 실험동물의 반응에 영향을 미치므로, 지난 수십 년 동안 행해진 그 많은 동물실험이 '과연 제대로 행해졌는가?'라는 근본적인 의문이 들게 하기 때문이다.

동물실험 효과 있는 100여 개 약물, 환자임상에서는 효과 없어

동물실험 결과에 실험자 성별이 영향을 미친다는 이번 결과가 그동안 별 문제없이 진행되고 있던 동물실험에 제동을 건 첫 사례는 아니다. 최근 들어 동물실험의 문제를 지적하며 개선책을 강구해야 한다는 글들이 종종 눈에 띈다. 학술지 〈네이처〉 2014년 3월 27일자에는 미국 ALS치료제개발연구소 스티브 페린Steve Perrin 박사의 기고문이 실렸다. ALS는 근위축성측색경화증의 영문 머리글자로 흔히 루게릭병이라고 부른다. 루게릭병하면 스티븐 호킹 박사가 떠오르는데, 사실 예외적인 경우로 호킹을 본 대중들은 이 병에 대해 오해하기 쉽다. 즉 증상은 전형적이지만 호킹의 사례와는 달리 보통 발병하면 수년 내에 사망하기 때문이다.

루게릭병은 운동신경이 서서히 파괴되면서 결국 호흡근까지 굳어져 사망하는 불치병으로 지금까지 많은 치료제 개발 시도가 있었다. 그러나 현재 미국 식품의약국FDA의 승인을 받은 약물은 릴루졸Riluzole 하나뿐이다. 기고문에 따르면 동물실험에서 수명연장 효과가 있는 것으로 나온 약물이 100가지가 넘는다. 그리고 이 가운데 8종은 환자를 대상으로 임상까지 들어갔지만 모두 효과가 없는 것으로 밝혀졌다.

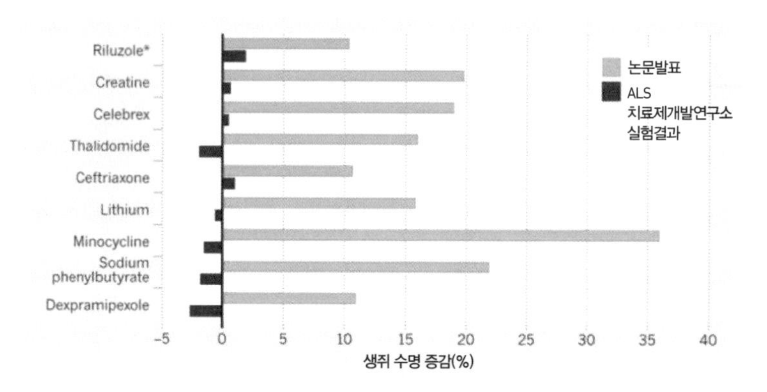

• 동물실험에서 수명연장 효과가 있었던 루게릭병 약물 가운데 환자를 대상으로 임상을 한 9가지의 동물실험 데이터. 청록색 막대는 논문에 발표된 결과로 모두 유의적인 수명연장효과가 있다(가로축은 수명 증감(%)). 그런데 ALS치료제개발연구소에서 엄밀하게 설계된 동물실험을 한 결과 약효가 있는 게 하나도 없다는 결과가 나왔다(검은 막대). (제공 <네이처>)

ALS치료제개발연구소에서는 왜 이런 결과가 나왔는지 원점에서 재검토하기 위해 엄격한 조건 아래에서 이 물질들로 다시 동물실험을 했다. 그 결과 놀랍게도 수명연장 효과를 보이는 게 하나도 없었다. 심지어 미미한 약효(수개월 수명 연장)가 인정돼 승인된 릴루졸조차도 효과가 없었다. 페린 박사는 잘못된 동물실험 데이터가 어떤 결과를 초래하는지 한 사례를 들어 설명했다.

2008년 학술지 〈미국립과학원회보〉에는 정신분열증치료제로 쓰이고 있는 리튬이 루게릭병 동물모델인 생쥐의 수명을 30일(16%) 연장한다는 연구결과가 실렸다. 또 뒤따른 소규모 환자임상에서도 비슷한 효과가 나왔다고 한다. 이 결과가 언론에 보도되자 루게릭병 환자들은 리튬을 복용했고(물론 불법적으로) 3개 기관에서 환자 수백 명을 대상으로 임상3상에 들어갔다. 이 과정에서 1억 달러(약 1,100억 원)가 훌쩍 넘는 비용이 들었지만 실망스럽게도 아무 효과가 없다는 결과가 나온 것.

한편 다른 두 곳에서 동시에 실시한 동물실험에서도 효과가 없는 것으로 나왔다. 페린 박사는 "2008년 논문에 실린 실험에서는 왜 효과가 있는 것으로 나왔는지 모르겠다"면서도, 당시 대조군(가짜 약을 먹은 질병모델 생쥐)의 평균수명이 다른 문헌의 대조군 수명보다 20일 가량 짧다는 사실에 뭔가가 있다고 추정했다.

그렇다면 어떻게 이런 오류를 피할 수 있을까. 페린 박사는 몇 가지 제안을 했는데, 먼저 보고자 하는 질병과 무관하게 죽은 실험동물은 통계에서 빼야 한다는 것. 그리고 그 이유를 논문에 명시하라고 권고했다. 또 동물의 성별 균형도 맞춰야 한다고 제안했다. 예를 들어 루게릭병 모델 생쥐의 경우 수컷은 암컷보다 보통 1주일 먼저 발병해 1주일 먼저 죽는데, 이는 평균 수명의 4%에 해당하는, 무시할 수 없는 기간이다.

이보다 앞서 〈사이언스〉 2013년 11월 22일자에도 동물실험의 문제점에 대한 세 쪽짜리 장문의 기사가 실렸다. 가장 큰 문제는 실험동물이 임의로 선정되지 않는 것과 개체수가 너무 적어 통계적으로 의미를 갖기 어렵다는 것. 예를 들어 환자임상의 경우 '맹검법'이라고 해서 환자는 물론 의사도 누가 진짜 약을 처방받고 누가 가짜 약을 처방받는지 모른다. 즉 실험자의 선입견을 배제하기 위한 장치다. 그런데 동물실험에서는 많은 경우 이런 조치가 전혀 없다는 것. 그러다보니 케이지에서 실험할 동물을 정할 때부터 문제가 생긴다. 즉 생쥐를 집으려고 할 때 너무 겁이 많아 도망치거나 물려고 할 경우 실험자는 얌전한 다른 개체를 찾게 된다고.

윤리적(실험동물 희생 최소화), 경제적 이유로 동물실험을 할 때 개체수를 줄이는 것도 큰 문제다. 똑같은 조건의 실험동물 가운데 임의로 네 마리씩 뽑은 뒤 수명 실험을 해보면 유의적으로 차이가 날 확률이 30%나 된다. 열 마리씩 실험을 할 경우도 여전히 10%다. 그런데 루게릭병에 대한 영향력 있는 동물실험 논문 76편 가운데 절반이 5마리 이

하로 한 실험이라고.

사정이 이렇다보니 유력한 학술지에서 동물실험 가이드라인을 만들기 시작했다. 〈네이처〉는 논문 저자들이 확인할 동물실험 체크리스트를 제작해 배포했는데, 실험동물을 임의로 골랐나, 연구자는 맹검상태인가, 실험도중 동물을 탈락시킬 경우 합당한 사유가 있나 등이다. 독일 베를린자선의대 뇌졸중연구소 울리히 디르나글Ulrich Dirnagl 소장의 경우 실험동물의 꼬리에 번호표를 붙인 뒤 난수 발생기로 실험할 동물을 정한다고.

1993년 임상 사고 막을 수 있었다?

하지만 동물실험 과정을 아무리 완벽하게 설계하더라도 동물실험에는 본질적으로 오류의 가능성이 내재돼 있다. 실험동물의 생리가 사람의 생리와 100% 일치하지는 않기 때문이다. 이에 대한 고전적인 사례 두 가지가 있다.

먼저 진정제로 쓰인 탈리도마이드thalidomide의 경우 동물실험에서는 부작용이 전혀 발견되지 않았지만 임산부가 입덧을 완화하기 위해 복용한 결과 팔다리가 제대로 발달하지 못한 기형아가 수만 명 태어나면서 신약개발의 역사에서 최악의 사례로 꼽히고 있다. 반면에 인공감미료 사카린의 경우는 생쥐를 대상으로 한 동물실험에서 방광암을 일으키는 것으로 밝혀져 판매금지가 됐지만 훗날 이는 생쥐 특유의 생리 메커니즘의 결과로 사람에서는 그런 현상이 일어나지 않는다는 사실이 밝혀지면서 현재는 판매가 재개됐다.

학술지 〈PLOS 의학〉 2014년 4월호에는 1993년 임상에서 환자 다섯 명이 목숨을 잃은 약물 피알루리딘fialuridine에 대한 추적연구결과가 실렸다. B형간염 치료제로 개발된 피알루리딘은 생쥐는 물론 쥐, 개, 원숭이 등을 대상으로 한 동물실험에서는 특별한 부작용이 없었다. 그런데 환자 열다섯 명을 대상으로 한 임상2상 시험에서 급성 간손상이 일어나 다섯 명이 죽고 두 명이 간이식을 받는 사고가 일어난 것.

미국 스탠퍼드대 의대 연구진들은 인간화된 간세포를 지닌 키메라 생쥐를 대상으로 약물을 투여한 결과 1993년 당시 환자들에게 나타났던 급성 간독성이 나타났다는 사실을 발견했다. 즉 당시 이런 동물을 대상으로 추가 실험을 했더라면 환자를 대상으로 한 임상을 진행하지 않았을 거라는 말이다.

생쥐가 실험동물로 쓰이기 시작한 건 16세기로 거슬러 올라간다. 당시 영국인 생리학자 윌리엄 하비William Harvey가 혈액순환론을 연구하는 과정에서 생쥐가 큰 역할을 했다. 그 뒤 20세기 들어 생쥐는 생명과학과 의학 발전에 결정적인 기여를 했다. 그럼에도 때로는 실험자의 부주의로, 때로는 생리 메커니즘의 차이로 엉뚱한 결과를 내놓기도 한다. 믿었던 생쥐에게 당하더라도 물론 생쥐의 탓은 아니다.

참고문헌

Grimm, D. *Science* 344, 461 (2014)
Perrin, S. *Nature* 507, 423 (2014)
Couzin-Frankel, J. *Science* 342, 922 (2013)
Xu, D. et al. *PLoS Medicine* 11, e1001628 (2014)

8-4

물고기 복지에 대한 고찰

"아니 뭐 하세요?"

"아 예. 그냥…"

"어머, 마음이 약하신가봐. 호호"

회를 먹으러 가다보면 가끔 회를 뜬 물고기 뼈 위에 살점을 얹어 내놓는 집이 있다. 그런데 물고기가 아직 살아있어 입을 뻐끔뻐끔한다. 아마 주방장의 회 뜨는 솜씨를 자랑하거나 물이 좋다는 걸 보여주려고 그러는 것 같다. 아무튼 마음이 불편한 필자는 깻잎이나 상추로 생선의 얼굴(머리)을 덮는다.

'이런 위선자 같으니라고. 그럴 거면 먹지를 말든가.' 이렇게 생각하는 독자도 있겠지만, 그렇더라도 굳이 아직 숨이 붙어있는 정말 '뼈만 남은' 물고기를 현장으로 데리고 와, 자기 살점이 젓가락에 들려 사람 입으로 들어가는 모습을 지켜보게 한다는 건 좀 잔인한 일 아닐까.

수년 전 TV에서 영화를 보다 야한 장면도 아닌데 자꾸 뿌옇게 처리돼 이상하다 했는데 알고 보니 담배를 가리는 거라는 걸 깨달은 기억이 난다. 요즘은 손에 들린 흉기도 이렇게 가린다. 아마 방송법이 바뀐 것 같다. 여행프로그램에서도 마찬가지로, 예를 들어 몽골 현지인이 초원에서 양을 잡는 장면은 뿌옇게 처리된다.

그럼에도 생선은 여전히 예외다. 맛집 탐방 프로그램을 보면 회를 뜨는 장면은 물론이고 펄펄 끓는 전골냄비에 살아있는 낙지나 문어를 넣는 장면도 하이톤의 내레이션과 함께 경쾌하게 그려진다. 불쌍한 두족류가 온 몸(여덟 다리)을 뒤틀며 벗어나려는 부질없는 시도가 지난 뒤 화면이 바뀌어 완성된 요리에 '조용히' 잠겨있는 걸 보면 차라리 마음이 편하다.

우리나라도 먹고살만해지면서 분명히 동물복지도 꽤 나아졌는데(요즘은 개도 애완동물에서 반려동물로 지위가 격상됐다!) 왜 물고기의 처지는 그대로일까. 필자는 이 문제를 곰곰이 생각해봤는데 두 가지 이유가 떠올랐다. 먼저 어류는 포유류나 조류에 비해 피가 그렇게 많지 않다. 따라서 죽이는 장면에서도 유혈이 낭자하지 않아 굳이 뿌옇게 처리하지 않아도 된다. 그리고 무엇보다도 물고기는 침묵의 동물이다. 힘이 있을 때도 몸을 파닥거리며 저항할 뿐 입에서는 아무 소리도 나지 않는다. 만일 회 접시 위의 생선이 "낑낑"하며 신음소리를 낸다면 신경이 쓰여서 회 맛이 나지 않을 것이다.

필자는 어렸을 때 시골에 살았는데, 하루는 돼지를 잡는다는 얘길 들었다. 호기심에 근처까지는 갔지만 무서워서 안에 들어가지는 못하고 있는데 갑자기 "꾸에엑 꾸에엑"하는 소리가 들려왔다. 돼지우리에서 "구륵구륵"하는 낮은 톤의 소리만 들어왔던 필자는 그 소리의 비통함에 깊은 충격을 받았다. 그 뒤 '돼지 멱따는 소리'라는 표현을 접할 때마다 어린 시절 그 기억이 떠오르며 '우리 조상들이 정말 제대로 비유를 했구나'하는 생각을 하곤 했다.

동물복지법에 어류는 포함 안 돼

학술지 〈동물 인지〉 2015년 1월호에 물고기의 삶과 죽음에 대해 한

• 호주 맥쿼리대 컬럼 브라운 교수는 학술지 <동물 인지>에 발표한 논문에서 물고기의 인지능력에 대한 최근 연구결과를 소개하면서 물고기의 복지에 대한 대중의 관심을 촉구했다. (제공 맥쿼리대)

번쯤 생각하게 하는 논문이 실렸다. 호주 맥쿼리대 생명과학과 컬럼 브라운Culum Brown 교수가 쓴 리뷰논문으로 제목은 '물고기 지능, 감수성, 윤리'다. 오랫동안 어류의 지능과 사회생활을 연구하고 있는 브라운 교수는 "물고기가 온혈동물의 수준으로 동정을 받거나 복지를 누리는 경우는 거의 없다"며 "사람들이 물고기의 지능에 대해 느끼는 것과 과학의 실체 사이의 차이도 원인의 하나"라며 글을 시작한다. 물고기가 제대로 대접받지 못하는 건 우리나라나 서구나 마찬가지인가보다.

동물 복지에 지능을 따지는 건 동물의 인지능력이 판단의 중요한 척도이기 때문이다. 최근 수년 사이 유럽에서 유인원을 실험동물로 쓰는 일이 금지되고(심리, 행동 연구 제외) 미국에서도 연구가 줄줄이 중단되고 있는 게 대표적인 예다.[34] 하물며 '쥐 같은' 동물도 화장품 연구에는 비윤리적이라며(사람이 죽고 사는 문제가 아니기 때문에) 쓰지 못하게 하고 있다.

르네 데카르트가 사람을 제외한 동물은 '축축한' 기계라고 선언한 뒤

34 자세한 내용은 『늑대는 어떻게 개가 되었나』 106쪽 '동물 복지 누릴 권리도 동물 나름?' 참조.

자행돼 온 무지막지한 동물실험 관행은 이처럼 서서히 나아지고 있지만, 미국의 동물복지법의 '동물'에는 여전히 어류가 포함돼 있지 않다. 브라운 교수는 이런 법률의 진전에는 여론이 중요한 역할을 했다며 이 리뷰를 통해 물고기의 진면목을 보여주겠다고 나선 것이다.

목소리도 표정도 없는 물고기

브라운 교수 역시 사람들이 물고기에게 그다지 동정심을 보이지 않는 이유를 두 가지 대고 있다. 흥미롭게도 하나는 필자와 똑같이 우리가 물고기의 목소리를 들을 수 없다는 것. 또 하나는 우리가 인식할 수 있는 얼굴 표정이 없다는 것. 이 두 특징은 사람이 동정심을 갖게 되는데 주요 실마리가 되기 때문에 물고기로서는 불리할 수밖에 없다.

진화에 대한 오해도 이런 차별에 기여하고 있다. 많은 사람들이 어류에서 양서류, 양서류에서 파충류, 파충류에서 조류와 포유류가 나왔다는 식으로 척추동물의 진화를 이해하고 있고, 따라서 물고기를 가장 하등한 척추동물로 생각한다. 브라운 교수는 "어류의 역사는 5억 년이 넘는 게 맞지만 나머지 척추동물들은 약 3억 6,000만 년 전 물고기처럼 생긴 공통조상에서 진화한 것"이라며 진화는 선형적으로 이뤄진 게 아니라 방사적으로 일어났다고 설명한다. 또 4억 1,000만 년 전 데본기가 '어류의 시대'인 건 맞지만, 물고기의 종분화가 가장 활발하게 일어난 건 '불과' 5,000만 년 전이고, 종다양성의 정점은 대략 1,500만 년 전이라고. 오늘날에도 어류는 알려진 것만 3만 2,000여 종으로 다른 척추동물을 압도하고 있다.

브라운 교수는 물고기도 다른 척추동물과 동등한 '대접'을 받을 자격이 있음을 세 가지 단계를 거쳐 '입증'하고 있다. 먼저 물고기의 지각능력을 알려준다. 지능이나 감수성이 발달하려면 주변 환경에서 충분한 정보를 끌어 모을 수 있어야 하기 때문이다. 먼저 시각을 보면 대부분의 종이 4색성이라고 한다. 즉 파랑, 녹색, 빨강의 3색성인 사람보다도 광수용체가 하나 더 있다는 말이다(각각 최대 흡수파장은 400, 450, 530, 620나노미터).

후각은 말할 필요도 없다. 후각이 예민한 걸로 유명한 상어의 경우 민감도가 사람의 1만 배다. 반면 미각은 퇴화돼 신맛과 쓴맛 정도를 느낀다고 한다. 청각은 꽤 발달해 있는데, 참고로 물속에서는 음파가 공기에 비해 4.5배나 빠르게 전파된다. 귀의 구조, 특히 내이內耳의 구조는 모든 척추동물에서 잘 보존돼 있는 것으로 유명하다. 그리고 물 밖으로 나오면 뻐끔거리는 게 전부이지만 물고기의 절반가량이 물속에서는 소리를 내는 것으로 추측되고 있다. 결국 물고기는 다른 척추동물과 마찬가지로 지능과 감수성을 발달하는데 필요한 정보습득장치를 충분히 갖추고 있다는 말이다.

쥐보다 빨리 학습하기도 해

이제 브라운 교수는 두 번째 단계인 물고기의 인지능력에 대해 이야기한다. 물고기가 얼마나 똑똑한지를 여러 예를 들어가며 보여주고 있는데 꽤 참신하다. 먼저 물고기가 사람을 알아본다는 일례를 소개한다. 한 사람이 호수의 물고기에게 손으로 먹이를 주는 습관을 들였다. 그 뒤 6개월 동안 자리를 비운 뒤 돌아와서 먹이를 주러갔는데 불과 3분 만에 고기들이 찾아왔다고. 반면 낯선 사람이 와서 똑같이 먹이를 내밀어도 고기들은 오지 않았다고.

물고기의 학습능력을 보여주는 예로 아침에는 수족관 이편에서, 저녁에는 저편에서 먹이를 주는 실험이 있다. 모기잡이poeciliids(송사리류)와 갤락스드galaxiids는 2주 정도가 지나자 이 패턴을 알아차리고 때가

되면 아침과 저녁에 각각 다른 지점에 모여 밥을 기다렸다. 쥐에게 비슷한 실험을 하면 패턴을 알아차리는데 19일 정도가 걸린다고 한다.

사회적 지능에 대한 연구결과도 놀랍다. 청소놀래기의 행동은 우리로 치면 '1인 미용실'을 운영하는 수준이다. '고객'의 몸에 붙어있는 기생충이나 죽은 피부를 떼어먹고 사는 청소놀래기는 '단골'이 있어 이들을 따로따로 관리한다. 1인 미용실이 여러 곳 있으므로 고객관리가 무척 중요하다고. 관리를 잘 해주면 평판이 올라가 고객들이 줄을 선다고 한다. 그러면 청소놀래기는 기다릴 만한 곳이 없는 고객부터 관리를 시작한다.

실수로 고객의 몸을 물면 고객이 놀라서 자리를 뜨는데, 이때 청소놀래기가 따라가 상처를 보듬어주며 실수를 사과한다고. 그러면 마음이 풀린 고객이 다시 몸을 맡긴다고 한다. 거의 애니메이션 〈니모를 찾아서〉 수준의 이야기 같지만, 2001년 〈런던왕립학회지B〉에 발표된 논문의 내용이다.

• "잘 좀 해봐. 딴 데로 가는 수가 있어." 청소놀래기(아래 작은 물고기)의 '1인 미용실'을 찾은 고객(검은쥐치)이 청소놀래기가 일을 잘 하나 지켜보고 있다. 청소놀래기는 단골을 확보하기 위해 최선의 서비스를 한다는 사실이 밝혀졌다. (제공 위키피디아)

한편 숫자 감각도 나름 괜찮다. 예전에는 수를 정량적으로 분석하는 능력이 사람의 고유한 특성이라고 생각했지만 그 뒤 원숭이나 닭 같은 동물에서도 그런 능력이 있다는 사실이 밝혀졌다. 수를 가늠하는 방식은 크게 두 가지로 나뉘는데, 한 눈에 개수를 정확히 파악하는 능력과 상대적인 숫자를 비교하는 능력이다. 예를 들어 필자처럼 아이돌그룹에 문외한인 사람도 TV에서 에프엑스를 보면 한 눈에 다섯 명인지 알 수 있지만 소녀시대는 세보지 않으면 정확히 알 수 없다. 반면 소녀시대 멤버 수가 에프엑스보다 많다는 건 한 눈에 알 수 있다.

물고기를 대상으로 한 실험을 보면 엔젤피쉬angel fish의 경우 사람처럼 두 가지 시스템을 다 활용해 숫자를 파악한다. 즉 떼로 몰려있을 경우 숫자 비율이 2:1이 채 안 되는 수준까지 구분할 수 있다. 또 개별 숫자를 파악하는 능력을 보면 1과 2, 2와 3까지는 구분하는데, 3과 4, 4와 5는 구분하지 못한다고. 즉 세 개까지는 한 눈에 보고 셀 수 있다는 말이다. 반면 구피guppy는 사람처럼 3과 4도 구분할 수 있다. 이런 실험을 어떻게 하는지 궁금한 독자를 위해 설명하자면, 물고기는 무리를 이루려는 속성이 있는데(천적으로부터 자신을 지키기 위해) 큰 무리를 선호한다. 따라서 양쪽에 다른 숫자의 무리를 둔 뒤 어느 쪽으로 가느냐를 보고 수 능력을 판단한다.

의식은 신피질의 전유물?

이제 마지막으로 물고기가 고통을 느끼느냐 하는 문제가 남았다. 물고기가 생각보다 똑똑하다는 걸 인정하더라도 고통을 느끼지 못한다면 현재 포유동물에게 해주는 수준의 대우를 할 필요는 없다고 주장할 수도 있기 때문이다. '설마 물고기가 고통을 못 느낄까?' 이렇게 의아하게 생각할 독자도 있을 텐데, 이게 그렇게 간단한 문제는 아니다.

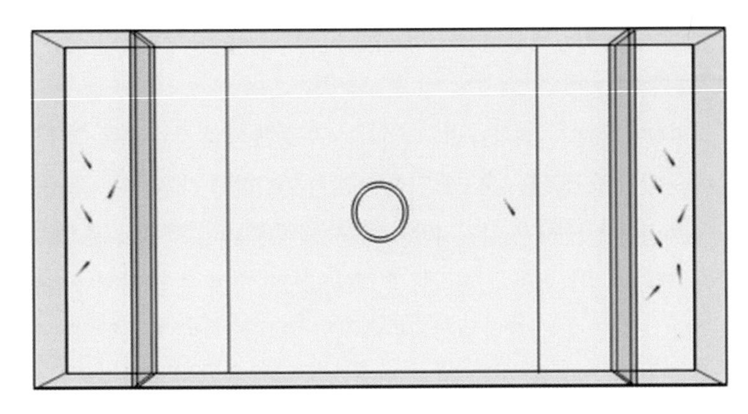

• 물고기는 상당한 수준의 숫자 개념을 갖고 있다는 사실이 밝혀졌다. 이를 밝히는 실험 방법으로, 양쪽에 서로 다른 숫자의 물고기 무리들 둔 뒤 물고기가 가는 방향이 유의미할 경우 수를 구분한다고 판단한다. 참고로 물고기는 무리가 큰 쪽을 선호한다. (제공 <PLoS One>)

'지렁이도 밟으면 꿈틀한다'는 말이 있지만, 많은 과학자들은 이런 반응을 동물이 고통을 느껴서가 아니라(의식의 차원) 그저 몸의 반사작용(무의식의 차원)이라고 해석한다. 따라서 횟집에서 몸에 칼이 들어와 파닥거리는 활어도 고통을 의식해서가 아니라 '통각수용체'가 자극을 받아 신호가 전달된 것뿐이라고.

미국 와이오밍대 제임스 로즈James Rose 교수가 이런 주장을 대표하는 학자로, 최근 학술지 〈생선과 어업〉에 '물고기가 정말 고통을 느낄 수 있나?Can fish really feel pain?'라는 제목의 37쪽에 이르는 긴 논문을 기고하기도 했다. 솔직히 필자는 논문을 읽지는 못했지만(브라운 교수의 논문도 17쪽 짜리다!), 요지는 물고기의 뇌에는 신피질이 없기 때문에 의식도 없다는 것. 즉 물고기는 뇌에 인지적 복합성이 자리 잡을 하드웨어가 없기 때문에 고통에 대해 정서적 차원에서 반응할 수 없다는 말이다.

반면 브라운 교수는 어류도 다른 척추동물과 마찬가지로 의식이 존재한다고 주장한다. 즉 의식은 여러 층위가 있어 어려운 수학문제를 풀 때 쾌감을 느끼는 고차원적인 의식도 있지만 두려움이나 고통을 느끼는 의식의 층위도 있고 이런 원초적인 의식은 모든 척추동물이 공유하고 있다는 것.

신피질이 없어서 의식을 못 느낀다는 주장에 대해서는 모든 척추동물이 동일한 뇌구조를 지니게 진화한 것은 아니라고 반문한다. 즉 새들도 신피질이 발달하지 않았지만 고통을 느끼는 데는 아무런 문제(?)가 없다. 게다가 최근에는 신피질이 의식을 담당한다는 주장 자체가 도전을 받고 있다고 언급했다. 즉 사람에서도 핵심 의식이 계통적으로 보존된 원시 뇌 영역에 결정적으로 의존하고 있다는 사실이 밝혀지고 있다(이 내용은 안토니오 다마지오 교수의 명저『데카르트의 오류』에서 자세히 다루고 있다).

브라운 교수는 논문 결론에서 "물고기가 보여주는 인지적 복잡함의 수준은 다른 척추동물과 대등하다"며 "다른 동물들이 감수성이 있다고 간주한다면 물고기도 그렇다고 인정해야 할 것"이라고 주장했다.

한 세대가 지난 어느 날 횟집에서 아래와 같은 대화가 오가지 않을까.

"옛날에는 회를 떠 뼈만 남은 살아있는 물고기도 같이 접시에 담겨 나왔단다." (노인이 된 필자)

"에이, 설마요." (젊은이들)

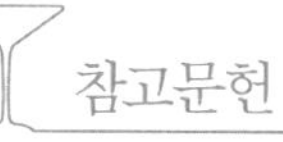

참고문헌

Brown, C. *Animal Cognition* 18, 1 (2015)

8-5

2014 노벨생리의학상은 노르웨이 퀴리 부부에게

• 2014 노벨 생리의학상 수상자인 모세르 부부의 2010년 모습. 1983년 대학 캠퍼스에서 만나 지금까지 30여 년 동안 동고동락해왔다. (제공 카블리연구소)

많은 사람들이 생각하는 것처럼
우리(모세르 부부)가 하루 종일 붙어다는 건 아니랍니다.

— 에드바르드 모세르, 2014년 노벨 생리의학상 수상자

요즘은 그렇지 않겠지만 필자가 대학을 다닐 때만해도 캠퍼스 커플(CC)이 흔하지 않았기 때문에 부러움의 대상이었다. 하지만 대학원에 들어가자 실험실마다 커플이 한두 쌍은 있다는 사실을 발견했다. 특히 본교 출신 남학생과 다른 대학 출신 여학생 사이에 눈이 맞는 경우가 많았다. 낯선 환경에 어떻게 적응할지 걱정하던 여학생이 실험장비 사용법을 비롯해서 사소한 일까지도 자신을 챙겨주는, 똑똑하지만 아직 여자 친구가 없는 실험실 동료(주로 선배나 동기)에게 쉽게 마음을 연 결과일까.

캠퍼스 커플과 실험실 커플의 가장 큰 차이점은 결혼으로 맺어지는 확률일 것이다. 전자가 매우 낮은 반면 후자는 꽤 높다. 실험실 커플의 나이가 결혼 적령기에 더 가까운데다 하루 종일 실험실에서 일하면서 상대의 일상 모습을 지켜보며 불확실성이 그만큼 줄어들기 때문이다. 커플이 깨지면 서로 불편해지므로(한 명이 실험실을 떠나는 경우도 있다) 갈등이 생기면 바로 갈라지는 CC와는 달리 웬만하면 참고 넘기는 것도 한 이유일 것이다. 어찌 보면 실험실 커플은 사내 커플과 비슷하다.

실험실 커플 증가 추세

학술지 〈네이처〉 2014년 6월 26일자에는 '친밀한 협력자'라는 제목으로 심층 기사가 실렸다. 실험실 커플을 포함해 일과 사랑을 함께 한 과학자 커플 네 쌍을 소개하는 내용이다. 당시 필자는 '뜬금없이 왜 이런 기사를 실었지?'라고 생각하며 읽지 않고 지나갔는데 10월 6일 노벨 생리의학상 발표를 보고 깜짝 놀랐다. 수상자 세 명 가운데 두 명이 바로 실험실 커플이었기 때문이다.

부랴부랴 저널을 꺼내 기사를 봤는데 아쉽게도 기사에 등장한 네 커플 가운데 수상자 부부는 없었다. 〈네이처〉가 뜬금없이 이런 기사를 낸 걸 보면 당시 기획자가 뭔가를 예감한 것 같기도 하다. 만일 당시 취재원 섭외에서 이번 수상자 부부를 포함했다면 글을 쓴 케리 스미스라는 작가는 그리스 비극에 나오는 예언자 테레시아스의 반열에 오르지 않았을까.

기사에서는 2010년 미국 국립과학재단에서 조사한 보고서를 언급하고 있다. 이에 따르면 박사학위를 받은 과학자의 4분의 1 이상이 과학이나 공학 분야에서 일하는 배우자를 두고 있다고. 1993년에는 이런 비율이 5분의 1이었다고 한다. 필자생각에 이공계 여학생의 비율이 높아진 게 주요 원인이 아닐까 한다. 그렇다면 우리나라도 비슷한 경향을 보이지 않을까.

필자는 위의 통계보다도 과학자 커플을 고용하는 미국의 연구소들도 늘고 있다는 얘기에 더 놀랐다. 즉 2008년 미국의 9000개 기관을 조사한 결과 커플을 고용한 비율이 13%로 1970년대 3%에 비해 급증했다는 것. 우리나라 같으면 부당 고용이라고 말이 많을 것 같은데 서구에서 이런 배려가 있다는 게 뜻밖이었다. 미국은 워낙 땅덩어리가 넓다보니 주말부부가 아니라 연말부부가 될 가능성도 있어서 그럴까.

무명 대학 동시 채용 제의 받아들여

〈네이처〉도 6월 26일자 기사에 아쉬움이 있었는지 10월 9일자에 2014년 노벨생리의학상을 받은 모세르 부부의 스토리를 네 쪽에 걸쳐 자세히 다뤘다. 대중들도 알기 쉬운 '뇌 속의 GPS'로 비유되는 격자세포grid cell를 발견한 공로로 수상한 이들 부부는 1983년 노르웨이 오슬로대에서 처음 만나 2년 뒤 일찌감치 결혼했다. 남편 에드바르드Edvard Moser는 1962년 생, 아내 마이브리트May-Britt는 한 살 아래인 1963년생이다.

대학에서 뭘 공부할까 고민하던 두 사람은 뇌에 관심을 갖게 되고 대학의 유명한 교수인 전기생리학자 페르 안데르센에게 찾아가 연구할

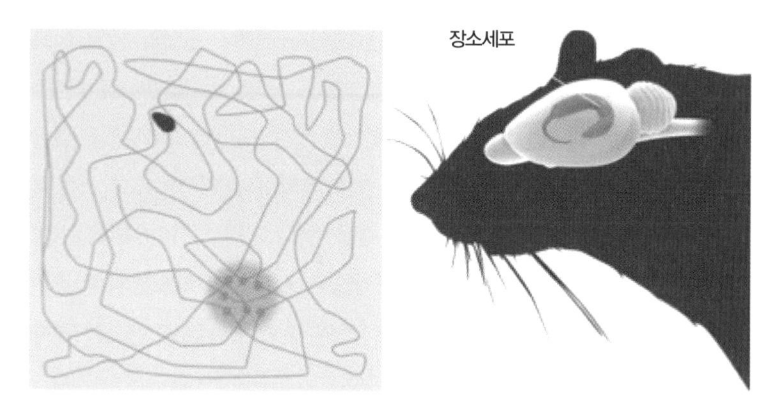

• 해마의 CA1(빨간색)에는 장소세포가 있어 지도 역할을 한다. 한 장소세포에 전극을 꽂은 뒤 쥐가 마음대로 다니게 하면 특정 장소에 위치할 때만 발화함을 알 수 있다. (제공 노벨재단)

프로젝트를 달라고 졸랐다(대단한 학부생들이다!). 당시 기억에 관여하는 뇌 부위인 해마의 뉴런 활성을 연구하고 있던 안데르센 교수는 성가신 이들에게 해마를 얼마나 절제해야 새로운 환경을 더 이상 기억할 수 없게 되는지 알아보라는 과제를 줬다. 이 실험을 하면서 모세르 부부는 놀라운 발견을 하는데, 해마가 균일한 조직이 아니고 한쪽이 공간기억에 더 중요하다는 것.

중간에 가정을 꾸리느라 그랬는지 두 사람은 1990년에야 학부 졸업을 했고 안데르센 교수 밑에서 1995년 나란히 박사학위를 받았다. 그리고 박사후과정으로 이번에 공동수상자가 된 영국 유니버시티칼리지런던의 존 오키프John O'Keefe 교수 실험실에 들어갔다. 오키프 교수는 1970년대 쥐의 해마에서 장소세포place cell를 발견한 신경과학자다.

1967년 캐나다 맥길대에서 생리심리학으로 박사학위를 받은 오키프 교수는 1960년대 후반 유니버시티칼리지런던에 자리를 잡고 쥐를 대상으로 행동에 따른 뇌의 뉴런(신경세포) 발화패턴을 연구했다. 그는 뇌의 해마hippocampus에서 CA1이라고 부르는 부분에 있는 뉴런에 전극을 꽂은 뒤 발화패턴을 조사했는데, 쥐가 특정한 장소를 지나갈 때만 발화한다는 사실을 발견했다. 오키프는 이 내용을 1971년 학술지 〈뇌연구〉에 보고하면서 해마가 지도 역할을 한다고 주장했다. 즉 해마의 CA1에 있는 뉴런들은 각자 특정한 위치에서 발화하게 배치돼 있다는 것. 그는 이런 세포들을 장소세포라고 불렀다.

오키프 교수는 장소세포의 기억이 바뀔 수 있다는 사실도 밝혀냈다. 즉 새로운 환경에 놓이면 장소세포들이 기존의 정보를 버리고 새 장소 정보를 갖게 된다는 것. 어릴 적 살던 고향이 눈앞에 선한 것 같아도 막상 수십 년 만에 방문해보면 길이 낯선 이유다.

이런 유명한 교수 밑에서 연구할 수 있게 된 부부는 그러나 몇 달 안 돼 선택의 기로에 서게 된다. 트론헤임에 있는 노르웨이과학기술대에서 두 사람 다 조교수로 뽑을 의향이 있다고 알려온 것. 제안을 받아들이면 연구 분야의 주류 세계와는 멀어지는 것이었지만 둘이 함께 할 수 있다는 매력을 거부할 수 없었다. 결국 두 사람은 노르웨이과기대로 갔고 힘들게 실험실을 꾸며 연구를 시작했다.

해마와 내후각피질 둘 다 있어야

이들은 해마로 들어오는 정보의 상당 부분이 해마 뒤에 있는(쥐의 경우) 내후각피질entorhinal cortex에서 온다는 사실을 알고 있었다. 즉 내후각피질에서 해마의 치상회dentate gurus를 거쳐 CA3와 CA1으로 정보가 진행한다는 것. 여기에 뭔가가 있다고 직감한 모세르 부부는 내후각피질과 CA1의 관계를 좀 더 자세히 알아봤고 2002년 둘 사이에 직행통로가 있음을 발견했다.

이들은 내후각피질에도 CA1의 장소세포와 비슷한 세포가 있는지 알아보다가 2005년 장소세포와 연관이 있으면서도 다른 뉴런, 즉 격자

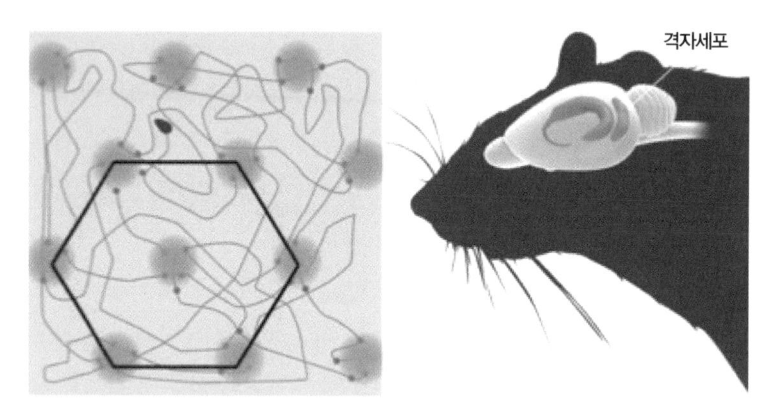

• 내후각피질에는 격자세포(파란색)가 있어 공간을 격자로 나눈 것처럼 인식할 수 있다. 즉 특정 격자세포가 발화하는 위치를 보면 벌집 같은 패턴이 드러난다. (제공 노벨재단)

세포를 발견했다. 즉 어떤 공간에서 쥐가 마음대로 돌아다니게 한 뒤 전극이 꽂힌 내후각피질 뉴런의 발화패턴을 봤더니 한 위치가 아닌 여러 곳에서 발화를 했는데 데이터를 모아보니 마치 벌집 같은 패턴이 나타난 것. 즉 뉴런이 공간을 격자로 나눈 것처럼 파악하고 있다는 말이다.

모세르 부부는 격자세포가 위치세포와 함께 뇌의 GPS를 구축한다고 제안했다. 즉 격자시스템이 해마의 공간지도를 더 정교하게 만들어 주는 역할을 한다는 것. 이들은 2013년 실제로 격자세포에서 장소세포로 정보가 투사된다는 사실을 발견해 보고했다. 또 격자세포에 따라 격자의 크기가 다양해 수 센티미터에서 수 미터에 걸쳐 있다는 사실도 발견했다. 해마-내후각피질 구조는 모든 포유동물에서 볼 수 있고 따라서 뇌 속 GPS도 보존돼 있을 것이다. 실제로 연구자들은 사람의 해마에서 장소세포를, 내후각피질에서 격자세포를 확인했다.

뇌 속 GPS 발견은 그 자체로도 중요하지만 의학적으로도 의미가 있다. 즉 많은 퇴행성 뇌질환이 기억력 감퇴를 수반하고 있고 따라서 해마에 존재하는 장소세포도 연관돼 있을 가능성이 높기 때문이다. 실제로 오키프 교수팀은 알츠하이머병 모델 생쥐를 연구해 장소세포가 파괴된 정도와 공간 기억력의 손상이 서로 밀접한 관계가 있다는 사실을 2008년 발표했다.

기사를 보면 남편 에드바르드는 계산과 이론에 능하고 아내 마이브리트 모세르는 실험과 실험실 운영을 주로 맡았다고 한다. 서로의 장점을 조합해 시너지를 낸 결과가 노벨상수상으로 이어진 셈이다. 이 실험실에서 일한 대학원생들은 좀 고달팠을 거라는 생각도 들었다. 회의나 학회가 있어도 둘 가운데 한 사람만 참석하는 걸 원칙으로 해 두 사람이 다 실험실을 비우는 경우가 좀처럼 없다는 것.

딸과 사위의 수상을 바랐던 퀴리 부인

모세르 부부의 이야기를 읽다보니 문득 노벨상을 받은 부부가 몇 쌍이나 될까 궁금해졌다. 당연히 퀴리 부부가 먼저 떠오른다. 물리학과 결혼했다던 노총각 물리학자 피에르 퀴리Pierre Curie는 8세 연하인 폴란드 유학생 마리아 스크워도프스카Maria Skłodowska에게 한 눈에 반해 1895년 결혼했고 아내의 박사연구과제를 돕다 방사성 현상을 발견해

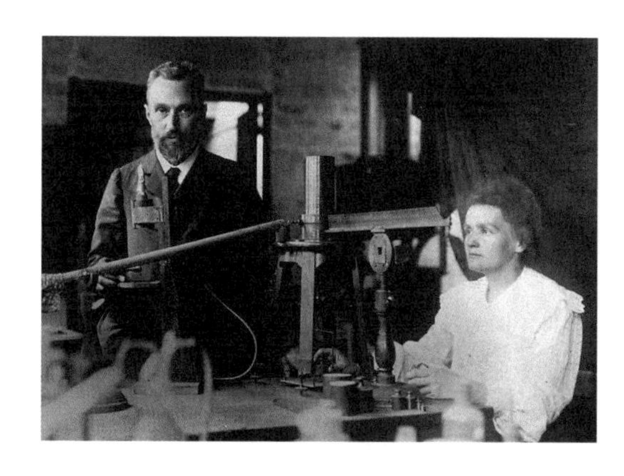

• 과학자 커플의 대명사인 퀴리 부부. 1906년 피에르가 교통사고로 47세에 사망하면서 마리 퀴리는 힘든 나날을 보냈다.

• 퀴리 부부의 장녀인 이렌과 사위 프레데리크 졸리오퀴리의 1940년대 모습. 두 사람은 마리 퀴리가 사망한 이듬해인 1935년 인공방사성원소 발견으로 노벨 화학상을 받았다.

아내 마리(마리아의 프랑스식 이름) 퀴리Marie Curie와 함께 1903년 노벨 물리학상을 받았다.

두 사람 사이에서 1897년 태어난 이렌Irène은 1926년 라듐연구소에서 엄마 마리 퀴리의 조수로 있던 프레데리크 졸리오Frederic Joliot와 결혼했다. 딸과 사위가 함께 연구를 하는 모습을 지켜보며 말년의 마리 퀴리는 두 사람이 노벨상을 받게 되기를 누구보다도 바랐지만 과도한 방사능 노출의 후유증으로 보이는 악성빈혈로 1934년 사망했다. 졸리오-퀴리Joliot-Curie 부부(결혼 뒤 성을 합쳤다)는 인공방사성원소를 만드는데 성공해 이듬해인 1935년 노벨화학상을 수상했다.

필자는 모세르 부부가 이들에 이어 세 번째라고 생각했지만 혹시나 해서 노벨재단 사이트를 살펴보다가 또 다른 부부 수상자가 있다는 걸 발견하고 깜짝 놀랐다. 자칫 망신을 당할 뻔 했다. 주인공은 1947년 생리의학상을 받은 체코 태생의 미국 생화학자 칼 코리Carl Cori와 거티 코리Gerty Cori 부부.

1896년생 동갑으로 프라하의 독일대학에서 1920년 의학박사학위를 받은 직후 결혼했다. 1922년 미국으로 건너 간 코리 부부는 워싱턴대 의대에서 포도당 대사과정에서 중요한 분자인 포도당 1-인산을 발견했

• 1947년 노벨 생리의학상을 공동수상한 코리 부부. 1896년생 동갑으로 모국인 체코에서부터 함께 연구를 해 미국에 건너와 꽃을 피웠다. (제공 노벨재단)

다. 그 뒤 두 사람은 체내에서 포도당이 글리코겐으로 전환되는 과정과 이때 개입하는 인슐린의 역할에 대해 연구를 계속했다. 1957년 아내 거티가 세상을 떠난 뒤 남편 칼은 여생동안 무척 힘들어했다고 한다. 칼 코리는 1984년 사망했다.

이 밖에도 노벨상을 받은 부부가 한 쌍 더 있는데, 이 경우는 공동수상이 아니라 따로따로 받았다. 즉 1974년 경제학상을 받은 스웨덴의 경제학자 군나르 뮈르달Gnnar Myrdal과 1982년 평화상을 받은 알바 뮈르달Alva Myrdal부부다.

참고문헌

Smith, K. *Nature* 510, 458 (2014)

Abbott, A. *Nature* 514, 154 (2014)

appendix

과학은 길고 인생은 짧다

"뭐라도 열심히 해봐라. 고생하고 힘이 드는 것은 두려워할 일이 아니야. 사람은 어차피 병들어 죽는 거다. 열심히 일하지 않아도 지쳐서 죽는 건 매한가지야."

— 모옌, 『모두 변화한다』

지난 두 해 출간한 에세이집 『사이언스 소믈리에』(2013)와 『과학을 취하다 과학에 취하다』(2014)에서 필자는 '과학은 길고 인생은 짧다'라는 제목의 부록에서 전 해에 타계한 과학자들의 삶과 업적을 뒤돌아봤다. 이번에도 같은 제목의 부록으로 2014년 세상을 떠난 저명한 과학자들을 기억하는 자리를 마련했다.

지난해와 마찬가지로 과학저널 〈네이처〉와 〈사이언스〉에 부고가 실린 과학자들을 대상으로 했다. 〈네이처〉가 14건, 〈사이언스〉가 4건을 실었다. 두 저널에서 함께 소개한 사람은 한 명뿐이다. 결국 두 곳을 합치면 모두 17명이 된다.

2014년은 국내외에서 유난히 사고가 많은 해였다. 2014년 타계한 과학자 가운데도 사고나 스캔들로 인한 죽음이 있었다. 에이즈 분야의 석학인 네덜란드의 욥 랑게 교수는 지난 7월 17일 호주에서 열리는 국제 AIDS학회에 가는 길에 우크라이나 상공에서 비행기가 격추되는 바람에 다른 승객들과 함께 목숨을 잃었다. 30여 년 전 호메오박스를 발견한 스위스의 저명한 발생학자 발테 게링 바젤대 교수도 그리스에서 교통사고로 사망했다. 한편 줄기세포 분화의 대가인 일본의 사사이 요시키 박사는 젊은 과학자의 논문 조작 스캔들에 휘말려 극도의 스트레스를 이기지 못하고 지난 8월 5일 스스로 목숨을 끊었다.

이번 부록에는 두 저널의 부고란에 소개된 17명 외에 한 사람을 더 소개한다. 에볼라가 창궐한 시에라리온의 과학자이자 의사인 셰익 후마르 칸으로, 에볼라 환자들을 치료하다 바이러스에 감염돼 7월 29일 사망했다. 수록 순서는 사망일을 기준으로 했다.

1. 알레얀드로 자파로니1923. 2.27~2014. 3. 1
붙이는 멀미약에서 DNA칩까지 개발한 생화학자

"자파로니가 이끈다면 전 따라가겠어요."

제약업계의 미다스의 손 알레얀드로 자파로니Alejandro Zaffaroni는 우루과이의 수도 몬테비데오에서 태어나 대학을 마치고 미국으로 유학해 1949년 로체스터대에서 생화학으로 박사학위를 받았다. 자파로니는 미국립보건원NIH에서 스테로이드화합물을 연구했다. 콜레스테롤이나 성호르몬이 바로 스테로이드다. 자파로니가 소속된 팀은 스테로이드 호르몬인 코티손cortisone을 최초로 합성했다.

자파로니는 멕시코의 작은 제약회사 신텍스Syntex로 자리를 옮겨 스테로이드 연구를 계속했는데, 이곳에는 오스트리아 태생의 미국인 동갑내기 화학자 칼 제라시Carl Djerassi가 스테로이드 연구를 이끌고 있었다. 세계 최초로 경구피임약(활성 프로게스테론progesterone)을 만든 곳이 바로 신텍스다. 자파로니는 1962년 캘리포니아 팔로알토에 설립된 신텍스의 미국 지사 책임자가 됐다.

• 알레얀드로 자파로니 (제공 Chemical Heritage Foundation)

스테로이드 피부연고를 연구하던 자파로니는 스테로이드의 상당 부분이 피부를 통해 흡수돼 혈관으로 들어간다는 사실을 발견하고 약물전달시스템을 본격적으로 연구한다. 1968년 자파로니는 알자ALSA라는 회사를 설립해 붙이는 멀미약 개발을 시작으로 금연패치 등 다양한 붙이는 약물을 시장에 내놓아 성공을 거뒀다. 2001년 알자는 123억 달러(약 13조 원)에 존슨앤존슨에 매각됐다.

이제 연구자에서 사업가로 변신한 자파로니는 놀라운 화술로 뛰어난 과학자들을 영입했는데, 〈네이처〉에 부고를 쓴 제인 쇼Jane Shaw도 1970년 자파로니에게 픽업돼 1994년까지 알자에서 일한 사람이다. 자파로니는 신약개발을 좀 더 효율적으로 하기 위해 1988년 아피맥스Affymax라는 회사를 설립해 컴퓨터 칩을 만드는 마이크로어레이microarray 기술을 도입해 조합화학이라는 영역을 개척했다.

1991년 아피맥스에서 분사한 아피메트릭스Affymetrix에서 만든 제품이 그 유명한 DNA마이크로어레이(칩)이다. DNA칩은 오늘날 빅데이터 게놈연구를 상징하고 있다. 2000년 자파로니가 만든 마지막 회사인 알렉자Alexza는 담배처럼 약물을 흡입하는 타입의 불안증상 치료제를 개발해 2013년 미국 식품의약국 승인을 얻었다고 한다. 자파로니는 상상력과 실행력이라는, 좀처럼 묶이기 어려운 재능을 동시에 지녔던 천재가 아니었을까.

2. 더글라스 콜맨1931.10. 6~2014. 4.16
비만 유전학의 토대를 쌓은 생화학자

대공황으로 전 세계가 시름하던 1931년 캐나다 스트랫퍼드에서 태어난 더글라스 콜맨Douglas Coleman은 실직한 부모가 뒷산에서 잡은 토끼와 다람쥐로 연명하며 힘든 어린 시절을 보냈다. 다행히 가정 형편이 나아져 맥마스터대에서 화학을 공부하고 미국 위스콘신대에서 생화학으로 박사학위를 받았다. 잭슨연구소에 취직한 콜먼은 서로 연관성이 있어 보이는 두 가지 열성돌연변이 생쥐를 연구한다. ob라고 부르는 한 변이체는 중증 비만에 경증 당뇨병을, db라고 명명한 또 다른 변이체는 경증 비만에 중증 당뇨병을 보였다.

콜맨은 두 유전자가 같은 대사경로에 관여할 것으로 추정하고 약간 엽기적인 실험을 진행했다. 즉 ob생쥐를 정상생쥐나 db생쥐와 외과수술로 혈관이 연결되게 만들었는데(이를 '병체결합'이라고 부른다[35]), 그 결과 ob생쥐가 먹이를 덜 먹고 살이 빠진다는 사실을 발견했다. 이로부터 콜맨은 ob생쥐의 혈액에는 식욕을 억제하는 어떤 성분이 없다고, 즉 ob유전자는 이 물질을 만드는데 관여한다는 가설을 내놓았다.

• 더글라스 콜맨 (제공 Françoise Gervais/잭슨연구소)

한편 db생쥐와 병체결합으로 연결된 ob생쥐나 정상생쥐는 극도의 식욕부진으로 굶어죽었다. 이에 대해 콜맨은 db생쥐는 식욕억제물질을 인식하는 수용체 유전자가 고장났다고 해석했다. 즉 수용체가 없어 반응을 안 하다 보니 몸에서 식욕억제물질을 과다하게 만든다는 것.

콜맨으로서는 안타깝게도 거의 한 세대가 지난 1994년 마침내 가상의 식욕억제물질의 실체를 밝힌 사람은 미국 록펠러대의 제프리 프리드먼Jeffrey Friedman 교수였다. 프리드먼 교수는 ob유전자가 아미노산 167개로 이뤄진 작은 단백질을 암호화하고 있다는 사실을 발견하고 이 단백질, 즉 식욕억제호르몬을 렙틴leptin이라고 명명했다. 물론 db유전자 역시 콜맨의 예상대로 렙틴 수용체를 암호화했다.

흥미롭게도 렙틴은 주로 지방세포에서 만들고 db유전자는 뇌의 시상하부에서 발현된다. 즉 식욕은 에너지 상태를 파악한 몸이 주는 정보를 토대로 뇌가 판단을 내린 결과라는 말이다. 렙틴의 발견은 지방조직이 단순히 여분의 에너지를 지방의 형태로 저장하는 창고가 아니

35 병체결합에 대한 자세한 내용은 42쪽 '회춘은 과학이다!' 참조.

라 몸의 대사를 조절하는 동적인 조직임을 보여줬다. 또 식욕조절에 실패해 비만이 된 사람들을 무조건 의지력의 문제로 비난할 수만은 없다는 사실도 일깨웠다.

콜맨은 아침 7시에 출근해 오후 5시 반이면 어김없이 퇴근했는데, 가족과 저녁식사를 함께 하기 위해서였다고 한다. 아침형 인간인 연구원들은 아주 좋아했을 상사 아니었을까. 아쉽게도 콜맨은 혼자 연구하는 걸 좋아해 한두 명의 연구보조원만이 그의 곁을 지켰다. 콜맨은 62세에 은퇴해 여생을 아내와 함께 세계를 여행하며 보냈다고 한다.

3. 아돌프 자일라허1925. 2.24~2014. 4.26
18살에 상어 화석 논문을 쓴 생흔화석 연구의 개척자

1925년 독일 슈투트가르트 인근에서 태어난 아돌프 자일라허Adolf Seilacher는 14살 때 처음 화석을 발견하고 18살 때 동네 바위에서 발견한 상어 화석에 대한 논문을 발표한 화석 마니아였다. 2차 세계대전에 참전한 뒤(물론 독일군으로) 1945년 튀빙겐대에 들어가 고생물학을 공부했다.

• 아돌프 자일라허 (제공 Wolfgang Gerber)

대학원에서 쥐라기와 트라이아스기 화석을 연구하던 자일라허는 1951년 파키스탄의 염지대Salt Range를 탐사하다 초기 캄브리아기 바위에서 삼엽충이 기어간 흔적을 발견했다. 이처럼 고생물들의 활동 흔적이 화석으로 남은 걸 '생흔화석trace fossil'이라고 부르는데, 자일라허는 생흔화석이 당시 환경과 생태에 대한 중요한 정보를 제공한다는 걸 인

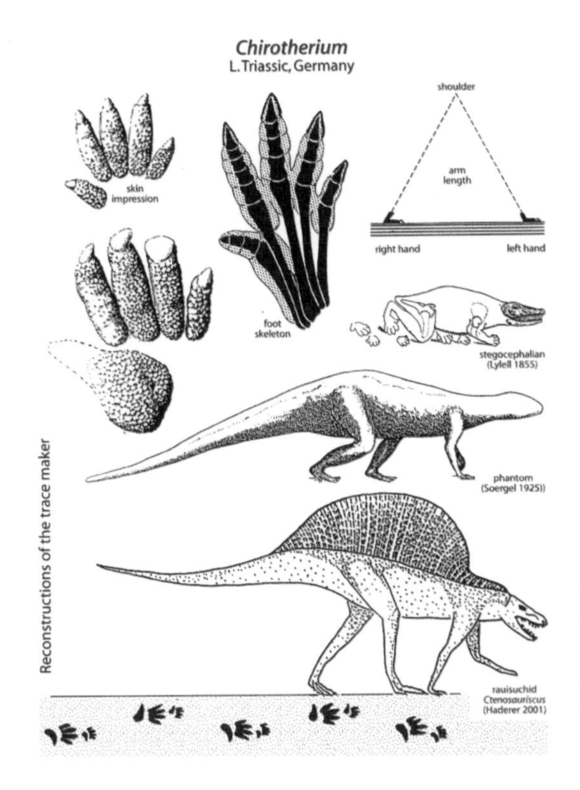

• 키로테리움이라는 독특한 모양의 발자국 화석이 생기게 된 과정을 묘사한 그림. 자일라허가 직접 그렸다. (제공 『Trace Fossil Analysis』)

식해 화석연구의 한 분야로 자리매김하는데 큰 역할을 했다.

1990년 교수직을 정년퇴직할 때까지 45년을 튀빙겐대에서 보낸 자일라허는 그 뒤 미국으로 건너가 예일대에서 2009년까지 머물렀다. 자일라허는 고생물의 형태에 대한 기능적 적응 관점을 비판했다. 즉 어떤 풍선이라도 물을 채우면 공처럼 부푸는 것처럼 형태 가운데 어떤 측면은 물리적 영향을 받은 것뿐이라는 말이다.

자일라허가 특히 흥미를 보인 생흔화석 가운데 팔레오딕티온Paleodictyon이라는, 벌집표면처럼 생긴 육각형이 반복된 구조물이 있다. 자일라허는 이를 과거 동물이 박테리아를 키울 농장으로 만든 구조물이라고 해석했다. 그런데 1976년 심해의 바닥에서 팔레오딕티온이 발견됐고 2003년 시료를 채취하는 탐사가 이뤄졌지만 아쉽게도 이 구조물을 만든 동물의 실체는 파악하지 못했다.

1984년 자일라허는 에디아카라 화석군Ediacara fauna에 대한 대담한 가설을 발표해 고생물학계를 깜짝 놀라게 했다. 에디아카라 화석군은 호주 에디아카라 구릉지대에서 산출된 동물화석군이다. 다세포생물이 폭발적으로 등장한 캄브리아기 직전 시대에 살았던 이들 화석은 독특한 형태로 주목을 받았다.

이들은 캄브리아기에 등장한 생물들과 연속성이 없어 실체를 놓고 여러 가설이 난무했는데 자일라허도 가세해 가장 과격한 가설을 내놓은 것. 즉 에디아카라 화석군은 캄브리아기 동물계와는 별도의 계界, Kingdom라고 주장하고 '벤도비온트Vendobionta'라고 명명했다. 자일라허는 벤도비온트가 그 뒤 완전히 절멸했다고 주장했지만 에디아카라 화석군의 실체에 대해서는 여전히 논란 중이다.

자일리허는 대학생 때 고생물학자인 프리드리히 폰 후에네 교수에게서 카메라루시다를 이용해 화석 그림을 그리는 법을 배웠다. 카메라루시다는 프리즘과 거울을 써서 대상의 이미지를 종이에 비추는 장치다. 자일리허는 그 뒤 카메라루시다를 써서 그린 아름다운 화석 그림 수천 점을 남겼다.

4. 제럴드 구럴닉1936. 9.17~2014. 4.26
힉스 메커니즘을 제안했지만 노벨상은 타지 못한 물리학자

1964년 힉스 메커니즘을 제안한 여섯 명의 물리학자 가운데 한 명인 미국 브라운대 제럴드 구럴닉Gerald Guralnik 교수가 강의 직후 심장마비로 쓰러져 78세로 갑작스럽게 세상을 떠났다. 미국 아이오아주 시더폴스에서 태어난 구럴닉은 MIT에서 학부를 마치고 하버드에서 괴짜 과학자인 월터 길버트Walter Gilbert 밑에서 입자물리학 연구로 박사학위를 받았다.

• 제럴드 구럴닉. 힉스 메커니즘을 가장 먼저 생각한 그로서는 논문이 늦어진 게 아쉬울 따름이다. (제공 Mike Cohea/브라운대)

1932년생으로 불과 네 살 연상인 지도교수 길버트는 한마디로 천재로 영국 케임브리지대에서 전설적인 이론물리학자 압두스 살람Abdus Salam의 지도아래 박사학위를 받고 1956년 하버드대에 자리잡았다. 그런데 곧 물리학에 만족을 못하고 당시 막 뜨는 분야인 분자생물학을 기웃거리기 시작했다. 결국 1977년 길버트는 DNA염기서열분석법을 개발했고 이 공로로 1980년 노벨화학상을 받았다.

힉스 메커니즘을 제안한 물리학자 여섯 명 가운데 프랑수아 앙글레르와 피터 힉스 두 사람만 2013년 노벨물리학상을 받았는데(당시 다섯 명이 살아있었다), 구럴닉을 포함해 상을 받지 못한 사람들은 꽤 억울했을 것이다.[36] 즉 1964년 8월과 10월, 11월 이렇게 불과 세 달 사이에 약력을 매개하는 W입자와 Z입자 같은 기본입자에 질량을 부여하는 메커니즘을 제안하는 논문 세 편이 저명한 물리학 저널인 〈피지컬리뷰레터스〉에 나란히 실렸다. 다들 서로의 작업에 대해 모르는 상태에서 독립적으로 연구한 결과다.

앙글레르는 가장 먼저인 8월 31일자 논문의 저자로, 지난 2011년 타계한 로버트 브라우트 교수와 함께 썼다. 두 번째인 10월 19일자 논문은 힉스가 단독 저자로 힉스 메커니즘을 증명하는 방법이 힉스입자의

36 『사이언스 소믈리에』 226쪽 '2012년은 힉스의 해!'에 힉스와 앙글레르(4쇄 이후)가 노벨상을 받게 된 사연이 실려있다.

• 구럴닉의 스승인 월터 길버트. 1964년 이휘소의 논문을 반박하는 논문을 써 피터 힉스가 힉스 메커니즘을 생각하는데 영감을 줬지만, 정작 제자 구럴닉에게는 도움을 주지 못했다. (제공 위키피디아)

발견임을 시사하는 내용이 담겨 있다. 11월 16일자 세 번째 논문은 영국 임페리얼칼리지의 구럴닉, 칼 헤이건, 톰 키블의 작품으로 힉스 메커니즘을 가장 심도있게 다뤘다고 평가되고 있다.

1963년 박사후연구원으로 스승의 스승인 살람이 있던 영국 임페리얼칼리지에 간 구럴릭은 여기서 길버트와 동갑인 톰 키블Tom Kibble을 만났는데, 너무 바빴던 길버트와는 달리 많은 대화를 나눌 수 있었다고 한다. 이 과정에서 구럴릭은 힉스 메커니즘에 관한 통찰을 얻게 되고, 이듬해 오랜 친구인 칼 헤이건Carl Hagen이 임페리얼칼리지에 합류하면서 함께 논문 초고를 완성한다. 둘은 논문을 키블에게 보내 조언을 구했는데, 당시 우체국 파업으로 의견 교환이 지체되면서 결국 〈피지컬리뷰레터스〉에 논문을 투고할 때(1964년 10월 12일), 키블 교수는 앙글레르와 브라우트의 논문이 이미 나왔고 힉스의 논문도 나올 예정임을 알게 된다.

결국 최대 세 사람밖에 줄 수 없는 노벨상 규정에 따라 2013년 노벨상 위원회는 논문 발표 순서에 따라 앙글레르와 힉스를 선정한 뒤 구럴닉, 헤이건, 키블 가운데 나머지 한 사람을 고르려다가 포기하고 두 사람만 선정한 것으로 보인다.

구럴닉으로서는 아이러니인 게 당시 스승 길버트 교수의 관심이 잠깐 입자물리학으로 돌아오면서 결국 피터 힉스가 힉스 메커니즘을 생각해내게 해줬다는 것. 1964년 3월 아베 클라인과 이휘소는 비상대성 조건에서 골드스톤정리(자발적 대칭성 깨짐의 결과 질량이 없는 입자가 나온다는 가설)가 틀렸다는 논문을 발표했는데, 이를 본 길버트가 이들이 틀렸다며 논문을 썼다. 당시 길버트는 이미 3년째 분자생물학 논문을 쓰고 있었다. 그러다 1962년 다시 입자물리학(자발적 대칭성 깨짐)에 관심을 가지면서 두 분야 연구를 병행하고 있었다.

이휘소의 논문을 반박한 1964년 6월 22일자 논문이 길버트가 쓴 입자물리학 분야의 마지막 논문이었다. 7월 16일 이 논문을 입수한 힉스는 여기서 영감을 받아 힉스 메커니즘을 고안해 7월 31일 논문을 완성한다. 힉스는 논문을 유럽입자물리학연구소에서 발행하는 〈피직스레터스〉에 보냈지만 게재가 거절됐다. 힉스는 돌아온 논문을 보완하면서 힉스입자 아이디어를 추가해 〈피지컬리뷰레터스〉에 보낸 것이다.

흥미롭게도 이해 7월 구럴닉은 학회 참석차 이탈리아 코모호수에 머무르던 스승 길버트를 방문했다. 당시 이들이 서로 진행 중인 연구에 대해 이야기를 나눴다면 아직 '기회'가 있었을 텐데 그저 가족끼리 담소만 나누다 헤어졌다고 한다. 노벨상 수상자인 길버트야 약간 아쉬운 정도겠지만, 구럴닉으로서는 회한이 남는 순간으로 기억되지 않을까.

한편 힉스 메커니즘 등장은 당시 답보상태였던 전자기력과 약력을 통합한 약전자기이론 진전에 결정적인 역할을 했다. 즉 스티븐 와인버그와 살람은 셸던 글래쇼가 제안한 모형에 힉스 메커니즘을 결합해 약전자기이론의 결함을 해결했고 이 업적으로 세 사람은 1979년 노벨물리학상을 받았다. 살람으로서는 제자의 제자 덕을 좀 본 셈이다.

구럴닉은 물리학 전반에 대해 관심이 많아 강력을 설명하는 양자색역학과 복잡계를 설명하는 카오스이론, 입자물리학의 최전선인 끈이론 연구도 진행했다. 그럼에도 힉스 메커니즘에 대한 자신의 기여가 제대로 평가되지 못한 데 대해서는 늘 불만이었다고 한다(힉스 메커니즘이라는 이름부터가 나머지 다섯 명에게는 맘에 들 리가 없다). 〈네이처〉 6월 5일자에 부고를 쓴 사람은 1964년 논문의 공저자인 톰 키블이다.

5. 게리 베커1930.12. 2 ~ 2014. 5. 3
인간 행동에 경제학의 방법론을 도입한 경제학자

경제학의 지평을 넓힌 1992년 노벨경제학상 수상자 게리 베커Gary Becker는 1930년 미국 뉴욕에서 태어나 프린스턴대에서 학부를 마치고 시카고대에서 1955년 박사학위를 받았다. 그의 지도교수는 저명한 경제학자 밀턴 프리드먼으로 역시 1976년 노벨경제학상 수상자다.

베커는 경제학의 방법론을 정치적 행동이나 인종불평등 같은 사회문제에 적용했는데, 박사학위 논문 제목이 '차별의 경제학'이다. 이에 따르면 인종차별은 비용이 드는 행동이기 때문에 경쟁을 도입하면 약화시킬 수 있다고 한다. 대놓고 인종차별을 해대는 회사가 만일 독점이라면 맘에 안 들어도 별 수 없이 그 제품을 써야 하지만 대안(다른 회사들)이 있을 경우 외면하면 되기 때문이다.

1960년대 베커는 당시 심각한 문제였던 인구증가가 가까운 미래에 적어도 선진국에서는 걱정할 일이 아니라고 주장해 논란을 일으켰다.

• 게리 베커 (제공 시카고대)

양과 질은 반비례 관계이기 때문에 교육수준이 높아질수록 자녀수는 줄어들기 마련이라는 논리였다. 즉 나라가 부유해질수록 자녀 숫자는 줄어든다는 것. 지금 생각해보면 당연한 얘기지만 당시에는 무책임한 주장처럼 들렸을 것이다.

베커는 가족, 패션, 광고, 중독, 건강, 정치 등 다양한 주제에 대해 평생 논문과 책을 썼다. 사랑, 혐오, 이타주의 등 인간의 여러 본성도 효용을 최대화하려는 인간의 합리적인 의사결정의 과정으로 설명할 수 있다는 게 그의 관점이었다.

6. 제럴드 에델만1929. 7. 1~2014. 5.17 뇌의 작동 방식을 이해하려고 했던 면역학자

〈네이처〉와 〈사이언스〉 두 곳에 부고가 실린 유일한 사람인 제럴드 에델만Gerald Edelman은 1929년 미국 뉴욕에서 태어나 1954년 펜실베이니아대에서 의학박사학위를 받았다. 그는 임상의 대신 연구자의 길을 택해 1960년 록펠러대에서 면역학 연구로 이학박사학위를 받았다.

에델만은 항체의 구조를 연구했는데, 항체가 무거운 사슬(H)과 가벼운 사슬(L)로 이루어진 'Y'자 구조라는 사실을 밝혀냈다. 이 업적으로 항체의 항원결합자리 구조를 밝힌 로드니 포터Rodney Porter와 공동으로 1972년 노벨 생리의학상을 수상했다.

면역학을 연구하면서 '나와 너'라는 주제에 심취한 에델만은 연구의 지평을 넓혀 다세포생물에서 세포 사이의 상호작용에 관여하는 '세포유착분자cell

Gerald Edelman

• 제럴드 에델만 (제공 강석기)

adhesion molecule, CAM'를 발견했다. 그 뒤 뇌과학 분야로 진출한 에델만은 신경계가 면역계와 비슷하게 작동할 것이라고 추정하고 1977년 '신경다윈주의Neural Darwinism'를 제창한다.

즉 에델만이 항체의 구조를 밝히기 전까지 항체의 다양성은 항원과의 상호작용 결과라는 해석이 우세했다. 즉 항원을 만난 항체들은 거기에 맞게 구조가 변형돼 훗날 같은 항원을 만나면 바로 결합할 수 있다는 것. 그러나 에델만은 항체의 인식과정이 학습이 아니라 선택임을 밝혔다. 즉 우리 몸에는 유전자재조합으로 이미 수백만 종의 항체가 존재해 외부 항원이 침입하면 그에 결합하는 구조를 띠는 항체를 생산하는 면역세포가 왕성하게 분열하게 된다는 것.

마찬가지로 신경회로의 발달 역시 선택을 통해 이뤄진다는 게 신경다윈주의의 핵심이다. 일란성쌍둥이라도 삶을 살아가는 경험이 다르므로 신경회로의 배선은 전혀 다르다는 말이다. 에델만의 신경다윈주의는 복잡한 개념이라 아직 결론적인 평가를 할 수는 없지만 신경가소성이 발견되면서 힘을 얻고 있다고 한다.

1981년 스스로 만든 '신경과학연구소'에서 일하며 에델만은 대중을 위한 뇌과학 교양과학도서도 여러 권 썼다. 이 가운데 『뇌는 하늘보다 넓다』 등 세 권이 우리글로 번역돼 있다.

7. 발터 게링1939. 3.20~2014. 5.29
기형 초파리의 비밀을 푼 발생학자

머리에 다리가 달리고 날개가 네 장인 초파리를 보면 신기하면서도 좀 징그럽다. 이런 기형 초파리들을 갖고 20여 년을 씨름하다 마침내 발생의 결정적인 비밀을 밝혀낸 스위스 바젤대의 발터 게링Walter Gehring 교수가 그리스에서 교통사고를 당해 75세를 일기로 세상을 떠났다.

1939년 스위스 취리히에서 태어난 게링은 1965년 취리히대에서 동물학으로 박사학위를 받았다. 그의 지도교수는 저명한 발생유전학자인 에른스트 하돈Ernst Hadorn 교수였는데, 당시 초파리를 대상으로 다양한 실험을 하고 있었다. 이때 게링이 연구주제로 받은 초파리가 바로 더듬이가 날 자리에 다리가 난 변이체였다.

• 발테 게링 (제공 바젤대)

그런데 이런 형태는 일반적인 기형과는 좀 다르다. 즉 보통 기형은 불완전한 기관이나 조직이 생긴 결과이지만 이 경우는 완벽한 다리가 다만 엉뚱한 자리에 위치하는 것이기 때문이다. 즉 공사인부의 잘못이 아니라 설계도에 문제가 있었다는 말이다.

안테나페디아antennapedia, 즉 더듬이antenna 자리에 발pedia이 달렸다는 뜻으로 이름지어진 이 변이체처럼 멀쩡한 기관이 엉뚱한 자리에 나타나는 변이체들은 염색체의 특정 위치에 변이가 생긴 결과임이 알려져 있었고, 연구자들은 이를 호메오유전자homeotic gene라고 불렀다. 호메오란 그리스어로 '비슷하다'는 뜻이다.

게링은 호메오유전자의 변이가 아미노산을 지정하는 위치가 아니라 발현패턴을 조절하는 부분에서 일어났을 거라고 가정했다. 그 결과 엉뚱한 자리에서 기관이 발생했다는 것. 박사학위를 받은 게링은 미국 예일대로 건너가 당시 막 개발되던 분자생물학 기법을 배운 뒤 1972년 스위스 바젤대 생명과학센터 교수로 부임해 본격적인 유전자 사냥에 들어가 1983년 마침내 안테나페디아 유전자를 찾았다.

안테나페디아는 다른 유전자의 발현을 조절하는 전사인자 유전자였다. 그런데 이 유전자 중간에 여러 유전자와 공통으로 지니고 있는 염기 180개(아미노산 60개 지정)로 이뤄진 부분이 존재했다. 훗날 '호메오박스homeobox'라고 명명된 이 부분은 표적이 되는 DNA의 특정 염기서열에 달라붙어 발현을 조절한다는 사실이 밝혀졌다.

초파리는 호메오유전자 여덟 개가 3번 염색체에 나란히 배열돼 있는데 놀랍게도 초파리 배아가 발생할 때 발현되는 공간적 순서와 일치한다. 왜 이런 현상이 일어나는지는 여전히 미스터리다. 원래 안테나페디아 유전자는 두 번째 가슴체절에서만 발현돼 날개와 두 번째 다리 쌍 발생에 관여하는데, 변이체는 머리에서 발현돼 더듬이 대신 다리가 난 것.

호메오유전자는 초파리(곤충)뿐 아니라 개구리(양서류), 쥐(포유류)에도 존재하는 것으로 확인됐다. 당시 유럽에서는 사람을 대상으로 이런 연구를 할 수 없어 게링 교수는 박사후연구원으로 있던 마이클 리바인

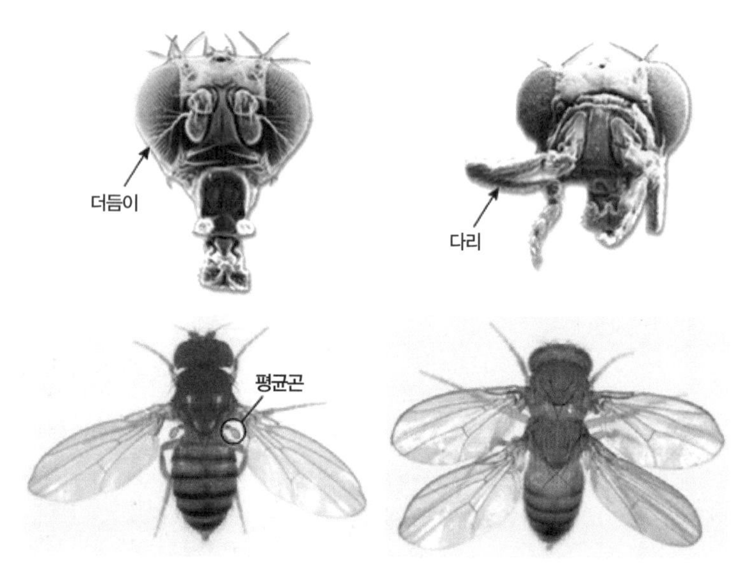

• 대표적인 호메오유전자 돌연변이체들. 더듬이가 날 자리에 다리가 달린 안테나페디아(오른쪽 위)와 날개가 넷 달린 변이체(오른쪽 아래). (제공 칼텍)

Michael Levine 교수가 미국 버클리 캐릴포니아대로 부임하자 이 임무를 맡겼다. 예상대로 사람에서도 호메오유전자가 존재했다. 〈사이언스〉 7월 18일자에 부고를 쓴 사람이 바로 리바인 교수다.

게링 교수는 멘토로서도 탁월한 능력을 발휘해 많은 뛰어난 과학자들을 길러냈다. 1995년 노벨생리의학상 수상자인 에릭 위샤우스와 크리스티안네 뉘슬라인-폴하르트도 박사후연구원으로 그의 실험실에서 일하며 아이디어를 키웠다.[37]

8. 피터 말러1928. 2.24~2014. 7. 5
새의 지저귐에서 사람의 말을 들은 동물행동학자

자신의 천직을 찾게 되는 계기도 가지각색인 것 같다. 1928년 영국 슬라우에서 태어난 피터 말러Peter Marler는 유니버시티칼리지런던에서 식물학으로 박사학위를 받았다. 그런데 스코틀랜드의 숲을 조사하다가 되새의 지저귐이 지역마다 다르다는 사실을 우연히 발견했다. 결국 나무에서 나무에 사는 새로 관심을 옮긴 말러는 케임브리지대에서 되새의 노래 레퍼토리를 밝힌 연구로 두 번째 박사학위를 받았다.

1957년 미국 버클리 캘리포니아대에서 교수 제의를 받은 말러는 영국을 떠나 미국에 정착한다. 말러는 동물행동학을 개척했는데 특히 동물들의 의사소통에 관심이 많았다. 새들의 지저귐의 경우 어디까지가 본능으로 주어진 것이고 학습과 모방을 통해 얼마나 발전될 수 있는지 조사했다.

말러는 이런 본성과 양육 측면이 실은 '배우고자 하는 본능'이라고 해석하며 이는 사람이 학습하는 것과 마찬가지라고 주장했다. 즉 동물이라고 해서 먹이 같은 보상을 줄 때만 배우려 하는 건 아니라는 말이다.

37 게링 교수의 삶과 업적에 대한 좀 더 자세한 내용은 〈과학동아〉 2011년 4월호 '오리지널 논문으로 배우는 생명과학 20: 1984년 발터 게링 교수의 호메오박스 발견' 참조

• 피터 말러 (제공 록펠러대)

한편 말러는 영장류도 연구했는데 우간다에서는 콜로부스원숭이를, 탄자니아에서는 제인 구달과 함께 침팬지의 사회적 행동을 연구했다. 그는 침팬지의 신호에 대해 많이 알게 됐지만 인간의 언어와 연속성이 있다고 생각하지는 않았다. 오히려 새의 지저귐과 사람의 말이 비슷한 측면이 많다고 주장했다.

말러는 1966년 록펠러대로 자리를 옮겼고 1972년 부설 생태학·동물행동학현장연구소 초대 소장을 맡기도 했다. 1989년 데이비스 캘리포니아대로 자리를 옮긴 말러는 1994년 은퇴했다.

9. 욥 랑게1954. 9.25~2014. 7.17 에이즈 치료제 개발과 보급을 이끈 의학자

2014년 3월 8일 말레이시아 쿠알라룸프르를 떠나 중국 베이징으로 향하던 말레이시아항공 여객기가 인도양 상공에서 사라진 뒤 네 달만인 7월 17일, 이번에는 네덜란드 암스테르담을 떠나 쿠알라룸프르를 거쳐 서호주 퍼스로 가려던 역시 말레이시아항공 여객기가 친 러시아 우크라이나 반군이 쏜 것이 확실시되는 포탄에 맞아 격추되는 참사가 일어났다.

이 사고로 탑승자 298명이 전원 사망했다. 사망자 가운데는 호주 멜버른에서 열리는 국제AIDS컨퍼런스에 참석하기 위해 여객기에 오른 네덜란드의 과학자들이 여섯 명 있었는데, 그 가운데는 2002~2004년 국제에이즈학회 회장을 역임하기도 했던 저명한 과학자 욥 랑게Joep Lange도 포함돼 있었다. 환갑을 불과 두 달 앞두고 불의의 사고로 목숨을 잃은 것이다.

1954년 네덜란드 뉘벤하겐에서 태어난 랑게는 1981년 암스테르담대에서 의학박사학위를 받았다. 1980년대 초 에이즈가 등장해 인류 보건에 위기가 닥쳤을 때 레지던트였던 랑게는 에이즈 치료 연구에 뛰어들었다. 그는 에이즈바이러스HIV에 감염된 사람의 혈액에서 p24라는 바이러스 단백질의 수치가 높을 경우 면역결핍으로 인한 에이즈 증상이 임박하다는 징후라는 사실을 발견했다. 따라서 이런 현상이 나타나기 전에 항바이러즈제 같은 약물치료를 통해 바이러스의 준동을 막아야 한다는 것.

1990년대에는 이탈리아와 네덜란드, 캐나다, 호주에서 대규모 임상시험을 진행해 세 가지 약물을 동시에 복용할 때, 즉 칵테일 요법을 쓰는 게 바이러스 퇴치에 가장 효과적이라는 사실을 밝혀냈다. 이런 노력들이 더해져 20세기의 흑사병으로 불린 에이즈는 적어도 선진국에서 당뇨 같은 만성병으로 성격이 바뀌고 있다.

• 욥 랑게 (제공 AIGHD)

랑게는 에이즈가 국가적 재난이 되고 있는 가난한 나라 사람들도 의료혜택을 볼 수 있게 노력했다. 지난 2001년 비영리단체인 '팜액세스재단PharmAccess Foundation'을 설립해 지원금을 모아 아프리카 나라들에 약품을 보급해왔다. 랑게는 신도 버린 이들 나라에 대해 잘 사는 나라 사람들이 좀 더 관심을 갖기를 촉구했다.

"아프리카 오지 어디에서도 코카콜라나 맥주를 구할 수 있다면, (에이즈) 치료제에 대해서도 그래야만 한다."

10. 세이크 후마르 칸1975~2014. 7.29

2014년 서아프리카 세 나라를 쑥대밭으로 만든 에볼라 역병의 전개 과정을 지켜보면서 신종전염병을 만난 인류의 대처방식에 대한 반성의 목소리가 많았다. 즉 에볼라가 나온 게 거의 40년이나 됐음에도 이렇다 할 치료제가 개발되지 않았는데, 바이러스에 감염되면 둘 가운데 한 명이 죽는 무시무시한 전염병임에도 아프리카의 풍토병으로 현지인 수백 명이 희생되는 데 그쳤기 때문이다. 그러나 2014년 사태로 에볼라가 더 이상 오지의 질병이 아니라는 위기감이 높아지자 세계보건기구WHO(사실상 서구의 과학계)가 본격적으로 개입하면서 치료제와 백신 연구가 급속히 진행되고 있다. 역량이 부족한 나라의 국민으로 산다는 게 서러운 일임을 다시 한 번 깨닫게 하는 사례다.

• 세이크 후마르 칸 (제공 Pardis Sabeti)

에볼라 역병이 창궐한 세 나라 가운데 하나인 시에라리온에서 에볼라 퇴치를 이끌던 의사 세이크 후마르

칸Sheik Humarr Khan 박사가 에볼라로 7월 29일 사망했다. 15살 때 신문에서 라사열Lassa fever 퇴치를 위해 힘쓰다 감염돼 사망한 독일인 의사의 부고를 읽고 깊은 감명을 받은 칸은 시에라리온의대에 진학해 바이러스를 연구했다. 서아프리카의 풍토병인 라사열은 설치류가 옮기는 라사바이러스에 감염돼 걸리는 출혈열로 에볼라처럼 치사율이 높다.

2005년 칸은 불과 서른 나이에 케네마정부병원의 라사열프로그램의 책임자가 됐다. 전임자인 아니루 콘테Aniru Conteh가 라사열로 사망했기 때문이다. 칸은 라사바이러스가 시간이 지남에 따라 어떻게 진화해 새로운 환경에 적응하는가를 연구했다. 또 미국 하버드대의 바이러스성출혈열컨소시엄과도 공동연구를 진행했다.

2014년 에볼라 역병이 창궐하자 시에라리온 정부는 칸에게 도움을 요청했고 칸은 기꺼이 응했다. 그러나 7월에 접어들며 증세가 나타났고 결국 7월 29일 사망했다. 그의 죽음에는 논란도 있었는데 바로 지맵ZMapp 같은 실험적인 약물을 쓰지 않았기 때문이다. 당시 의사들은 검증 안 된 약물을 쓸 수 없다고 판단해 이런 결정을 내렸지만 칸이 죽고 얼마 뒤 WHO가 현 상황에서는 검증 안 된 약물이라도 쓰는 게 오히려 윤리적이라고 지침을 바꿨다. 칸의 죽음이 더 아쉬운 대목이다.

칸이 세상을 떠나고 한 달 반이 지난 9월 12일자 〈사이언스〉에는 2014년 서아프리카에 등장한 에볼라바이러스의 기원과 전파경로를 밝힌 논문이 실렸다. 하버드대와 케네마정부병원의 연구자들이 주도한 이 연구의 공동저자 가운데 무려 다섯 명이 고인이 됐는데 그 가운데 칸 박사도 포함돼 있다. 다른 네 사람도 케네마정부병원 소속의 의료인이다.

〈네이처〉는 2014년 마지막호에서 '2014년 화제가 된 10명'으로 칸 박사를 선정했다. 에볼라 사태가 지난 뒤에도 환자들을 위해 목숨을 바친, 칸을 비롯한 수많은 의료인들의 숭고한 희생을 잊어서는 안 되겠다.

11. 사사이 요시키1962. 3. 5~2014. 8. 5
논문조작에 연루돼 목숨을 끊은 비운의 줄기세포연구가

추락하는 것은 날개가 있다.

— 잉게보르크 바하만

뛰어난 사람이 평범한 사람에게 엮여 인생을 망치는 모습을 지켜보는 것만큼 안타까운 일도 없다. 군group 개념을 고안한 19세기 프랑스의 천재 수학자 에바리스트 갈루아는 불과 21세의 나이에 화류계 여자를 두고 결투를 하다 사망했다. 러시아의 대문호 알렉산드르 푸시킨 역시 1837년 38세 때 아내에게 집적거린 남자와 결투를 벌이다 목숨을 잃었다. 컴퓨터의 아버지 앨런 튜링은 동거하던 동성애 상대가 집을 털고 사라지자 경찰에 신고해 조사를 받다가 당시 불법이었던 동성애자라는 게 알려지면서 직장에서 쫓겨나고 처벌로 화학적 거세를 받으면서 극도의 우울함을 못 이겨 1954년 42세에 자살했다.

2014년 8월 5일 일본 이화학연구소(리켄)의 줄기세포과학자 사사이 요시키 박사가 자살했다는 뉴스가 들렸다. 사사이 박사는 이해 초 줄기세포 스캔들을 일으킨 오보카타 하루코 박사의 멘토였다. 그는 오보카타의 연구를 지원했고 조작된 데이터가 실린 논문의 공동저자이기도 했다.

데이터 조작에 실험 재현 안 돼

오보카타 박사팀은 학술지 〈네이처〉 2014년 1월 30일자에 믿을 수 없을 정도로 간단한 방법으로 만능줄기세포를 만들 수 있다는 논문을 발표했다. 즉 이미 분화된 성체세포에 약산 처리 같은 물리적인 자극만 줘도 세포가 미분화 상태로 돌아가 뇌, 피부, 폐, 간 같은 다양한 조직의 세포로 분화할 수 있는 만능줄기세포가 된다는 것이다. 이는 과거

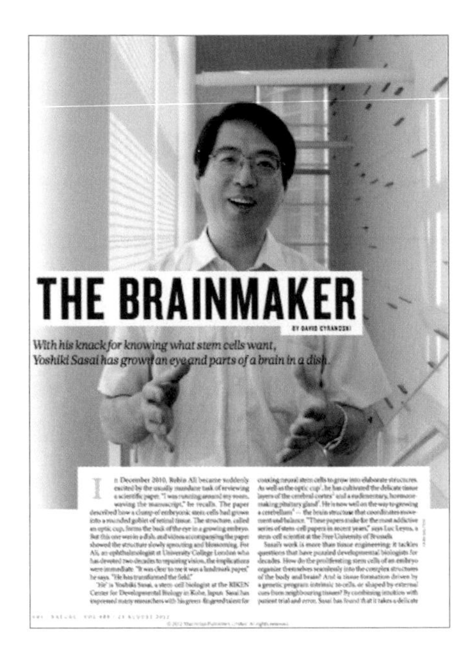

THE BRAINMAKER

BY DAVID CYRANOSKI

With his knack for knowing what stem cells want, Yoshiki Sasai has grown an eye and parts of a brain in a dish.

In December 2010, Robin Ali became suddenly excited by the usually mundane task of reviewing a scientific paper. "I was running around my room, waving the manuscript," he recalls. The paper described how a clump of embryonic stem cells had grown into a rounded goblet of retinal tissue. The structure, called an optic cup, forms the back of the eye in a growing embryo. But this one was in a dish, and videos accompanying the paper showed the structure slowly sprouting and blossoming. For Ali, an ophthalmologist at University College London who has devoted two decades to repairing vision, the implications were immediate. "It was clear to me it was a landmark paper," he says. "He has transformed the field."

"He" is Yoshiki Sasai, a stem-cell biologist at the RIKEN Center for Developmental Biology in Kobe, Japan. Sasai has impressed many researchers with his green-fingered talent for coaxing neural stem cells to grow into elaborate structures. As well as the optic cup[1], he has cultivated the delicate tissue layers of the cerebral cortex[2] and a rudimentary, hormone-making pituitary gland[3]. He is now well on the way to growing a cerebellum[4] — the brain structure that coordinates movement and balance. "These papers make for the most addictive series of stem-cell papers in recent years," says Luc Leyns, a stem-cell scientist at the Free University of Brussels.

Sasai's work is more than tissue engineering: it tackles questions that have puzzled developmental biologists for decades. How do the proliferating stem cells of an embryo organize themselves seamlessly into the complex structures of the body and brain? And is tissue formation driven by a genetic program intrinsic to cells, or shaped by external cues from neighbouring tissues? By combining intuition with patient trial and error, Sasai has found that it takes a delicate

• 2012년 8월 23일자 <네이처>에는 사사이 요시키 박사에 대한 인터뷰성 기사가 세 쪽에 걸쳐 실렸다. '뇌를 만드는 사람'이라는 제목이 그를 보는 학계의 경이로운 시선을 상징하고 있다. (제공 <네이처>)

황우석 박사팀이 시도했던 복제배아줄기세포는 물론이고 2006년 일본 연구진이 유전자 네 개를 넣어 만든 유도만능줄기세포보다도 훨씬 간단하고 효율적인 방법이다.

이 연구 결과에 더해 실험을 이끈 오보카타 박사가 31세에 불과한 미모의 여성과학자로 드러나자 대중매체로서는 '이보다 더 좋을 수 없는' 기사거리가 됐다. 오보카타 박사가 처음 아이디어를 얻은 건 와세다대 박사학위 도중 미국 하버드대로 파견을 가 연구를 하던 5년 전으로 거슬러 올라간다.

당시 배양된 세포가 폭이 좁은 모세관을 통과한 뒤 크기가 줄기세포 만하게 작아진다는 걸 우연히 발견한 오보카타는 이런 물리적 스트레스가 세포의 성격을 바꿀지도 모른다고 생각하고 산성용액 처리, 박테리아 독소 노출 등 황당한 '상황설정' 실험을 시작한 것. 그 뒤 와세다대로 돌아와 2011년 학위를 받고 리켄 발생생물학센터에 들어갔다.

이곳에서 오보카타는 상사인 사사이 박사를 집요하게 설득해 연구를 계속했고, 센터는 2013년 그녀에게 세포 리프로그래밍 실험실을 맡겼다. 오보카타 박사는 상당히 튀는 스타일로 실험실 벽을 핑크색과 노란색으로 칠했고 실험을 할 때는 하얀 실험복 대신 앞치마를 둘렀다고 한다.

당시 뉴스를 접한 필자는 "말도 안 되는 얘기"라는 주위 반응에도 5년간 꿋꿋하게 실험을 해온 오보카타 박사의 집념과 함께 갓 서른인 여성과학자의 대담한 가설을 믿고 실험실을 맡긴 리켄 선배 과학자들의 관용과 혜안에도 감탄했다. '이래서 일본이 노벨 과학상 수상자를 열 명 넘게 배출했구나!'라고 고개를 끄덕이면서.

그런데 〈네이처〉 논문에 오보카타의 박사학위논문에 실린 이미지가 들어있고 전기영동 데이터가 짜깁기돼 있다는 사실이 드러나면서 9년 전 황우석 교수팀의 논문 파동이 떠올랐다. 아니나 다를까 오보카타 박사의 실험이 재현되지 않는다는 주장이 이어졌다. 논문을 보면 성체세포(백혈구)를 pH 5.7인 약산성 용액에 37도에서 25분 방치하는 것만으로 만능줄기세포가 만들어진다고 했으니, 웬만한 줄기세포실험실에서는 바로 확인할 수 있었을 것이다.

필자로서는 당황스럽게도 4월 9일 기자회견 자리에서 오보카타 박사는 데이터 실수는 인정하면서도 줄기세포를 만든 건 200번도 넘게 성공한 진짜라고 주장했다. 그러나 자체조사에 들어간 리켄은 결국 문제를 인정하고 논문을 철회하기로 했다.

스캔들이 터지자 사사이 박사도 비난을 피하기 어렵게 됐고 심지어는 오보카타와 부적절한 관계라는 루머까지 돌았다. 야심이 지나치게 큰(그리고 좀 뻔뻔한) 젊은 과학자에 엮여 잘 나가던 중견 과학자가 목숨을 끊었다고 생각하니 안타까웠다.

〈네이처〉 9월 4일자에는 사사이 박사에 대한 부고의 글이 실렸다. 물론 줄기세포 스캔들에 연루되었기 때문일 수도 있지만 그래도 웬만한 업적이 없었다면 뉴스로 다루는데 그쳤을 거라는 생각이 들었다. 부고는 미국 샌프란시스코 캘리포니아대 신경외과 아르투로 말바레즈-부이야Arturo Alvarez-Buylla 교수가 썼는데 글 전반에서 어이없는 일로 천재를 잃은 동료 과학자의 슬픔이 절절이 배어났다.

'사사이 박사가 이렇게 대단한 사람이었나?' 약간 충격을 받은 필자는 〈네이처〉 홈페이지에서 'yoshiki sasai'로 검색을 해봤는데, 정말 논문이 '줄줄이' 쏟아져 나왔다. 또 2012년엔 세 쪽에 걸친 인터뷰성 기사가 실렸고(〈네이처〉가 한 과학자를 집중 조명하는 건 1년에 몇 차례 안 된다) 2013년엔 '생물학의 최전선'이라는 특집에 사사이 박사 단독 저자인 9쪽짜리 리뷰논문이 실리기도 했다. 십년 쯤 뒤 줄기세포치료에 노벨상이 주어진다면 아마도 사사이 박사가 '1순위'일 것이었다. 부고와 2012년 기사, 2013년 리뷰를 바탕으로 사사이 요시키 박사의 삶과 업적을 되돌아본다.

비움의 철학에서 영감 얻어

1962년 의사집안에서 태어난 사사이 요시키는 '자연스럽게' 교토대 의대에 진학해 1986년 의학박사학위까지 받았지만 임상의학의 한계를 느끼고 분자생물학을 공부해 1993년 이학박사학위를 받았다. LA 캘리포니아대의 발생학자 에드워드 드 리베르티스 교수의 실험실에서 박사후연구원으로 있으면서 사사이는 신경계 형성에 결정적인 역할을 하는 '코딘chordin'이라는 유명한 유전자를 발견한다. 1996년 교토대로 돌아온 사사이 박사는 배양접시에서 배아 발생을 재현하는 연구를 계속한다.

2000년 리켄으로 자리를 옮긴 사사이 박사는 줄기세포분화연구에 본격적으로 뛰어들었다. 사사이 박사의 줄기세포분화연구는 차원이 달랐는데, 단순히 신경세포, 내장세포로 분화하는 수준이 아니라 억제뉴런, 시신경 등 고도로 분화한 세포가 만들어지게 유도했을 뿐 아니라 생체조직과 심지어 신체기관을 만드는 연구까지 지평을 넓혔다.

특히 2011년에는 믿을 수 없는 연구결과를 연거푸 발표해 센세이션을 불러일으켰다. 먼저 〈네이처〉 4월 7일자에 배아줄기세포로 눈의 초기 형태인 '안배optic cup'를 만드는데 성공했다고 발표했다. 안배는 장차 눈으로 발생할 부분으로 사사이 박사팀은 실제 눈의 망막처럼 다양한 유형의 세포가 층을 이루고 있는 망막조직을 얻는데도 성공했다.

2014년 9월 일본에서 황반변성인 70대 환자가 자신의 체세포에서 만든 유도만능줄기세포를 분화시켜 얻은 망막조직을 이식하는 수술을 받아 화제가 됐는데, 바로 이 연구가 동물실험을 거쳐 임상에 처음 적용된 것이다. 집도를 맡은 고베시의학센터 쿠미모토 야수오 박사는 기자회견자리에서 "이 프로젝트는 고故 사사이 요시키 박사의 연구가 없었다면 존재할 수 없었다"며 고인에게 감사를 표했다.

2011년 12월 1일자 〈네이처〉에는 배아줄기세포로 초보적인 형태의 뇌하수체를 만드는데 성공했다는 연구결과를 실었다. 각종 호르몬을 만드는 뇌하수체는 동물의 생존에 필수적인데, 뇌하수체에 문제가 있는 생쥐에 줄기세포로 만든 뇌하수체를 이식하자 증상이 많이 개선됐다고 한다.

세포분화전문가들 사이에 '손재주가 있는green-fingered talent' 실험가로 불리는 사사이의 성공비결은 뜻밖에도 '비움의 철학'을 실험에 적용한 결과다. 즉 사사이 박사는 배아줄기세포가 너무나 민감하기 때문에 외부 자극을 최소화한 채 방향제시만 해서 스스로 특정 조직이나 기관으로 분화하게 유도해야 한다고 믿었다.

그래서 세포를 배양할 때 기본 '소모품'으로 여겨지던 소의 혈장serum

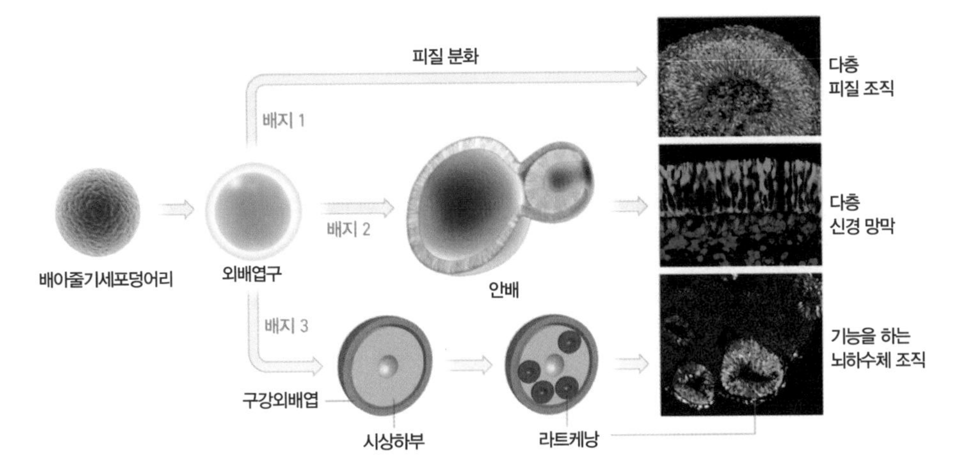

• 2013년 1월 17일자 <네이처>에 실린 사사이 박사의 리뷰 논문에 나오는 일러스트. 배아줄기세포덩어리(맨 왼쪽)가 배양조건에 따라 특정 조직으로 분화하는 과정을 보여주고 있다. 맨 오른쪽은 위에서부터 아래로 대뇌피질조직(실제 피질은 여섯 층으로 이뤄져 있지만 분화시킨 건 네 개 층에 머물렀다), 망막조직, 뇌하수체조직이다. 2014년 유도만능줄기세포를 분화시켜 만든 망막조직을 황반변성 환자에게 이식한 임상이 실시됐다. (제공 <네이처>)

을 과감히 빼고(다양한 성장인자가 들어있기 때문에) 원하는 지시 분자만 포함한 배지를 만드는 연구를 수년 동안 계속했고 마침내 성공을 거둔 것이다. 그 뒤 사사이 박사팀은 외부변수 한두 개를 조금씩 바꿔가며 줄기세포가 여러 특정 세포로 분화할 수 있는 조건을 찾아내는데 속속 성공했다.

사사이는 "너무 밀어붙이면 시스템이 교란된다"며 "우리는 외부 영향을 최소화 하려고 노력했다"고 설명했다. 사사이 박사가 2013년 〈네이처〉에 기고한 리뷰 논문의 제목도 '신체조직구성의 자기조직화에서 세포시스템의 동력학'으로 물리학의 개념이 상당히 반영돼 있다. 즉 물분자가 모여 눈결정이 형성되는 것처럼 세포가 모여 자발적으로 특정한 구조를 갖는 조직이나 기관이 형성된다는 것.

리뷰 논문을 읽다 필자는 문득 사사이 박사가 오보카타를 적극 돕게 된 이유를 알 것 같았다. 즉 오보카타가 수소이온농도 변화나 모세관 같은 공간적인 제약 등 물리적인 변화가 세포의 성격을 바꾼다는 발견을 한 게 평소 배양 용기의 벽면 같은 외부 교란이 줄기세포 분화에 큰 영향을 미칠 수 있다는 사사이 박사의 발견과 맥을 같이 하기 때문이다. 아무튼 줄기세포분화에서 거장이 되어가고 있던 사사이 박사는 2011년 리켄에 들어온 계약직 연구원 오보카타의 연구에 관심을 갖게 됐고 자리를 잡게 적극 도와줬을 뿐 아니라 실험에도 관여해 2014년 1월 30일자 〈네이처〉에 발표한 논문 두 편에 공동저자로 이름을 올리게 된 것이다.

알바레즈-부일라 교수는 부고에서 "요시키는 행복한 과학자였다"며 "그는 독특한 웃음을 띠며 부드럽게 말하곤 했다"고 회상했다. 2014년 2월에도 사사이 박사의 실험실을 방문했던 알바레즈-부일라 교수는 "요시키의 경력은 영감으로 가득 차 있었다"며 "그의 실현된 아이디어와 아직 실현되지 못한 아이디어가 차세대 과학자들에게 영감을 주기를 희망한다"고 글을 맺었다. 사사이 박사는 죽기 전 줄기세포에서 소뇌小腦를 만드는 연구를 야심차게 진행하고 있었다고 한다.

12. 마틴 펄1927. 6.24~2014. 9.30
기본입자인 타우렙톤을 발견한 물리학자

2012년 힉스보손의 존재가 실험으로 확증되면서 입자물리학의 표준모형을 이루는 17개 기본입자가 완결됐다. 소립자 동물원이라는 말이 나올 정도로 수백 가지 입자가 발견됐지만 이 가운데 기본입자는 불과 한 주먹이라는 말이다.

'더 이상 쪼개질 수 없다'는 의미의 원자atom가 기본입자인줄 알았다가 원자가 양성자, 중성자, 전자로 이뤄져 있다는 게 밝혀지면서 물리학자들은 이들을 기본입자로 생각했다. 그러나 양성자와 중성자 역시 쿼크quark라는 기본입자로 이뤄져 있다는 게 밝혀졌다. 표준모형에 따르면 기본입자는 쿼크 6종, 전자를 포함해 렙톤lepton 6종, 이들 사이의 힘을 매개하는 게이지보손guage boson 4종, 그리고 힉스보손higgs boson이다.

기본입자 가운데 쿼크는 단독으로 존재하지 않고 렙톤인 뉴트리노는 거의 감지하기 어렵고 게이지보손 3종과 힉스보손은 수명이 찰나의 순간이다. 전자와 광자(전자기력 매개)만이 그 자체로 안정하게 존재하는 흔해빠진 기본입자다. 우리가 사는 세상은 대부분 1세대 물질, 즉 업쿼크와 다운쿼크의 조합인 양성자(2+1)와 중성자(1+2), 전자와 전자뉴트리노로 이뤄져 있다. 뒤이어 2세대 물질이 존재한다는 사실이 밝혀졌다. 바로 참쿼크와 스트레인지쿼크, 뮤온muon과 뮤온뉴트리노다.

그런데 1975년 미국 스탠퍼드선형가속기센터의 물리학자들이 전자-양전자 소멸 실험을 통해 새로운 렙톤이 만들어진다는 증거를 발견했다는 논문을 〈피지컬리뷰레터스〉에 실었다. 그리고 1979년 마침내 이 입자가 3세대 물질의 한 구성원인 타우tau로 확증된다. 그 뒤 타우뉴트리노와 탑쿼크, 바텀쿼크가 발견되면서 3세대 구성원이 완성됐다.

1970년대 타우렙톤 발견 실험을 이끈 마틴 펄Martin Perl은 1927년 뉴욕 브루클린에서 폴란드에서 이민 온 유태계 집안에서 태어났다. 물리학에 탁월한 재능을 보였지만 가족들뿐 아니라 그 역시 '물리학자로 먹고 살 수 있다'고는 꿈에도 생각하지 못했기 때문에 폴리테크닉대에서 화학공학을 공부한 뒤 제너럴일렉트릭에 취직했다.

직장에서 TV나 라디오에 쓰이는 전자진공관을 개발하는 업무를 하던 펄은 그 원리가 궁금해 근처 대학에서 물리학 강좌를 수강했다. 결국 자신이 진정 관심을 갖는 분야가 무엇인지 깨달은 펄은 1950년 회사를 그만두고 컬럼비아대 박사과정에 등록했다. 1944년 노벨물리학상 수상자인 이시도어 라비Isidor Rabi 교수 밑에서 학위를 마친 펄은 미시

• 마틴 펄 (제공 Linda Cicero/스탠퍼드대)

건대에서 근무하며 입자충돌실험을 구상한다. 그리고 1963년 스탠퍼드선형가속기센터에 들어가 이를 실행에 옮긴 것.

펄이 타우를 발견하기 전까지 대다수 물리학자들은 전자와 뮤온 그리고 각각의 뉴트리노, 즉 네 종이 렙톤의 전부라고 생각했다. 타우는 질량이 전자의 3,477배나 되는 무거운 입자(양성자의 거의 두 배)로 매우 불안정해 수명이 2.9×10^{-13}초에 불과하다. 타우를 발견한 업적으로 펄은 뉴트리노를 검출하는데 성공한 프레더릭 라이네스Frederick Reines와 함께 1995년 노벨물리학상을 수상했다.

펄 교수의 1997~2001년 박사과정학생이었던 프린스턴대의 발레리 헤일요 박사는 〈네이처〉 12월 18일자에 실린 부고에서 펄 교수가 명예나 지위, 존경을 결코 추구하지 않았다고 회고했다. 그는 자신의 업적을 설명할 때 늘 이렇게 말을 시작했다고 한다.

"난 운이 좋았는데…"

13. 앨리슨 두프1954~2014.10.24
새 노래의 신경과학을 연구한 정신과 의사

한때는 효율적인 업무스타일을 뜻했던 멀티태스킹이 이제는 산만한 정신상태를 의미하는 말로 전락한 듯하다. 사람의 뇌는 동시에 여러 가지 일을 잘 할 수 있도록 설계돼 있지 않기 때문에 멀티태스킹을 한다는 건 결국엔 어느 것도 제대로 하지 못한다는 의미라고 한다.

한창 때인 60세에 암으로 세상을 떠난 앨리슨 두프Allison Doupe는 주식 그래프를 수시로 체크하며 업무를 보는 것 같은 평범한 멀티태스킹이 아니라 하나도 제대로 수행하기 힘든 고도로 전문적인 직업 두 가지를 병행하는 삶을 살았다. 즉 동물의 뇌를 연구하는 신경과학자이면서 정신과 임상의로도 활동했다.

1954년 캐나다 몬트리올에서 태어난 두프는 맥길대를 졸업한 뒤 하버드대에서 신경과학으로 박사과정을 하면서 의학대학원도 다녔다. 그 결과 이학박사학위와 의학박사학위를 거의 동시에 받았다. LA 캘리포니아대에서 정신과 수련의 과정을 마친 뒤 칼텍에서 조류신경생물학자인 마크 코니시의 실험실에서 5년 동안 박사후연구원으로 일했다.

이곳에서 두프는 새의 노래의 신경과학을 연구했다. 앞서 소개한 피터 말러가 동물행동학의 관점에서 새의 노래를 연구한 것과 접근방식이 좀 다르다. 그러고 보니 저명한 새 노래 전문가 두 사람이 세 달 간격으로 세상을 떠났다.

• 앨리슨 두프 (제공 UCSF)

두프는 새가 노래를 배울 때 뇌 앞부분에 있는 복잡한 네트워크가 동원된다는 사실을 발견했는데, 여기에는 감각(청각)-운동회로가 포함된다. 두프 역시 새의 노래와 사람의 말 사이의 유사성에 주목했다. 즉 두 행동 모두 모방학습에 의존하고 정상적인 의사소통 기술을 발달시키기 위해서는 청각을 통한 피드백이 필요하기 때문이다.

1993년 샌프란시스코 캘리포니아대에 자리를 잡은 두프는 조류생물학실험실을 운영하며 정신과 임상의 생활을 병행했다. 두프는 새가 노래를 배울 때 일어나는 뉴런의 발화패턴을 연구했고 그 결과를 사람의 뇌에 적용하는 시도를 했다. 예를 들어 새의 지저귐에 관여하는 영역이 사람에서는 기술습득과 습관화에 관여하는 피질-기저핵시스템이라는 식이다.

한편 정신과 임상의로서 특히 여성의 정서에 미치는 호르몬의 영향을 주목해 이를 치료에 반영했다고 한다. 두페는 결혼이 늦었는지 나이 오십이 돼서야 쌍둥이 아들 둘을 낳았다. 엄마를 잃고 남겨진 열 살짜리 아이들이 주위를 더욱 안타깝게 하고 있다.

14. 허먼 아이젠1918~2014.11. 2
70여 년을 연구에 바친 면역학자

1918년 뉴욕 브루클린의 유태계 집안에서 태어난 허먼 아이젠Herman Eisen은 앞에 소개한 마틴 펄과 비슷한 삶의 궤적을 밟았다. 즉 본인은 화학에 관심이 많았지만 “큰 화학회사들은 유태인을 뽑아주지 않지만 의술은 너 하기에 달렸다”는 아버지에게 설득돼 뉴욕대 의예과에 들어간 것. 9년 뒤에 태어난 펄이 (일자리가 없어 보이는) 물리학 대신 화학공학을 택한 걸 보면 그사이 유태인 차별은 많이 수그러들었나보다.

한 세미나에서 벤젠고리화합물의 수산기(−OH)가 붙는 위치가 탄소 하나만 달라져도 실험동물의 혈압에 미치는 효과가 극적으로 바뀐다는 얘기를 들은 아이젠은 분자구조와 생물적 기능의 관계에 대한 깊은 통찰을 얻게 된다. 컬럼비아대에서 병리학 수련의로 있던 아이젠은 면역학자인 마이클 하이델버거Michael Heidelberger를 알게 된다. 하이델버거는 항체가 단백질임을 밝힌 사람으로 현대 면역학의 아버지로 불린다.

• 허먼 아이젠 (제공 MIT)

모교인 뉴욕대 생화학과에 자리를 잡은 아이젠은 항체에서 항원과 결합할 수 있는 활성자리가 두 곳 있음을 밝혔다. 그 결과 항원항체 응집이 일어나 병균을 무력화시킬 수 있다는 것. 산업의학과로 자리를 옮긴 아이젠은 디니트로벤젠이라는 화합물에 대한 피부알레르기반응을 연구했다. 그 결과 이들 화합물이 피부의 단백질과 결합해 구조를 바꿔 면역반응을 유발한다는 사실을 알아냈다. 이를 계기로 아이젠은 워싱턴대 피부과로 자리를 옮긴다.

아이젠은 항원에 대한 항체의 결합력을 측정하는 방법을 개발했는데, 노출이 반복될수록 결합력이 커진다는 사실을 발견했다. 1973년 MIT로 자리를 옮겨 1989년 은퇴할 때까지 머물렀다. 그 뒤 명예교수로 있으면서도 96세로 세상을 떠날 때까지 후학들과 함께 연구를 계속했다. 체육관에 가는 도중 쓰러져 사망한 날에도 논문 원고 작업을 하며 동료들과 이메일을 주고받았다고 한다.

15. 알렉상드르 그로텐디크1928~2014.11.13
어린 시절 트라우마를 극복하지 못한 천재 수학자

2014년 우리나라에서는 세계수학자대회가 성대하게 열렸다. 4년마다 열리는 이 대회의 하이라이트인 필즈상 수상자 네 명 가운데 미국 스탠퍼드대의 마리암 미르카자니Maryam Mirzakhani 교수가 화제가 됐다. 드물게 여성 수상자인데다 유방암으로 투병 중이라는 사실이 알려졌기 때문이다. 반면 11월 13일 세상을 떠난 한 수학자를 주목한 미디어는 거의 없었다. '20세기 가장 위대한 수학자'로 불린 1966년 필즈상 수상자 알렉상드르 그로텐디크Alexander Grothendieck다.

1928년 독일 베를린에서 태어난 그로텐디크는 아버지가 러시아계 유태인이었기 때문에 나치의 집권 이후 수난의 세월을 보냈다. 혁명적 사회주의자였던 아버지는 나치에 끌려가 아우슈비츠에서 죽었고 그로텐디크는 어머니와 함께 프랑스의 유태인 피난 캠프를 떠돌았다. 1942년 무렵부터 수학에 흥미를 보이기 시작한 그로텐디크는 2차세계대전이 끝난 1945년 몽펠리에대에 들어가 본격적으로 수학을 공부했고 1953년 낭시대에서 위상벡터공간을 주제로 박사학위를 받았다.

박사과정 동안의 연구만으로 그 분야의 최고가 된 그로텐디크는 좀 더 어려운 주제를 찾았고 대수기하학에 몰입한다. 대수기하학은 다항식의 기하학적 특성을 이용해 해를 찾는 연구다. 간단한 예로 $x^2+y^2=1$이라는 식의 해는 중심이 좌표 (0, 0)이고 반지름이 1인 원의 원주 위 점들이다. 그로텐디크는 고도로 추상화된 방식으로 많은 수학 지식을 창조적으로 결합해 문제를 해결해나갔다. 그는 새로운 개념도 여럿 만들었는데, 스킴scheme과 코호몰로지cohomology가 대표적인 예다. 어떤 수학자들은 대수기하학을 그로텐디크 이전과 이후로 나누기도 한다.

• 알렉상드르 그로텐디크 (제공 H. Van Regemorter/IHÉS)

그로텐디크는 1958년 프랑스의 부

유한 수학자 장 디외도네와 함께 파리 근교에 고등과학연구소(IHÉS)를 세우고 이곳에서 놀라운 업적들을 냈는데 1970년 갑자기 연구소를 떠났다. 그리고는 환경운동가로 변신해 열심히 활동했지만 세상이 꿈쩍도 하지 않자 실망하고 1973년 수학으로 돌아와 몽펠리에대에 자리를 잡았다. 그러나 고등과학연구소 시절의 창조성은 더 이상 나오지 않았다. 그 자신 누구보다도 이 사실을 잘 알고 있었기에 1988년 크라포르드상 수상자로 선정되자 수상을 거절하기도 했다.

그로텐디크는 악한 사람은 아니었지만 괴팍한 면이 있었는데 어린 시절의 트라우마가 그를 이렇게 만든 것으로 보인다. 그는 평생 국적이 없는 난민 신분으로 지내며 무국적자나 난민들에게 UN이 임시로 발행해 주는 난센여권Nansen passport으로 세계를 돌아다녔다. 또 삶의 마지막 20년은 수학계뿐 아니라 가족들과도 인연을 끊은 채 홀로 피레네산맥의 구릉지대 마을인 라세르에서 은둔자로 지내며 수학과 철학, 종교에 걸친 자기분석적인 글들을 집필하며 보냈다고 한다.

16. 폴 폰 라게 슐라이어1930. 2.27~2014.11.21
일주일에 80시간을 일한 화학자

노벨상을 두 번이나 탈 수도 있었을 업적을 포함해 평생 400여 편의 논문을 펴낸 화학자 폴 폰 라게 슐라이어Paul von Ragué Schleyer가 84세로 타계했다. 1930년 미국 오하이오주 클리블랜드에서 태어난 슐라이어는 1951년 프린스턴대 화학과를 졸업한 뒤 하버드대에서 박사과정을 하면서 범상치 않은 화학자가 될 것임을 보여줬다. 즉 가장 간단한 새집 구조 탄화수소분자인 아다만탄adamantane을 손쉽게 합성할 수 있는 방법을 발견한 것. 이 결과는 바로 산업계에 응용돼 치매치료제인 메만틴과 당뇨병약인 삭사글립틴 개발로 이어졌다.

1957년 졸업하자마자 프린스턴대에 자리잡은 슐라이어는 다양한 합

• 폴 폰 라게 슐라이어 (제공 조지아대)

성방법을 연구했는데 그 가운데 하나가 탄소양이온을 이용한 합성법이다. 1994년 조지 올라George Olah가 이 분야 연구로 노벨화학상을 단독 수상했을 때 많은 사람들이 슐라이어가 포함되지 않아 의아해했다고 한다.

1960년대 후반들어 슐라이어는 계산화학에 관심을 갖는다. 비커와 플라스크가 유리관으로 복잡하게 연결된 실험실이 아니라 수학과 물리학의 힘을 빌려 컴퓨터를 통해 화학반응을 시뮬레이션하는 방법에 매료된 슐라이어를 보고 동료들은 중요한 시기에 엉뚱한데 시간을 낭비한다고 걱정했다.

슐라이어는 카네기멜론대의 수학자 출신 계산화학자 존 포플John Pople 교수와 공동연구를 하면서 계산화학을 정립하는데 크게 기여했다. 1998년 포플 교수가 계산화학 연구로 노벨화학상을 받자 역시 많은 사람들이 슐라이어가 포함되지 않은 사실을 아쉬워했다.

1976년 슐라이어는 명문 프린스턴대를 떠나 독일의 에를랑겐-뉘른베르크대로 옮겨 주위 사람들은 놀라게 했다. 슐라이어는 1998년 퇴직할 때까지 계산화학과 유기합성실험 연구를 병행했다. 그는 일주일에 80시간을 일할 정도로 화학에 푹 빠져 있었고 유일한 취미는 클래식음악을 듣는 것으로 한 곡절만 들어도 곡명을 맞췄을 뿐 아니라 교향곡을 들으면 어느 오케스트라가 연주하는지도 알았다고 한다.

1998년 미국으로 돌아온 슐라이어는 은퇴 대신 조지아대의 영입을 받아들여 연구를 계속했다. 다만 건강을 생각해 일하는 시간을 일주일에 '60시간'으로 줄였다. 슐라이어는 두 번씩이나 노벨상을 놓친 것에 대해서는 전혀 괘념치 않았다고 한다.

17. 도널드 메카프1929. 2.26~2014.12.15
수많은 암환자의 회복을 도운 혈액학자

암으로 수술을 받고난 뒤 화학요법이나 방사능요법까지 받아야 한다면 환자로서는 이만저만 힘든 게 아니다. 특히 약물이 전신을 돌며 세포분열이 왕성한 정상세포까지 괴롭히는 화학요법은 탈모 같은 외모의 문제뿐 아니라 백혈구를 감소시켜 면역력도 크게 떨어뜨린다. 지난 12월 15일 췌장암으로 사망한 도널드 메카프Donald Metcalf는 이런 암환자들이 백혈구를 빨리 회복할 수 있게 해주는 생체분자를 발견한 혈액학자다.

호주 미타공에서 태어난 메카프는 시드니대에서 의학을 공부한 뒤 1954년 월터앨리자홀연구소WEHI에 들어가 무려 60년간 봉직했다. 10여 년 동안 면역기관인 흉선에서 세포의 생성과 순환을 연구하던 메카프는 우연히 배지에서 혈액세포 콜로니colony, 군집를 키울 수 있는 방법을 발견했다. 그는 이 과정에서 모종의 호르몬이 작용할 것이라고 추정하고 이를 콜로니자극인자colony-stimulating factor, CSF라고 이름지었다.

1965년에서 1985년까지 20여 년 동안 메카프와 공동 연구자들은 CSF의 실체를 규명하는 연구를 진행했고 그 결과 네 가지 유형의 CSF를 찾았다. 그리고 이 가운데 하나의 유전자도 밝혔다. 나머지 세 가지의 유전자는 다른 연구팀이 찾았다.

• 도널드 메카프 (제공 WEHI)

유전자 규명으로 CSF의 대량생산이 가능해지면서 임상에 적용되기 시작했다. 즉 화학요법을 받은 암환자들에게 가장 심각한 문제인 백혈구감소를 CSF 주사로 빠른 시간 안에 회복시킬 수 있게 된 것. 또 CSF를 주사하면 골수에 있는 조혈모세포(줄기세포)를 혈액 전체로 퍼지게 한다는 사실도 밝혀졌다. 즉 줄기세포를 얻기가 훨씬 쉽고 덜 고통스럽게 됐다는 말이다. 지난 20년 동안 2000만 명이 CSF의 혜택을 받은 것으로 추정된다.

보통 과학자들이 자리를 잡으면 실험은 학생과 박사후연구원에게 맡기고 논문을 쓰거나 연구안을 짜내는 데 시간을 보내는 반면 메카프는 평생 실험실을 떠나지 않았다. 그는 하루 8~9시간을 실험실에서 보낸 뒤 집에서 논문이나 책을 썼다고 한다. 또 앞에 소개한 더글러스 콜맨처럼 주로 연구보조원 한두 명을 두고 혼자 연구하는 걸 선호했다.

2014년 8월 회복 가능성이 없는 췌장암에 걸렸다는 사실을 알게 된 뒤에는 현미경을 주방 식탁으로 옮겨 연구를 하며 마지막 시간을 가족과 함께 했다고 한다.

18. 메리 라이언1925~2014.12.25
생쥐 유전학의 대모 잠들다

지난 크리스마스 89세의 은퇴한 유전학자 메리 라이언Mary Lyon은 셰리주sherry wine를 곁들여 점심식사를 한 뒤 안락의자에 앉아 졸다가 세상을 떠났다. 1925년 영국 노리치에서 태어난 라이언은 케임브리지대에서 동물학을 공부했다. 1946년 유전학자 피셔의 실험실에서 생쥐 유전학으로 박사과정을 시작한 라이언은 그 뒤 평생 이 분야에 헌신했다.

의학연구위원회MRC 방사선생물학 단위에 취직한 라이언은 다양한 돌연변이 생쥐를 연구했는데 그 가운데는 암컷에서만 얼룩무늬털이 나오는 종류도 있었다. 이 변이체를 곰곰이 들여다보다 라이언은 X염색체불활성화X-inactivation 아이디어를 떠올리고 그 가설을 담은 논문을 1961년 학술지 〈네이처〉에 발표했다. 즉 X염색체가 두 개인 암컷은 그 가운데 하나만 작동하고 다른 하나는 불활성 상태여야 한다고. 따라서 부모로부터 X염색체에 있는 털 색깔에 관여하는 유전자의 다른 버전을 받을 경우 모계가 불활성인 경우와 부계가 불활성인 경우에 따라 털색이 달라진다.[38]

• 메리 라이언 (MRC Harwell)

라이언의 가설은 30년 뒤 Xist라는 유전자가 발견되면서 확증됐다. Xist 유전자는 X염색체불활성화에 관여하는 RNA를 암호화하고 있다. Xist 유전자 돌연변이로 문제가 생길 경우 X염색체불활성화가 제대로 일어나지 않는다.

라이언은 1962년부터 유전학분과를 이끌면서 생쥐를 이용한 다양한 실험기법을 개발했다. 또 유전학 분야에 쓰이는 용어를 표준화하는 작업도 이끌었다. 2004년 후학들은 영국 하웰에 문을 연 생쥐 유전학 지원 기관의 이름을 메리라이언센터로 지었고 2014년 영국유전학회는 메리라이언메달을 만들어 그녀를 기렸다.

38 X염색체불활성화에 대한 자세한 내용은 160쪽 '존재의 이유, Y염색체의 경우' 참조.

참고문헌

1. Shaw, J. E. *Nature* 508, 187 (2014)
2. Friedman, J. *Nature* 509, 564 (2014)
3. Briggs, D. E. G. *Nature* 509, 428 (2014)
4. Kibble, T. *Nature* 510, 36 (2014)
5. Glaser, E. L. & Shleifer, A. *Science* 344, 1233 (2014)
6. Rutishauser, U. *Nature* 510, 474 (2014)
   Tononi, G. *Science* 344, 1457 (2014)
7. Levine, M. *Science* 345, 277 (2014)
8. Nottebohm, F. *Nature* 512, 372 (2014)
9. Goudsmit, J. *Science* 345, 881 (2014)
10. Hayden, E. C. *Nature* 516, 314 (2014)
    Green, A. *Lancet* 384, 740 (2014)
11. Alvarez-Buylla, A. *Nature* 513, 34 (2014)
12. Halyo, V. *Nature* 516, 330 (2014)
13. Insel, T. *Nature* 515, 344 (2014)
14. Steiner, L. *Nature* 516, 38 (2014)
15. Mumford, D. *Nature* 517, 272 (2015)
16. Schaefer, H. F. *Nature* 517, 22 (2015)
17. Hilton, D. *Nature* 517, 554 (2015)
18. Rastan, S. *Nature* 518, 36 (2015)

찾아보기

ㅇ

ㅎ